国家出版基金项目

国家出版基金项目
NATIONAL PUBLICATION FOUNDATION

"十四五"时期国家重点出版物出版专项规划项目
智慧农业关键技术集成与应用系列丛书

农用无人机

Agricultural Unmanned Aerial Vehicle

何　勇　等◎著

U0219175

中国农业大学出版社
China Agricultural University Press
·北京·

内 容 简 介

本书系统介绍了农用无人机的理论基础、关键技术与装备及实际应用,主要包括飞行控制、导航、遥感、通信、传感等技术,以及农田信息检测、植保作业和其他典型应用场景,突出反映了研究团队在多个国家项目资助下取得的研究成果,注重理论与实践的结合,使读者对农业无人机最新研究情况有系统、全面、深入的了解。

本书可供高等院校农用无人机、航空植保、智慧农业、智能农业装备、农业信息、农业工程等相关方向的本科生和研究生参考,也可供从事农用航空、智能农业装备、智慧农业及低空经济领域广大专业技术人员参考。

图书在版编目(CIP)数据

农用无人机/何勇等著 . --北京:中国农业大学出版社,2024.11.
ISBN 978-7-5655-3333-4

Ⅰ. V279

中国国家版本馆 CIP 数据核字第 2024ZA1847 号

书　名	农用无人机	
	Nongyong Wurenji	
作　者	何勇 等著	

总 策 划	王笃利　丛晓红　张秀环	策划编辑	张秀环
责任编辑	潘博闻	封面设计	中通世奥图文设计中心
出版发行	中国农业大学出版社		
社　　址	北京市海淀区圆明园西路 2 号	邮政编码	100193
电　　话	发行部 010-62733489,1190	读者服务部	010-62732336
	编辑部 010-62732617,2618	出 版 部	010-62733440
网　　址	http://www.caupress.cn	E-mail	cbsszs@cau.edu.cn
经　　销	新华书店		
印　　刷	涿州市星河印刷有限公司		
版　　次	2024 年 12 月第 1 版　　2024 年 12 月第 1 次印刷		
规　　格	185 mm×260 mm　16 开本　14.25 印张　304 千字		
定　　价	78.00 元		

图书如有质量问题本社发行部负责调换

主要著者名单

何　勇　浙江大学求是特聘教授

何立文　浙江大学副研究员

朱姜蓬　浙江大学博士后

蒋茜静　浙江大学特聘副研究员

李晓丽　浙江大学教授

岑海燕　浙江大学求是特聘教授

总　序

　　智慧农业作为现代农业与新一代信息技术深度融合的产物,正成为实现农业高质量发展和乡村振兴战略目标的重要支撑。习近平总书记强调,全面建设社会主义现代化国家,实现中华民族伟大复兴,最艰巨最繁重的任务依然在农村,最广泛最深厚的基础依然在农村。智慧农业通过整合 5G、物联网、云计算、大数据、人工智能等新兴技术,助力农业全产业链的数字化、网络化和智能化转型,不仅显著提升农业生产效率与资源利用率,同时推动了农业经营管理模式的变革,促进农业可持续发展。智慧农业的意义,不仅在于技术的迭代,更体现在对农业发展模式的深刻变革,对农村社会结构的再塑造,以及对国家粮食安全的全方位保障。

　　纵观全球,发达国家在智慧农业领域已取得瞩目成效。例如,美国、加拿大、澳大利亚等资源富足国家已经通过智慧大田技术实现了一人种 5 000 亩地;以色列、荷兰等资源短缺国家通过智慧温室技术实现了一人年产 200 t 蔬菜、一人种养 100 万盆花;资源中等国家丹麦、德国通过智慧养殖技术实现了一人养殖 20 万只鸡、日产鸡蛋 18 万枚,一人养殖 1 万头猪、200 头奶牛、200 t 鱼。这些成功案例不仅展示了智慧农业在提高劳动生产率、优化资源配置和实现可持续发展方面的巨大潜力,也为我国发展智慧农业提供了宝贵的经验和参考。相比之下,我国农业仍面临劳动力老龄化、资源浪费、环境污染等挑战,发展智慧农业已迫在眉睫。这不仅是现代农业发展的内在需求,更是国家实现农业强国目标的战略选择。

　　党的二十大报告提出,到 2035 年基本实现社会主义现代化,到本世纪中叶全面建成社会主义现代化强国,而农业作为国民经济的基础产业,其现代化水平直接关系到国家整体现代化进程。从劳动生产率、农业从业人员比例、农业占 GDP 比重等关键指标来看,我国农业现代化水平与发达国家相比仍有较大差距。智慧农业的推广与应用,将有效提高农业的劳动生产率和资源利用率,加速农业现代化的步伐。

　　智慧农业是农业强国战略的核心支柱。从农业 1.0 的传统种植模式,到机械化、数字化的农业 2.0 和 3.0 阶段,智慧农业无疑是推动农业向智能化、绿色化转型的关键途径。智慧农业技术的集成应用,不仅能够实现高效的资源配置与精准的生产管理,还能够显著提升农产品的质量和安全水平。在全球范围内,美国、加拿大等资源富足国家依托智慧农业技术,实现了大规模的高效农业生产,而以色列、荷兰等资源短缺国家则通过智能温室和精细化管理创造了农业生产的奇迹。这些实践无不证明,智慧农业是农业强国建设的必由之路。

智慧农业还是推动农业绿色发展的重要抓手。传统农业生产中,由于对化肥、农药等投入品的过度依赖,导致农业面源污染和环境退化问题日益严重。而智慧农业通过数字化精准测控技术,实现了对农业投入品的科学管理,有效降低了资源浪费和环境污染。同时,智慧农业还能够建立起从生产到消费全程可追溯的质量监管体系,确保农产品的安全性和绿色化,满足人民群众对美好生活的需求。

"智慧农业关键技术集成与应用系列丛书"是为响应国家农业现代化与乡村振兴战略而精心策划的重点出版物。本系列丛书围绕智慧农业的核心技术与实际应用,系统阐述了具有前瞻性与指导意义的新理论、新技术和新方法。丛书集中了国内智慧农业领域一批领军专家,由两位院士牵头组织编写。丛书包含 8 个分册,从大田无人农场、无人渔场、智慧牧场、智慧蔬菜工厂、智慧果园、智慧家禽工厂、农用无人机以及农业与生物信息智能感知与处理技术 8 个方面,既深入地阐述了智慧农业的理论体系和最新研究成果,又系统全面地介绍了当前智慧农业关键核心技术及其在农业典型生产场景中的集成与应用,是目前智慧农业研究和技术推广领域最为成熟、权威和系统的成果展示。8 个分册的每位主编都是活跃在第一线的行业领军科学家,丛书集中呈现了他们的理论与技术研究前沿成果和团队集体智慧。

《无人渔场》通过融合池塘和设施渔业的基础设施和养殖装备,利用物联网技术、大数据与云计算、智能装备和人工智能等技术,实现生态化、工程化、智能化和国产化的高效循环可持续无人渔场生产系统,体现生态化、工程化、智慧化和国产化,融合空天地一体化环境、生态、水质、水生物生理信息感知,5G 传输,智能自主渔业作业装备与机器人,大数据云平台,以及三维可视化的巡查和检修交互。

《智慧牧场》紧密结合现代畜牧业发展需求,系统介绍畜禽舍环境监控、行为监测、精准饲喂、疫病防控、智能育种、农产品质量安全追溯、养殖废弃物处理等方面的智能技术装备和应用模式,并以畜禽智慧养殖与管理的典型案例,深入分析了智慧牧场技术的应用现状,展望了智慧牧场发展趋势和潜力。

《农用无人机》系统介绍了农用无人机的理论基础、关键技术与装备及实际应用,主要包括飞行控制、导航、遥感、通信、传感等技术,以及农田信息检测、植保作业和其他典型应用场景,反映了农用无人机在低空遥感、信息检测、航空植保等方面的最新研究成果。

《智慧蔬菜工厂》系统介绍了智慧蔬菜工厂的设施结构、环境控制、营养供给、栽培模式、智能装备、智慧决策以及辅助机器人等核心技术与装备,重点围绕智慧蔬菜工厂两个应用场景——自然光蔬菜工厂和人工光蔬菜工厂进行了全面系统的阐述,详细描述了两个场景下光照、温度、湿度、CO_2、营养液等环境要素与作物之间的作用规律、智慧化管控以及工厂化条件下高效生产的智能装备技术,展望了智慧蔬菜工厂巨大的发展潜力。在智慧蔬菜工厂基本原理、工艺系统、智慧管控以及无人化操作等理论与方法方面具有创新性。

禽蛋和禽肉是人类质优价廉的动物蛋白质来源,我国是家禽产品生产与消费大国,生产与消费总量都居世界首位。新时期和新阶段的现代养禽生产如何从数量上的保供向数量、品质、生态"三位一体"的绿色高品质转型,发展绿色、智能、高效的家禽养殖工厂是重要的基础保障。《家禽智能养殖工厂》总结了作者团队多年来对家禽福利化高效健康养殖工艺、智能设施设备与智慧环境调控技术的研究成果,通过分析家禽不同生长发育阶段对养殖环境的需求,提出家禽健康高效养殖环境智能化调控理论与技术、禽舍建筑围护结构设计原理与方法,研发数字化智能感知技术与智能养殖设施装备等,为我国家禽产业的绿色高品质转型升级与家禽智能养殖工厂建设提供关键技术支撑。

无人化智慧农场是一个多学科交叉的应用领域,涉及农业工程、车辆工程、控制工程、计算机科学与技术、机器人工程等,并融合了自动驾驶、机器视觉、深度学习、遥感信息和农机-农艺融合等前沿技术。可以说,无人化智慧农场是智慧农业的主要实现方式。《大田无人化智慧农场》依托"无人化智慧农场"团队的教研与推广实践,全面详细地介绍了大田无人化智慧农场的技术体系,内容涵盖了从农场规划建设至运行维护所涉及的各个环节,重点阐述了支撑农场高效生产的智能农机装备的相关理论与方法,特别是线控底盘、卫星定位、路径规划、导航控制、自动避障和多机协同等。

《智慧果园关键技术与应用》系统阐述了智慧果园的智能感知系统、果园智能监测与诊断系统、果园精准作业装备系统、果园智能管控平台等核心技术与系统装备,以案为例、以例为据,全面分析了当前智慧果园发展存在的问题和趋势,科学界定了智慧果园的深刻内涵、主要特征和关键技术,提出了智慧果园未来发展趋势和方向。

智慧农业的实现依靠快速、准确、智能化的传感器和传感器网络,智能感知与处理技术是智慧农业的基础。《农业与生物信息智能感知与处理技术》以作物生长信息、作物病虫害信息、土壤参数、农产品品质信息、设施园艺参数、有害微生物信息、畜禽生理生态参数等农业与生物信息的智能感知与检测等方面的最新研究成果为基础,介绍了智能传感器、传感器网络、3S、大数据、云计算以及5G通信与农业物联网技术等现代信息技术在农

业中综合、全面的应用概况，为智慧农业的发展提供坚实的基础。

本系列丛书不仅在内容设计上体现了系统性与实用性，还兼顾了理论深度与实践指导。无论是对智慧农业基础理论的深入解析，还是对具体技术的系统展示，丛书都致力于为广大读者提供一套集学术性、指导性与前瞻性于一体的专业参考资料。这些内容的深度与广度，不仅能够满足农业科研人员、教育工作者和行业从业者的需求，还能为政府部门制定农业政策提供理论依据，为企业开展智慧农业技术应用提供实践参考。

智慧农业的发展，不仅是一场技术革命，更是一场理念变革。它要求我们从全新的视角去认识农业的本质与价值，从更高的层次去理解农业对国家经济、社会与生态的综合影响。在此背景下，"智慧农业关键技术集成与应用系列丛书"的出版，恰逢其时。这套丛书以前沿的视角、权威的内容和系统的阐释，填补了国内智慧农业领域系统性专著的空白，必将在智慧农业的研究与实践中发挥重要作用。

本系列丛书的出版得益于多方支持与协作。在此，特别要感谢国家出版基金的资助，为丛书的顺利出版提供了坚实的资金保障。同时，向指导本项目的罗锡文院士和赵春江院士致以诚挚的谢意，他们高屋建瓴的战略眼光与丰厚的学术积淀，为丛书的内容质量筑牢了根基。感谢每位分册主编的精心策划和统筹协调，感谢编委会全体成员，他们的辛勤付出与专业贡献使本项目得以顺利完成。还要感谢参与本系列丛书编写的各位作者与技术支持人员，他们以严谨的态度和创新的精神，为丛书增添了丰厚的学术价值。也要感谢中国农业大学出版社的大力支持，在选题策划、编辑加工、出版发行等各个环节提供了全方位的保障，让丛书得以高质量地呈现在读者面前。

智慧农业的发展是农业现代化的必由之路，更是实现乡村振兴与农业强国目标的重要引擎。本系列丛书的出版，旨在为智慧农业的研究与实践提供理论支持和技术指引。希望通过本系列丛书的出版，进一步推动智慧农业技术在全国范围内的推广应用，助力农业高质量发展，为建设社会主义现代化强国作出更大贡献。

李道亮

2024 年 12 月 20 日

前　言

随着全球农业的现代化进程加速,传统农业正在经历一场前所未有的变革。在过去的几十年里,农业生产逐渐向规模化、精细化和智能化方向发展。与此同时,全球人口的持续增长对粮食产量提出了更高的要求,而气候变化、土地资源有限等问题也给农业生产带来了巨大的挑战。在这样的背景下,如何有效利用现代科技手段来提升农业生产效率、减少对环境的影响,成为了全球农业发展的关键课题。

无人驾驶飞行器(unmanned aerial vehicle,UAV),即我们通常所说的无人机,作为一种集多种高新技术于一体的智能装备,正日益显示出其在农业领域的巨大潜力。从智慧农业到数字乡村,无人机已经成为农业科技的前沿工具之一,为现代农业带来了革命性的变化。无人机在农业中的广泛应用,不仅大大提高了生产效率,还极大地降低了资源浪费和环境污染,为实现可持续农业发展提供了重要保障。近年来,随着低空经济的兴起,无人机在农业中的应用范围和深度进一步扩大。低空经济作为一种新兴的经济形态,依托低空空域资源的开发利用,加速了无人机在多个领域的应用进程。农业作为低空经济的重要应用场景,正迎来一场新的革命。通过低空无人机的广泛应用,农户不仅能够获取更加精细的作物监测数据,还能够实现对农田的实时管理和动态管控,从而提升农产品的质量和产量。低空经济的发展为农业生产带来了新的活力和机遇,使得无人机成为推动农业农村现代化的重要工具。无人机技术的迅速发展和广泛应用,离不开多学科交叉融合的支持。它集成了飞行控制、导航、遥感、通信、传感器技术等多方面的先进科技,为农业生产提供了高效、灵活、智能化的解决方案。例如,通过搭载多光谱相机、红外成像仪、激光雷达等设备,无人机可以在短时间内获取大面积农田的精准数据,为农作物的生长状况分析、土壤成分检测、碳排放检测、病虫害预警等提供科学依据。此外,无人机还可以承担植保喷洒、授粉、播种等多种作业。

低空经济也加速了新质生产力的发展。新质生产力是指在数字化、智能化技术驱动下,生产要素的重新配置和生产关系的再造。无人机作为新质生产力的重要载体之一,正逐步改变传统的农业生产方式。通过无人机与大数据、物联网、人工智能等技术的深度融合，农业生产的智能化水平将显著提升，不仅提高生产效率，还优化资源配置，使得农业生产更加符合绿色发展和可持续发展的要求。

　　本书是一部涵盖无人机基础理论、系统组成、飞行控制与导航、低空遥感、农田信息监测以及各种农业应用的专著，本书的撰著力求做到内容全面、结构合理、层次分明。我们希望通过这本书，不仅让读者掌握无人机技术的基本原理，还能够深入了解其在实际农业生产中的典型应用，从而更好地将理论知识转化为实践能力。撰著团队是国内最早开展农用航空技术和装备研发的团队之一。本书的主要内容是研究团队在多个国家自然科学基金、国家863计划、国家科技支撑计划、国家重点研发计划和农业关键核心技术攻关等项目的资助下取得的成果。相关研究成果多次荣获国家和省部级科研奖励。本书特别注重理论与实践的结合。理论方面，详细介绍了无人机的系统组成、飞行控制与导航技术、低空遥感技术、多传感器融合控制技术等基础内容。实践方面，通过丰富的实际案例和典型应用实例，展示了无人机在农田信息监测、植保作业、农田排放等领域的应用效果。这些案例涵盖国内外不同地区、不同作物的应用场景，具有广泛的代表性和实用性。无人机技术的快速发展，使得农业生产方式正在发生深刻的变化。传统的农田管理方式通常依赖于人工巡查和经验判断，不仅耗时耗力，而且精准度不高。相比之下，无人机能够在短时间内完成大面积农田的精细化监测，通过高分辨率的图像和数据分析，帮助农民准确掌握农作物的生长状况、土壤湿度、病虫害分布等关键信息。这种基于数据驱动的决策方式，不仅提高了农业生产的科学性和效率，还大大降低了生产成本和资源浪费。在植保作业中，无人机则凭借其高效、精准的特点，可以在短时间内完成大面积的喷洒作业，并根据作物的具体生长状况进行变量喷施，从而实现药剂的精准投放，降低农药使用量，减少环境污染。此外，无人机还能够进入传统机械难以到达的区域，如丘陵、山地果园等，进行精准作业，极大地拓展了植保作业的适用范围。然而，无人机在农业中的应用也面临着诸多挑战和问题。首先是技术层面的挑战，无人机的飞行控制、导航、避障等技术虽已取得长足进步，但在复杂环境下的稳定性和安全性仍需进一步提高。其次是成本问题，虽然无人机在农业中的应用具有明显的优势，但高昂的设备和维护成本使得许多小农户难以承受，限制了其在农业中的广泛推广。此外，政策法规的完善和配套设施的建设也是无人机大规模应用的关键因素。政府和相关部门需要进一步规范无人机的使用，保障农业生产的安全和效益。尽管面临挑战，无人机在农业中的前景依然广阔。随着低空经济的发展，未来的农业生产将更加依赖于智能化、数字化的技术手段。无人机有望与其他智能农业设备和技术，如物联网、大数据、人工智能等深度融合，构建起更加智能化、精准化的现代农业生产技术体系。通过这种新质生产力的推动，农业将从传统的依赖人力和机械的生产模式,逐步向高效、环保、可持续的方向发展。

本书由浙江大学何勇、何立文、朱姜蓬、蒋茜静、李晓丽、岑海燕主要撰著。团队成员郑力源、姬旭升、吴晴观、戴馥霜、万亮、白秀琳、王月影、冯旭萍等参与了本书的撰著、修改和统稿工作。本书相关研究和撰著工作得到了吴朝晖院士、汪懋华院士、罗锡文院士、赵春江院士、陈学庚院士等的大力指导和帮助。在此一并表示衷心的感谢。

鉴于近年来农用无人机技术和低空经济的快速发展,其应用已逐渐深入智慧农业、新农村建设以及现代农业管理的各个方面。由于涉及多学科交叉知识和广泛的应用领域,加上著者水平有限,本书难免存在不足之处,恳请同行和读者批评指正,以便在再版时完善和更新。如对本书有任何意见和建议,欢迎与本书著者联系。

著　者

2024.10 于浙江大学紫金港

目录

第1章

无人机概述

1.1 无人机分类

近年来,随着技术的不断进步,民用无人驾驶航空器(以下简称无人机,UAV)的生产和应用在国内外得到了蓬勃发展,无人机驾驶员(业界也称操控员、操作手、飞手等,在本书中统称为驾驶员)的数量也在持续快速增加。在此背景下,应在保障民用无人机多元发展的前提下,进一步加强对民用无人机的规范管理,促进民用无人机产业的健康发展。同时,由于民用无人机在全球范围内发展迅速,国际民航组织着手制定无人机系统的标准和建议措施(SARPs)、空中航行服务程序(PANS)和相关指导材料。随着这些标准和建议措施日趋成熟,多个国家也陆续发布了管理规定,其中首要的就是对无人机进行分类。

1.1.1 按飞行重量分类

关于飞行器重量的专业术语有很多,如基本空机重量、干使用重量、无燃油重量、最大着陆重量、最大起飞重量等。其中,基本空机重量也称为空机重量,是指飞机制造厂的基本重量加上标准设备的项目重量,包括机身、动力装置、必需的设备、选用或专用的设备、固定压舱物、液压油、滑油以及剩余的燃油。起飞重量是指飞机开始起飞滑跑时的总重量。飞机的最大起飞重量,是指该型飞机根据结构强度、发动机功率、刹车效能限制等因素而确定的飞机在起飞线加大马力起飞滑跑时全部重量的最大限额,故又称为最大起飞全重,这个数据是由飞机制造厂规定的。

这些重量之间有如下关系:

基本空机重量＋使用项目重量＝干使用重量

干使用重量＋商载＝无燃油重量

无燃油重量＋可用燃油＝滑行重量

滑行重量－开车、滑行、试车耗油＝起飞重量

起飞重量－飞行中耗油＝着陆重量

无人机按照重量的分类总结如表1.1所示。

表 1.1　无人机按重量分类　　　　　　　　　　　　　　　　　　　　kg

分类等级	空机重量	起飞全重
Ⅰ	0＜W≤0.25	
Ⅱ	0.25＜W≤4	1.5＜W≤7
Ⅲ	4＜W≤15	7＜W≤25
Ⅳ	15＜W≤116	25＜W≤150
Ⅴ	植保类无人机	
Ⅺ	116＜W≤5 700	150＜W≤5 700
Ⅻ	W＞5 700	

1.1.2　按活动半径分类

按活动半径分类,无人机可分为超近程无人机、近程无人机、短程无人机、中程无人机和远程无人机。超近程无人机活动半径在 15 km 以内,近程无人机活动半径在 15～50 km,短程无人机活动半径在 51～200 km,中程无人机活动半径在 201～800 km,远程无人机活动半径大于 800 km。

1.1.3　按应用场景分类

与有人驾驶飞机相比,无人机更适合那些"愚钝、肮脏或危险"的任务。根据应用领域,无人机可分为军用与民用。军用无人机主要分为侦察机和靶机;而民用领域的"无人机＋行业应用"则是无人机真正的刚需。在航拍、农业、植保、微型自拍、快递运输、灾难救援、观察野生动物、监控传染病、测绘、新闻报道、电力巡检、救灾、影视拍摄及制造浪漫等领域的应用,大大地拓展了无人机本身的用途。发达国家也在积极推动行业应用与发展无人机技术。

1.2　无人机系统组成

1.2.1　飞机本体

无人机可分为固定翼无人机、旋翼无人机、无人飞艇、伞翼无人机、扑翼无人机等,其中固定翼无人机本体是最为传统也是最早成为无人机本体的传统飞机结构。尽管可以设计用于很多不同的目的,但大多数固定翼无人机具有相同的主要结构。它的总体特性大部分是由最初的设计目标决定的。大部分飞机的基本结构包含机身、机翼、尾翼、起落架和发动机等。

机身的主要功能是装载设备、燃料和武器等,它也是其他结构部件的安装基础,能够将尾翼、机翼、起落架等连接成一个整体。

通常机翼是固定翼飞行器产生升力的部件。机翼后缘有可操纵的活动面,一般靠外侧的称为副翼,用于控制飞机的滚转运动;靠内侧的称为襟翼,用于增加起飞和着陆阶段的升力。大型飞机机翼内部通常安装有油箱,军机机翼下面可挂载副油箱和武器等附加设备,有些飞机的发动机和起落架也安装在机翼下方。

旋翼无人机在空中飞行的升力由一个或多个旋翼与空气进行相对运动所产生,现代旋翼无人机主要包括单旋翼带尾桨无人直升机、双旋翼共轴无人直升机,以及近年来蓬勃发展的多旋翼无人飞行器。旋翼无人机的类型有很多,分类方法也有许多种,这里主要介绍按结构形式进行分类所得出的类型。

(1)单旋翼带尾桨无人直升机 它装有一个旋翼和一个尾桨。旋翼的反作用力矩,由尾桨拉力相对于直升机重心所构成的偏转力矩来平衡。在直升机发展初期,没有哪一种布局的直升机占有主导地位,不同的设计者根据自己的理解和喜好,设计出各式各样的垂直飞行器。但是经过多年的实践,其他布局的直升机大多失去了热衷者,唯有单旋翼带尾桨无人直升机势头未减,占据了主导地位,成为目前应用最为广泛的一种直升机。多数起飞重量较大的无人直升机也都采用此种布局。单旋翼带尾桨直升机构造简单,操纵灵便,有其显著的优点。事实上,同为单旋翼带尾桨直升机,不同的机型,虽然有很多共性的方面,但在气动布局上可能存在着较大的差别,其气动部件的形状、安装部位、部件配置、参数选择等都可能不一样。不同的气动布局必然会产生不同的气动特点,而不同的气动特点又会直接影响直升机的性能和操纵。国内目前使用的单旋翼带尾桨无人直升机机型较多,对于无人机使用者来说,了解不同布局的气动特点和设计师的特殊考虑,对于掌握机型特点是有益的。

(2)双旋翼共轴无人直升机 它在同一转轴上装有 2 个旋转方向相反的旋翼,其反作用力矩相互平衡。它的特点是外廓尺寸小,气动效率高,但操纵机构较为复杂。双旋翼共轴无人直升机的上述特征决定了它与传统的单旋翼带尾桨无人直升机相比有着自身的特点。20 世纪 40 年代初,这种构型引起了航空爱好者的极大兴趣,他们试图将其变成实用的飞行器。然而,当时人们对双旋翼共轴气动特性认识的缺乏,以及在结构设计方面遇到的困难,最终使许多设计者放弃了努力,在很长一段时间内对共轴直升机的探讨只停留在实验上。1932 年,西科斯基飞行器公司成功研制了单旋翼带尾桨直升机,这是世界上第一架可实用的直升机。从此,单旋翼带尾桨无人直升机以其简单、实用的操纵系统和相对成熟的单旋翼空气动力学理论成为半个多世纪以来世界直升机发展的主流。尽管如此,人们对双旋翼共轴无人直升机的研究和研制一直没有停止。近年来无人直升机已成为国内外航空领域内的研究热点。发展比较成熟的有加拿大的 CL-227(图 1.1)、德国的 Seamos、美国的 QH-50(图 1.2)、俄罗斯的 Ka-137,这些无人直升机的共同特点是均采用了共轴双旋翼形式。我国目前正在研制的无人驾驶直升机和单座直升机 M16 同样采用了双旋翼共轴形式。双旋翼共轴无人直升机与单旋翼带尾桨无人直升机的主要区别是前者采用上、下共轴反转的两组旋翼用来平衡旋翼扭矩,因而不需要尾桨。在结构上,由于采用两副旋翼,与相同重量的单旋翼无人直升机相比,若采用相同的桨盘载荷,通过简单的几何计算,其旋翼半径仅为单旋翼直升机的 70%。如前所述,单旋翼无人直升机的尾桨部分必须超出旋翼旋转面,尾桨直径为主旋翼的 16% ~ 22%,这样,假设尾桨紧邻旋翼桨盘,则单旋翼无人直升机旋翼桨盘的最前端到尾桨桨盘的最后端是旋翼直径的 1.16 ~ 1.22 倍。由于没有尾桨,双旋翼共轴无人直升机的机身部分一般情况下均在桨盘范围之内,其机体总体纵向尺寸等于桨盘直径。这样,在相同的桨盘载荷、发动机功率和总重条件下,双旋翼共轴无人直升机的总体纵向尺寸仅为单旋翼无人直升机的 60% 左右。双旋翼共轴无人直升机的机身较短,同时其结构重量和载重均集中在直升机的重心处,因而减少了直升机的俯仰和偏航的转动惯量。在 10 t 级直升机上,双旋翼共轴无人直升机的俯仰转动惯量大约是单旋翼无人直升机的一半。由于上述原因,双旋翼共轴无人直升机可提供更大的俯仰和横滚操纵力矩,使直升机具有较高的加速特性。同时由于没有尾桨,双旋翼共轴无人直升机消除了单旋翼无人直升机存在的尾桨故障隐患与在飞行中由尾梁的振动和变形引起的尾桨传动机构的故障隐患,从而提高了直升机的生存率。

图 1.1　加拿大 CL-227 无人机　　　　图 1.2　美国 QH-50 无人机

(3)多旋翼无人飞行器　它是一种具有 2 个以上旋翼轴的无人飞行器,由每个轴末端的电动机转动,带动旋翼从而产生上升动力。旋翼的总距固定而不像直升机那样可变。通过改变不同旋翼之间的相对转速可以改变推进力和扭矩,从而控制飞行器的运行轨迹。多旋翼无人飞行器又称多轴飞行器。以其中最常见的四旋翼为例,有 4 个旋翼来举升和推进飞行;和固定翼飞机不同,它通过旋翼的旋转使飞行器升空;它的 4 个旋翼大小相同,分布位置对称,通过调整不同旋翼之间的相对转速来调节推进力和扭矩,从而控制飞行器悬停、旋转或航线飞行。和直升机不同的是,常见的单旋翼带尾桨直升机有 2 个旋翼,尾旋翼只起到抵消主旋翼产生的扭矩、控制飞机机头指向的作用。在早期的飞行器设计中,四轴飞行器被用来解决旋翼机的扭矩问题;主、副旋翼的设计也可以解决扭矩问题,但副旋翼不能提供升力,效率低。因此,四轴飞行器是最早的一批比空气重的垂直起降飞行器,但是此种飞行器早年的型号性能很差,难以操控和大型化。近年来,多轴飞行器在无人机领域获得了新生。由于使用现代的电动动力装置和智能控制系统,多轴飞行器飞行稳定,操控灵活,可以在户内和户外使用。与传统直升机相比,它有许多优点:旋翼总距固定,结构简单;每个旋翼的叶片比较短;叶片末端的线速度慢,发生碰撞时冲击力小,不容易损坏,对人也更安全。有些小型四轴飞行器的旋翼还有外框,可有效避免磕碰和损坏。由于多轴无人飞行器体积小、重量轻、成本低、携带方便,能轻易进入人不易进入的各种恶劣环境,所以常用来制作玩具模型,也用来执行航拍电影取景、实时监控、地形勘探甚至送快递等任务(图 1.3)。

图 1.3 四旋翼无人机

1.2.2 航电系统

为使无人机上各系统和设备正常工作,完成预定的功能,需要使用各种形式的能源。在无人机上使用的动力、测控、飞行控制与管理、导航、任务设备等系统都与航电系统有关。因此,航电系统是无人机系统的一个重要组成部分,它的工作状态及运行质量将直接影响无人机和全系统的正常工作(图 1.4)。

多旋翼无人飞行器

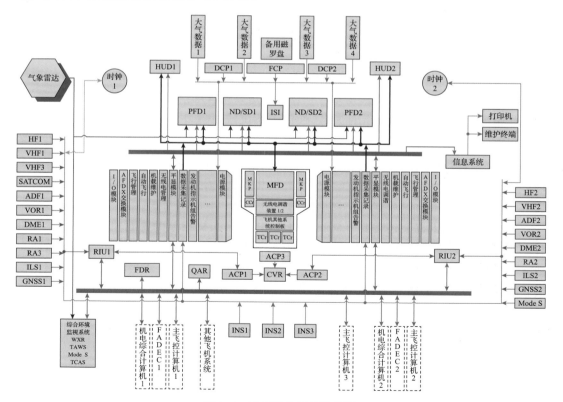

图 1.4 飞机航电系统结构图

无人机航电系统一般包括电源、配电系统和用电设备 3 个部分,电源和配电系统两者的组合统称为供电系统。供电系统的功能是向无人机各用电系统或设备提供满足预定设计要求的电能。根据电气系统的位置,无人机航电系统又可分为机载电气系统和地面供电系统 2 个部分。机载电气系统主要由主电源、应急电源、电气设备的控制与保护装置及辅助设备组成。机载电气系统的电源一般是指无人机主动力装置直接驱动的发电装置,而电动无人机的动力电池即为电源。在一些大型无人机上,为了适应用电系统或设备对供电类型的不同要求,还应根据需要设置变换电源。一旦主电源系统发生故障,必须有应急电源,为无人机安全飞行和返航着陆所必需的系统或设备提供足够的电能。配电系统应将电能可靠而有效地输送到各用电系统和设备。配电系统由传输电线和控制与保护装置组成。对于重要的系统或设备,还应有多路的独立供电措施。当配电系统发生局部性的故障时,不能扩大影响到未发生故障的部分,更不能危及无人机的安全。

1.2.3　操纵系统

有人机和无人机系统的其他组成部分,如发射、着陆、修理、通信、后勤等都有其互相对应的系统,唯有操纵飞机的系统是无人机独有的。无人机不能与模型飞机或无人驾驶飞机混淆,单向无线电控制的模型飞机只用于航模运动,必须保持在视线范围内,驾驶员通常用有限的指令让飞机爬升、下降和转向。无人驾驶飞机需要飞出操作员的视线,通过预先编程完成预定任务,之后返回基地。它不与操作者沟通,在返回基地之前我们不知道任务执行的结果。所以无人机必须具有部分"自动化"功能,并且能够与无人机控制端进行通信,传输机载设备的数据,如光电信号或电视图像,连同其自身状态的信息,包括位置、速度、航向、海拔等一起传回基站。它也将发送数据管理信息,包括燃料存量、温度、组件工作情况(如发动机或电子元件)等。任何子系统或组件发生故障时,无人机都可以自动纠正,并决定是否告知其驾驶员。例如,驾驶员和无人机之间的通信被打断了,如果无线连接是双向的,这时无人机可以自主寻找无线电波段并重新建立联系或切换到一个不同的无线电波段。或者在无人机飞行中任务发生改变,需要操纵无人机改变飞行计划或者终止任务,也需要通过数据链路发送操纵者的指令。

除此之外,无人机上还需要有伺服作动设备,是无人机指令的执行机构,也是无人机控制系统的重要组成部分。其主要功能是根据飞控计算机的指令,按规定的静态和动态要求,通过对无人机各控制舵面和发动机节风门等的控制,实现对无人机的飞行控制。伺服执行机构的类型主要分为:电动伺服执行机构、电液伺服执行机构和气动伺服执行机构。通常意义上的舵机即一种电动伺服执行机构。电动伺服执行机构通常由电动机、测速装置、位置传感器、齿轮传动装置、驱动电路等组成;电液伺服执行机构通常由电液伺服阀、作动筒和位置传感器等组成;气动伺服执行机构通常由电磁控制活门、作动筒和位置传感器等组成。与其他伺服作动设备相比,电动伺服作动设备的制造和维修比较方便,和飞行控制系统采用同一能源,信号的传输与控制也比较容易,其系统组成简单,线路的敷设较管路更为方便。因此,在无人机上主要使用电动伺服作动设备。随着稀土永磁材料的发展和电机制造技术的进步,执行电动机性能的不断提高,脉宽调制(pulse width modulation,PWM)控制技术和大规模集成电路以及谐波减速器的使用,电动伺服作动设备在体积、重量和静动特性指标上有很大的进步(图 1.5)。

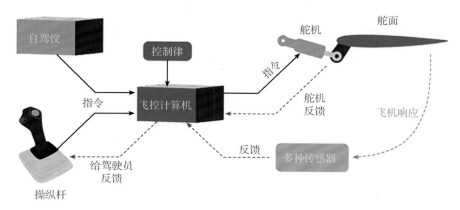

图 1.5　无人机飞控控制原理示意图

1.2.4　任务载荷系统

(1)类型　任务载荷系统主要由任务设备和地面显控单元组成。任务设备按用途分类,可以分为侦察搜索设备、测绘设备、军用专用设备、民用专用设备等。常用的侦察搜索设备有光电平台、合成孔径雷达(synthetic aperture radar,SAR)、激光测距仪等,而测绘设备则有测绘雷达、航拍相机等。

(2)重量控制　重量是无人机设计制造和运行中的一个重要因素,任务设备加装或更换时必须对相关内容加以重视。

升力是抵消重力和维持无人机飞行的主要的力。然而,各种翼面产生的升力大小受翼型设计、迎角、空速和空气密度限制。因此,为确保产生的升力足以抵消重力,必须避免无人机的载荷超出制造商的建议重量。如果重量比产生的升力大,无人机可能不能飞行。

(3)平衡、稳定性和重心　无人机的重心(center of gravity,CG)位置对其稳定性和安全性非常重要。重心是一个点,如果无人机被挂在这个点上,那么无人机就会在该点获得平衡。无人机的配平主要考虑重心沿纵轴的前后位置。重心不一定是一个固定点,它的位置取决于无人机上的重量分布。随着很多装载对象被移动或者被消耗,重心的位置就会有一个合成的偏移。无人机驾驶员应该认识到,如果无人机的重心沿纵轴太靠前,就会产生头重现象;相反,如果重心沿纵轴太靠后,就会产生后重现象。不适当的重心位置可能会导致无人机出现不稳定状态。重心相对横轴的参考位置也很重要。对存在于机身中心线左侧的每一对象的重量,应有相等的重量存在于右侧的对应位置。否则,就可能由于横向的不平衡载荷而弄翻机身。重心的横向位置是不计算的,但是无人机驾驶员必须知道横向不平衡条件肯定会导致不利影响的发生。如果从无人机一侧的油箱不均衡地向发动机供应燃油,燃油载荷管理不善,就会发生横向不平衡。无人机可以通过调整副翼配平片或者在副翼上保持持续的控制压力来抵消发生的机翼变重状态。然而,这会把无人机飞行置于非流线型的状态,增加了阻力,进而降低运行效率。

1.2.5 地面站系统

指挥控制与任务规划是无人机地面站的主要功能。无人机地面站也称控制站、遥控站或任务规划与控制站。在规模较大的无人机系统中,可以有若干个控制站,这些不同功能的控制站通过通信设备连接起来,构成无人机地面站系统。

无人机地面站系统的功能通常包括指挥调度、任务规划、操作控制、显示记录等。指挥调度功能主要包括上级指令接收、系统之间联络、系统内部调度;任务规划功能主要包括飞行航路规划与重规划、任务载荷工作规划与重规划;操作控制功能主要包括起降操纵、飞行控制操作、任务载荷操作、数据链控制;显示记录功能主要包括飞行状态参数显示与记录、航迹显示与记录、任务载荷信息显示与记录等(图 1.6)。

图 1.6　无人机地面站系统

1.3　无人机的应用

无人机与有人机相比具有明显优势。与执行相同任务的载人飞行器相比,无人机通常对环境扰动和污染更小。由于无人机体积较小、重量轻、功耗低,因此产生的噪声污染也更小。一个典型的例子是有人机进行电力线定期检查时,当地居民可能抱怨其产生的噪声,农场动物可能受到噪声和低空飞行飞机的干扰。此外,无人机在体积更小的同时,初始成本和运营成本便宜得多,因为维护费用、燃料成本以及机场建设和运营成本都较少,无人机的整体运行费用显著减少。操作者的劳动力成本通常也较低,保险费用可能更便宜,具体视情况而定。无人机的一大经济性优势是它的短周期的区域监视能力,与具有

1～2 个机组人员的轻型飞机相比,它没有机组人员,这有利于飞机设计的简化和成本的降低。通常,对于 2 名机组人员(飞行员和观察员)来说,容纳他们、他们的座位、控制装置和仪器的空间为 1.2 m^3,正面面积约为 1.5 m^2,而执行相同任务的无人机仅需要 0.015 m^3。保守估计,容纳具有传感器、计算机、稳定的高分辨率彩色电视摄像机和无线电通信链路的自动飞行控制系统(automatic flight control system,AFCS)的无人机,其正面面积只需要 0.04 m^2。

飞行器系统从一开始便是为执行特定任务而开发的。设计师必须决定最适合执行任务的飞机类型,特别是需要比较有人和无人解决方案中,无人解决方案是否可以更好地完成任务。换句话说,无法简单断定无人机与有人机相比谁总是具有优势或劣势,其优劣取决于具体任务的需求。无人机相对于有人机更适合承担以下任务:

(1)枯燥的任务 军用和民用应用(如远程监控)对于机组人员来说可能是一种乏味的体验,机组人员很长时间一直盯着屏幕看而不能休息,可能导致他们注意力下降,因此丧失任务效力。无人机在高分辨率彩色视频录制、低光照水平成像、热成像摄像机录像或雷达扫描等任务中的操作更加方便有效,地面的操作员可以轻松地从换班工作方式中得到解脱。

(2)对人体有危害的任务 监测核污染或环境化学污染使空勤人员处于不必要的危险之中,而该任务在使用无人机的情况下更容易进行。用有毒化学品喷洒作物是另一种对人体有危害的任务,而现在已经可以通过无人机非常成功地进行。

(3)危险的任务 对于军事任务,如在需要对重度防御区域进行侦察的情况下,无人机可能胜过有人机。由于其具有更小的尺寸和更大的隐形性能,无人机对于敌方防空系统来说更难以被发现,更难以用防空炮弹或导弹攻击。此外,在这种操作中,执行任务的空勤人员可能受到被攻击的威胁。而无人机驾驶员不会受到人身安全的威胁,可以集中精力,因此可以更有效地执行任务。所以,无人机在没有资源损失风险的情况下更有可能成功地完成任务。电力线检查和森林火灾控制是民用领域应用的例子,这可能使有人机机组人员处于重大危险中,而无人机可以更容易地进行这样的任务,而没有人员损失的风险。通常在极端天气条件下将无人机应用在军事和民用领域中是有必要的。

1.4 农用无人机的发展历史

1.4.1 国外农用无人机的发展历史与现状

1903 年,莱特兄弟成功试飞了世界上第一架飞机之后,飞机在农业等民用领域应用的研究一直是热门的课题。1918 年,美国人在防治牧草害虫时,使用飞机对其喷洒砷素剂并取得了成功,就此掀开了农业航空的历史。自此以后,苏联、日本、加拿大、新西兰、韩国和德国等也开始了农业航空领域的探索研究及示范应用。第二次世界大战以后,农药也迎来了新一轮革命,化学除草剂、杀虫剂等农药相继出现,迫切需要一种喷洒效率较高的喷洒机具。与此同时,战后大量军用小型飞机过剩,于是,美国等发达国家纷纷将其转用到农业植保上,使农用航空得到了快速发展(李庆中,1992)。日本雅马哈(YAMAHA)公司出产的无人机曾是世界上出货量最大、市场份额最高的植保无人机。早在1983年雅马哈公司就接受日本农林水产省委托,对农用喷粉无人机进行开发生产,最早的植保无人机由此诞生。日本无人机普及率广,民用化水平较高,并且拥有成熟的植保无人机机型、健全的市场,以及完善的服务体系。其代表机型RMAX无人直升机在喷洒作业中,能够实现"傻瓜"式操作,定高、定速飞行,这不仅降低了操作难度,而且质量安全可靠。以RMAX为例,其最大商用载荷为28 kg,发动机类型为水平对置双缸水冷发动机,发动机排量为246 cm³,最大输出功率为15.4 kW;喷洒用喷嘴采用扇形喷头,喷洒能力达到3.5~4 hm²/d,滞空时间可达5 h;飞机寿命为1 000 h,使用年限为6~9年;售价大约为100万美元。雅马哈公司在日本建立了完善的培训体系和售后服务体系,在其全国各地也都有厂家认可的修理工厂,一旦飞机发生故障,可以随时联系售后,售后负责拉去修理工厂修理。如果飞机出现重大故障且不能采取就近维修的办法,雅马哈公司会提供另一架飞机为客户继续作业,故障飞机可以送到总部进行维修处理。正是由于这些完善的服务与售后保障体系,据统计,截至2020年,日本植保无人机的农田作业面积覆盖50%以上。

着眼于农业航空装备技术的发展状况,目前美国也是先进且技术应用广泛的国家。与日本农业航空体系类似,美国也具备完善的农业航空服务组织体系及航空施药作业规范。另外,美国的施药部件系列齐全,掌握的多种精准农业技术手段,如施药自动控制系统、全球定位系统(global positioning system,GPS)自动导航及各种作业模型都已经进入实用阶段,农业航空的高度自动化使其实现了精准、高效且更加环保的喷洒作业。随着农业精准化要求的提高,美国开始将空间统计学、变量施药控制、航空遥感技术等逐渐应用到农田产量、植物水分、病虫害、植物营养状况等方面的监测中。航空技术在美国农业领域发挥着越来越重要的作用。美国农业航空的主要作业项目包括除草、灭虫、播种、施肥等。农用植保无人机空中作业效率高,成本较低;不受地形、地势限制,突击能力强,在消灭暴发性病虫害时优势明显;作业不受作物长势的限制,有利于高大植株或者作物生长后期作业;与地面机械田间作业相比,不会压实土壤,也不会破坏农作物的优势。所以,农用无人机很受美国农场主的欢迎(薛新宇,兰玉彬,2013)。在原型机——日本雅马哈公司的RMAX的基础上另外配备陀螺仪模块、差分全球定位系统(differential global positioning system,DGPS)等传感器,从而使其能够对周边的障碍物作出快速反应,并在机载摄像头的支持下选择飞行路线(刘剑君等,2014)。在农业航空政策及体系建设方面,美国强大的农业航空组织体系是农业航空服务的一大重要特点。该体系包括了美国国家农业航空协会及将近40个州级的农业航空协会。美国国家农业航空协会由来自46个州的1 700个会员组成,会员主要包括飞行员和企业业主。协会提供品牌保护、继续教育、安全计划,以及农业、林业与公共服务业方面的联系与信息服务,开展提高航空应用效率与安全性方面的研究与教育计划。高等院校的科研活动及非营利性的遥感探测可采用无人机飞行。然而,美国与欧盟拥有的飞行器设计技术、无人机飞行控制技术与导航技术处于世界领先地位,它们还有很多在商业利益的驱动下可以较快转化的技术。在 2015 年,美国联邦航空管理局(Federal Aviation Administration,FAA)批准了多个植保无人机的豁免项目,在政策层面上逐步开放对于植保无人机的使用。2016 年,美国联邦航空管理局发布并生效的 Part 107 规章是管理小型无人机(重量在 55 磅以下)的重要法规,农业无人机必须遵守这一规则。该规则要求驾驶员获得无人机驾驶员证书,并遵循特定飞行高度、视线范围内操作等限制。然而,驾驶员可以通过申请豁免获取更灵活的操作权限,比如超视距飞行和夜间飞行,这对农业喷洒作业尤其重要。美国联邦航空管理局在 2021 年更新了 Part 107 法规,允许无人机在满足条件的情况下进行夜间飞行和飞越人群。这项更新在 2021 年正式生效,旨在简化商业无人机操作,尤其是在农业等领域的应用,2022 年,美国农业部(USDA)通过多个项目支持无人机在农业中的应用,特别是在气候智能型农业和精准农业领域。相信未来植保无人机在美国的应用会得到更大范围的普及。

1.4.2　国内农用无人机的发展历史与现状

我国的农业环境是土地单户种植面积较小、土地分散且地形大多不平整,油动无人机油动系统的动力足、续航时间久、载荷量大等优点难以充分发挥,并且因为研发难度和操作难度较大,油动无人机机构占比并不突出。因此,目前市场中推广较多的还是凭借成本低、操作简单、易维护等优势胜出的电动多旋翼无人机。专业生产的企业数量虽然不少,但产品技术保障有待提高。

目前市场上无人机种类繁多,其中油动无人直升机具有代表意义的机型有:杭州沛澜航空科技有限公司生产的 PT-01 型(图 1.7)、中国人民解放军总参谋部第六十研究所的 Z-5 型和 Z-3 型等。多旋翼农用无人机的代表机型则有北方天途航空技术发展(北京)有限公司的 TTA-M6A 型、深圳市大疆创新科技有限公司的 MG-1 型等。在未来几年我国植保无人机的发展中,基于国内农业的实际生产需求,在农业农村部各项政策扶持下,以及国家专项科研资金的大力支持下,我国将引进并吸收国外先进成熟的农用航空喷洒技术,同时研发设计具有自主知识产权的农用植保无人机,逐步建立健全我国农用航空施药飞机的行业标准及作业规范。

农用植保直升机

图 1.7　杭州沛澜航空科技有限公司生产的 PT-01 型无人直升机

在农用无人机领域中除了植保作业以外,低空信息获取是很重要的应用方向,浙江大学研制了多传感器融合的无人机低空遥感平台(图 1.8)。遥感平台通过三轴无刷云台搭载 RGB 相机、雷达图像传输设备和 25 波段多光谱相机,配备辐射定标系统和地面控制点,可实现图像的零延时高清回传以及遥感影像的辐射校正和预处理,有效、准确地建立作物养分、长势遥感反演模型。图传系统采用以色列的 AMIMON CONNEX 高清图传,传输数字信号,空中端重量仅为 130 g,发射频率为 5.8 GHz,有效传输距离为 1 km,可以实现图像传输的零延时。云台通过减震橡胶与飞行器平台连接,同时具有自稳控制系统,减少了飞行器震动以及飞行机姿态变化对云台姿态的影响,保证正射图像的获取。通过飞控给的触发信号可以同时触发 RGB 相机和多光谱相机采集图像,实现图像数据定点采集。

图 1.8　浙江大学研制的多传感器融合的无人机低空遥感平台

广州极飞无人机科技有限公司汇集公司在无人机领域多年的技术积累和实践经验推出了一款"极侠"无人机。其采用先进的设计和制造工艺,轻便易用,功能强大。使用极飞强大的 SUPERX3 Pro RTK 飞行控制系统,其具备厘米级精度的全自主飞行能力、灵活多样的操控方式和开放式的挂载系统,以满足各行业应用需求(图 1.9)。

图 1.9　广州极飞无人机科技有限公司的"极侠"无人机

深圳市大疆创新科技有限公司同样认为多光谱影像相较于肉眼观察能提供更多准确而具有指向性的信息,帮助用户深入了解植物状况。基于其成熟的"精灵"系列无人机平台,大疆开发了精灵 4 多光谱版无人机,可精确采集多光谱数据,让植物生长状况尽在掌握之中。精灵 4 多光谱版无人机延续了大疆无人机一贯的强大性能,最长飞行时间可达 27 min,以及支持 7 km 控制距离的 OcuSync 图传系统,并采用 TimeSync 时间同步系统。通过将飞控、相机与 RTK 的时钟系统进行微秒级同步,实现相机成像时刻毫秒级误差矫正。每个相机镜头的中心点位置与天线中心点位置会结合设备姿态信息进行实时补偿,从而确保影像获得更为精确的位置信息。此外,所有相机均经过严格校准,测量径向和切向透镜的畸变情况,相关失真参数将保存在影像的元数据中,方便后期处理时进行精细化调整(图 1.10)。

图 1.10　深圳市大疆创新科技有限公司的精灵 4 多光谱版无人机

李庆中,1992. 飞机在农业中的应用[J]. 农业现代化研究,(3):190-191.

刘剑君,贾世通,杜新武,等,2014. 无人机低空施药技术发展现状与趋势[J]. 农业工程,4(5):10-14.

薛新宇,兰玉彬,2013. 美国农业航空技术现状和发展趋势分析[J]. 农业机械学报,44(5):194-201.

第 2 章

农用无人飞行器

2.1 固定翼飞行器

2.1.1 定义与组成

固定翼飞行器即日常生活中提到的"飞机",是指由动力装置产生前进的推力或拉力,由机体上固定的机翼产生升力,在大气层内飞行的重于空气的飞行器。大部分飞机的基本结构包含机身、机翼、尾翼、起落架和发动机等。

机身的主要功能是装载设备、燃料和武器等,它也是其他结构部件的安装基础,能够将尾翼、机翼、起落架等连接成一个整体。

机翼是固定翼飞行器产生升力的部件。机翼后缘有可操纵的活动面,一般靠外侧的称为副翼,用于控制飞机的滚转运动;靠内侧的称为襟翼,用于增加起飞和着陆阶段的升力。大型飞机机翼内部通常安装有油箱,军机机翼下面则可挂载副油箱和武器等附加设备,有些飞机的发动机和起落架也被安装在机翼下方。

尾翼是用来配平、稳定和操纵固定翼飞行器飞行的部件,通常包括垂直尾翼(垂尾)和水平尾翼(平尾)2部分。垂直尾翼由固定的垂直安定面和安装在其后部的方向舵组成;水平尾翼由固定的水平安定面和安装在其后部的升降舵组成,一些型号的飞机升降舵由全动式水平尾翼代替。尾翼的方向舵用于控制飞机的横向运动,升降舵用于控制飞机的纵向运动。

起落架是用来支撑飞行器停放、滑行、起飞和着陆滑跑的部件,一般由支柱、缓冲器、刹车装置、机轮和收放机构组成。陆上飞机的起落装置一般由减震支柱和机轮组成。此外,还有专供水上飞机起降的带有浮筒装置的起落架和在雪地上起降用的滑橇式起落架。

2.1.2 特点

固定翼无人机凭借其独特的设计和优越的飞行性能,在许多领域显示出了巨大的潜力和应用价值。其主要特点如下:

（1）结构设计　固定翼无人机最显著的特征是其固定的机翼设计,这与常见的旋翼无人机有很大区别。固定的机翼提供了更高的升力效率,使无人机能够在较低的动力消耗下飞行更长的距离。此外,固定翼无人机通常包括机身、机翼、尾翼和发动机等基本部件,这些部件的设计和配置对无人机的性能有着重要影响。

（2）飞行性能　固定翼无人机在速度、航程和高度方面通常优于旋翼无人机。它们能够在较高速度下飞行,覆盖更广阔的区域,适合进行长距离的航测、监视和物流运输。同时,由于其高效的空气动力学设计,固定翼无人机在飞行时更加稳定,能够在较差的天气条件下保持良好的飞行性能。

（3）能源和续航能力　固定翼无人机由于其高效的空气动力学设计,通常具有较长的续航能力。这使得它们能够长时间地执行任务,如区域监测、边境巡逻等。此外,固定翼无人机的能源效率也相对较高,这意味着在相同的能量消耗下,它们能够飞行更远的距离。

2.1.3　农业用途

在农业领域,固定翼无人机的应用已经变得日益重要和普遍,为现代农业带来了显著的变革。固定翼无人机主要被用于精确农业,它们通过搭载高分辨率相机、多光谱传感器、红外线摄像头以及其他先进的遥感设备,能够收集大量关于农田的数据。这些数据用于创建农作物生长的详细地图,帮助农民了解作物的生长状况、土壤湿度、病虫害分布和作物生物量等信息。此外,固定翼无人机因其较长的续航力和覆盖面积,特别适合于大规模农田的监测和管理。

通过分析无人机收集的数据,农民可以更精确地进行作物管理,比如针对性地施肥、灌溉和施用农药。这种精确管理不仅提高了农作物的产量和质量,还有助于减少肥料、农药及水资源的使用,从而降低成本并减少对环境的影响。此外,无人机还可以用于监测作物的生长周期和预测产量。

在某些场景下,固定翼无人机还配备了喷洒装置,用于精确喷洒农药、肥料或者生长调节剂。这种方法比传统的地面喷洒更为高效,可以确保药剂均匀分布,同时减少对作物的机械损伤和操作人员的健康风险。

2.2　旋翼类飞行器

2.2.1　定义与组成

旋翼类飞行器在空中飞行的升力由一个或多个旋翼与空气进行相对运动的反作用获得,与固定翼飞行器为相对的关系。

旋翼无人机的类型有很多,分类方法也有很多种。按结构形式主要分为单旋翼带尾桨无人直升机、双旋翼共轴无人直升机,以及近年来蓬勃发展的多旋翼无人飞行器等。

(1)单旋翼带尾桨无人直升机 它装有一个旋翼和一个尾桨,旋翼的反作用力矩由尾桨拉力相对于直升机重心所构成的偏转力矩来平衡。虽然尾桨消耗一部分功率,但这种结构形式构造简单、操纵灵便、应用极为广泛。

(2)双旋翼共轴无人直升机 它在同一转轴上装有 2 个旋转方向相反的旋翼,其反作用力矩相互平衡。它的特点是外廓尺寸小、气动效率高,但操纵机构较为复杂。

浙江大学研制的
多旋翼无人飞行器

(3)多旋翼无人飞行器 它是一种具有 2 个以上旋翼轴的无人旋翼飞行器,由每个轴末端的电动机转动,带动旋翼从而产生上升动力。旋翼的总距固定而不像直升机那样可变。通过改变不同旋翼之间的相对速度可以改变推进力和扭矩,从而控制飞行器的运行轨迹。

(4)其他类型 包括自转旋翼无人机、变模态旋翼无人机、复合旋翼无人机等。

2.2.2　特点

旋翼无人机是一种使用旋转叶片产生升力的无人飞行器。近年来它们在商业和娱乐领域迅速普及,特别是在摄影、监视、农业和搜索救援等领域。以下是旋翼无人机的主要特点:

(1)设计结构 旋翼无人机的典型结构包括 3、4、6 或 8 个旋翼(分别称为三旋翼、四旋翼、六旋翼和八旋翼无人机),这些旋翼配置于机身的顶部。与固定翼无人机相比,旋翼无人机通常体积较小,结构更为紧凑。每个旋翼都由一个独立的电机驱动,这使得旋翼无人机在空中的操控更为灵活。

(2)飞行能力 旋翼无人机最突出的特点是其垂直起降(VTOL)能力,这使得它们可以在不需要跑道的情况下起飞和降落。此外,它们在空中的悬停能力极强,能够在一个固定位置上空停留,这对精确的空中摄影和监视任务非常有帮助。

(3)操控性 旋翼无人机由于其独特的飞行机制,具有极高的操控灵活性。它们能够进行快速方向变换、垂直升降以及静止悬停,这使得它们非常适合在狭窄或障碍物密集的环境中飞行。

(4)续航和载荷 与固定翼无人机相比,旋翼无人机的续航时间通常较短,这是由于它们的飞行方式需要更多的能量来保持空中悬停和进行多方向飞行。此外,旋翼无人机的载荷能力相对较小,这限制了它们携带重型设备的能力。

(5)技术发展 随着电子技术和材料科学的发展,旋翼无人机正在变得更加高效、可靠和智能化。例如,通过集成先进的导航系统、更强大的电池和更轻质的材料,旋翼无人机的飞行时间和性能正在不断提升。此外,人工智能和机器学习的应用使得无人机能够自动执行更复杂的任务,如自主避障和目标追踪。

2.2.2.1 多旋翼无人飞行器

多旋翼无人飞行器又称多轴飞行器。以其中最常见的四旋翼为例,由 4 个旋翼来举升和推进飞行。和固定翼飞机不同,多旋翼飞机是通过旋翼的旋转使飞行器升空。它的 4 个旋翼大小相同,分布位置对称,通过调整不同旋翼之间的相对转速来调节推进力和扭矩,从而控制飞行器悬停、旋转或航线飞行。常见的单旋翼带尾桨直升机有 2 个旋翼,尾旋翼只起到抵消主旋翼产生的扭矩、控制飞机机头指向的作用。

在早期的飞行器设计中,四轴飞行器被用来解决旋翼机的扭矩问题;主、副旋翼的设计也可以解决扭矩问题,但副旋翼不能提供升力,效率低。因此,四轴飞行器是最早的一批比空气重的垂直起降飞行器,但是此种飞行器早年的型号性能很差,难以操控和大型化。

近年来多轴飞行器在无人机领域获得了新生。由于使用现代的电动动力装置和智能控制系统,多轴飞行器飞行稳定,操控灵活,可以在户内和户外使用。与传统直升机相比,它有许多优点:旋翼总距固定,结构简单;每个旋翼的叶片比较短;叶片末端的线速度慢,发生碰撞时冲击力小,不容易损坏,对人的危害性更小。有些小型四轴飞行器的旋翼还有外框,可有效避免磕碰和损坏。

2.2.2.2 单旋翼带尾桨直升机

在直升机发展初期,不同的设计者根据自己的理解和喜好,设计出各式各样的垂直飞行器。经过多年的实践,单旋翼带尾桨直升机占据了主导地位,成为目前应用最为广泛的一种直升机。多数起飞重量较大的无人直升机也都采用此种布局。单旋翼带尾桨直升机构造简单,操纵灵便,有其显著的优点。

事实上,同是单旋翼带尾桨直升机,虽然有很多共性的方面,但不同的机型在气动布局上可能存在着较大的差别,其气动部件的形状、安装部位、部件配置、参数选择等都可能不一样。不同的气动布局必然会产生不同的气动特点,而不同的气动特点又会直接影响直升机的性能和操纵。国内目前使用的单旋翼带尾桨无人直升机机型较多,对于无人机驾驶员来说,了解不同布局的气动特点和设计师的特殊考虑,对于掌握机型特点是有益的。

2.2.3 农业用途

旋翼类无人机在农业领域的应用已经成为现代农业技术的一个重要组成部分,极大地提升了农业生产的效率和智能化水平。

(1)作物监测与数据收集　旋翼无人机搭载高分辨率相机和多光谱传感器,能够对农田进行高效的空中监测,收集作物生长情况、土壤湿度、病虫害发生等数据。这些数据对于农民了解作物健康状况、提前预防病虫害以及进行精准农业管理非常重要。

(2)精准农药和肥料喷洒　旋翼无人机可配备喷洒装置,进行精准的农药和肥料喷洒。与传统的人工或地面机械喷洒相比,无人机喷洒更为高效,可以减少农药和肥料的使用量,降低环境污染,同时提高作物的产量和质量。

(3)灌溉管理　通过搭载特定的传感器,旋翼无人机能够监测农田的水分状况,帮助农民进行有效的灌溉管理。这种方法尤其适用于大面积或地形复杂的农田,可以确保水资源的合理分配和使用。

(4)作物生长分析　利用搭载的多光谱或高光谱传感器,旋翼无人机可以分析作物的生长情况,如叶绿素含量、生长速度和生理状况,帮助农民及时了解作物的生长状态并作出相应的管理决策。

农用无人机及
机载装备

(5)病虫害早期检测　通过定期的空中巡视和图像分析,旋翼无人机可以帮助农民及时发现并识别病虫害,实现早期预警和防治。这有助于减少病虫害的蔓延和损失,保证作物健康生长。

(6)作物产量预测　旋翼无人机能够收集有关作物生长的详细信息,结合数据分析技术,可以预测作物的产量,帮助农民进行市场规划和收获安排。

第 3 章

农用无人机飞行控制与导航系统

3.1 无人机飞控系统概述

3.1.1 闭源飞行控制系统

21世纪前后,国内民用无人机开始逐步发展,但作为核心设备的自动驾驶仪的采购途径非常缺乏。一方面,国内军用无人机研发单位相关设备的结构庞大,技术相对落后,同时还有保密的限制;另一方面,民用单位技术积累有限,自行开发困难。在这种背景下,来自美国的 AP 系列飞行控制系统和加拿大的 MP(Micro Pilot)系列自动驾驶仪进入我国。这两款自动驾驶仪在相当长的时间里占据了当时的市场。时至今日,MP 系列自动驾驶仪的后续产品还在应用中。MP2128 自动驾驶仪如图 3.1 所示。

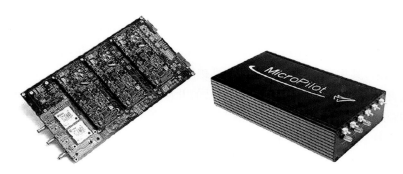

图 3.1　MP2128 自动驾驶仪

3.1.2 开源飞行控制系统

随着集成电路的高速发展,电子元器件的成本在不断降低。为了获得更好且更易上手的微控制器平台,基于 Creative Commons 授权方式的硬件平台 Arduino 应运而生。这是一款便捷灵活、方便上手的开源电子原型平台,包含各种型号的 Arduino 板的硬件和软件 Arduino IDE。由于其易上手性,不少开源飞控项目基于该平台而诞生。可以说,是

Arduino 开启了开源飞行控制系统的发展道路。

开源(open source)的概念最早被应用于开源软件,开放源代码促进会(Open Source Initiative,OSI)用其描述那些源代码可以被公众使用的软件,并且此软件的使用、修改和发行也不受许可证的限制。每一个开源项目均拥有自己的论坛,由团队或个人进行管理,论坛定期发布开源代码,而对此感兴趣的程序员都可以下载这些代码,并对其进行修改,然后上传自己的成果,管理者从众多的修改中选择合适的代码改进程序并再次发布新版本。如此循环,形成"共同开发、共同分享"的良性循环。

开源硬件是在开源软件定义基础上定义的。该定义是由 Bruce Perens 和 Debian 的开发者作为 Debian 自由软件方针而创建的。开源软件的发展逐渐与硬件相结合,产生了开源硬件。开源硬件的原则声明和定义由开源硬件协会(Open Source Hardware Association,OSHWA)的委员会及其工作组与其他更多的人员共同完成。因此,生产经过开源硬件许可的品目(产品)的人和公司有义务明确该产品没有在原设计者核准前被生产、销售和授权,并且没有使用任何原设计者拥有的商标。在实现技术自由的同时,开源硬件提供知识共享并鼓励硬件设计开放交流贸易模块。了解了开源硬件的概念,开源飞行控制的概念也就比较容易理解了。所谓开源飞行控制就是建立在开源思想基础上的自动飞行控制器项目(open source autopilot),同时包含开源软件和开源硬件,而软件则包含飞行控制硬件中的固件(机载软件)和地面站软件 2 部分。爱好者不但可以参与软件的研发,也可以参与硬件的研发;不但可以购买硬件来开发软件,也可以自制硬件,这样便可让更多人自由享受该项目的开发成果。开源项目的使用具有商业性,所以每个开源飞行控制项目都会给出官方的法律条款以界定开发者和使用者的权利,不同的开源飞行控制对其法律界定都有所不同。

第一代开源飞行控制系统以 Arduino 或其他类似的开源电子平台为基础,扩展连接各种微机电系统(micro electromechanical system,MEMS)传感器,能够让多旋翼等无人机平稳地飞起来,其主要特点是模块化和可扩展能力强。

第二代开源飞行控制系统大多拥有自己的开源硬件、开发环境和社区,采用全集成的硬件架构,将全部 10 自由度传感器、主控单片机,甚至 GPS 等设备集成在一块电路板上,以提高其可靠性。它使用全数字三轴 MEMS 传感器组成飞行器姿态系统,能够控制飞行器完成自主航线飞行,同时可加装电台与地面站进行通信,初步具备完整自动驾驶仪的功能。此类飞行控制系统还能够支持多种无人设备,包含固定翼飞行器、多旋翼飞行器、直升机和车辆等,并具备多种飞行模式,包含手动飞行、半自主飞行和全自主飞行。第二代飞行控制系统的主要特点是高集成性、高可靠性,其功能已经接近商业自动驾驶仪标准。其代码可以被其他人获取,以方便对其进行修改。

第三代开源飞行控制系统在软件和人工智能方面进行革新。它加入了集群飞行、图像识别、自主避障、自动跟踪飞行等高级飞行功能,向机器视觉、集群化、开发过程平台化的方向发展。它们都能自主从一个地方(A)运动到另一个地方(B),换句话说,它们能自己驾驶飞机从 A 到 B,这就是自驾,即飞行控制。它们拥有和人一样的自主运动能力,这也是我们把它们称为机器人的原因之一。当然当代的机器人已经能运动了,但不够智能化,但是随着人工智能技术的不断进步,它们不仅能从 A 走到 B,还能从 A 联想到 B,成为较为成熟的开源飞行控制系统。

开源飞行控制系统的发展必须从著名的开源硬件项目 Arduino 谈起。Arduino 是由 Massimo Banzi、David Cuartielles、Tom Igoe、Gianluca Martino、David Mellis 和 Nicholas Zambetti 于 2005 年在意大利多莫斯设计学院合作开发而成。Arduino 公司首先为电子开发爱好者搭建了一个灵活的开源硬件平台和开发环境,用户可以从 Arduino 官方网站获取硬件的设计文档,调整电路板及元件,以符合自己实际设计的需要。

Arduino 可以通过与其配套的 Arduino IDE 软件查看源代码并上传自己编写的代码,Arduino IDE 使用的是基于 C 语言和 C++的 Arduino 语言,该语言十分容易掌握,并且 Arduino IDE 可以在 Windows、Macintosh OSX 和 Linux 三大主流操作系统上运行。随着该平台逐渐被电子开发爱好者所接受,各种功能的电子扩展模块层出不穷,其中最为复杂的便是集成了 MEMS 传感器的飞行控制器。为了得到更好的飞行控制设计源代码,Arduino 公司开放了其飞行控制源代码,它开启了开源飞行控制系统的发展道路。著名的开源飞行控制系统 APM(ArduPilot Mega)是 Arduino 平台的直接衍生产品,至今仍有兼容 Arduino 硬件的飞控固件版本。APM 是在 2007 年由 DIY 无人机社区(DIY drones)推出的飞行控制系统产品,是当今最为成熟的开源硬件项目。APM 基于 Arduino 的开源平台,对多处硬件进行了改进,包括加速度计、陀螺仪和磁力计组合惯性测量单元(inertial measurement unit,IMU)。由于良好的可定制性,APM 在全球航模爱好者范围内迅速传播开来。通过开源软件 Mission Planner,开发者可以配置 APM 的设置,接受并显示传感器的数据,使用谷歌地图(Google Map)完成自动驾驶等功能,但是地面站软件 Mission Planner 仅支持 Windows 操作系统。目前在相关开源社区的支持下,也逐步发展出了基于安卓操作系统的地面站软件。

目前,APM 飞行控制系统已经成为开源飞行控制系统成熟的标杆,可支持多旋翼、固定翼、直升机和车辆等无人设备。APM 飞行控制系统支持各种四轴、六轴、八轴多旋翼无人机架构,并且连接外置 GPS 传感器以后能够增加稳定性,并完成自主起降、自主航线飞行,实现自主返航、定高、定点等丰富的飞行模式。APM 能够连接外置的超声波传感器和光流传感器,在室内实现定高和定点飞行。其主控平台也正处于逐步发展当中,从最开始的 Arduino 平台逐步向 STM32 系列平台扩展,最新版目前已经支持在 ARM 平台上扩展。

PX4 是一个软硬件开源项目(遵守 BSD 协议),目的在于为学术、爱好和工业团体提供一款低成本、高性能的高端自驾仪。这个项目源于苏黎世联邦理工学院的计算机视觉与几何实验室、自主系统实验室和自动控制实验室的 Pixhawk 项目。PX4FMU 自驾仪模块运行高效的实时操作系统(real time operating system,RTOS),NuttX 提供可移植操作系统接口(portable operating system interface of UNIX,POSIX)类型的环境,软件可以使用 USB bootloader 更新。PX4 通过 MAVlink 同地面站进行通信,兼容的地面站有 QgroundControl。由 3DR 联合 APM 小组与 PX4 小组于 2014 年推出的 Pixhawk 飞行控制系统是 PX4 飞行控制系统的升级版本,拥有 PX4 和 APM 2 套固件和相应的地面站软件。该飞行控制系统是目前全世界飞行控制系统产品中硬件规格最高的产品,也是当前爱好者最受欢迎的产品。Pixhawk 拥有 168 MHz 的运算频率,并突破性地采用了整合硬件浮点运算核心的 Cortex-M4 单片机作为主控芯片,内置 2 套陀螺仪和加速度计组成的 MEMS 传感器,互为补充矫正。此外,Pixhawk 内置三轴磁场传感器并可以外接一个三轴磁场传感器,同时可外接一主一备 2 个全球卫星导航系统模块(global navigation satellite system,GNSS),以实现在故障时的自动切换。它支持目前几乎所有的多旋翼类型,甚至包括三旋翼和 H4 这样结构不规则的产品。它使飞行器拥有多种飞行模式,支持全自主航线、关键点围绕、鼠标引导、"Follow Me"、对尾飞行等高级飞行模式,并能够完成自主调参。Pixhawk 飞行控制系统的开放性非常好,几百项参数全部开放给爱好者调整,靠基础模式简单调试后也可飞行。

Open Pilot 是由 Open Pilot 社区于 2009 年推出的自动驾驶仪项目,旨在为社会提供低成本但功能强大的稳定型自动驾驶仪。这个项目由 2 部分组成,包括 Open Pilot 自驾仪及与其相配套的软件。其中,自驾仪的固件部分由 C 语言编写,而地面站则用 C++ 编写,并可在 Windows、Macintosh OSX 和 Linux 三大主流操作系统上运行。Open Pilot 的最大特点是硬件架构非常简单,从它目前拥有的众多硬件设计就可以看出其与众不同之处。官方发布的飞行控制系统硬件包括 CC、CC3D、ATOM、Revolution、Revolution Nano 等,衍生硬件包括 Sparky、Quanton、REVOMINI 等,甚至包含直接使用 STM32 开发板扩展而成的 FlyingF3、FlyingF4、DiscoveryF4 等,其中 CC3D 已经是 300 mm 以下轴距穿越机和超小室内航模的首选飞行控制系统,而 DiscoveryF4 被爱好者大量用于研究飞行控制系统,Quanton 更是成为 Taulabs 的首选硬件。Open Pilot 旗下最流行的硬件是 CC3D。此飞行控制系统板只采用一个 72 MHz 的 32 位 STM32 单片机和一个 MPU6000 就能够完成四旋翼、固定翼、直升机的姿态控制飞行。

3.1.3　典型农用无人机控制系统

在农业中应用的无人机,其作业环境与其他民用领域的无人机有较大的区别。例如,在喷药作业中,为了实现药剂的精准变量喷洒,农用植保无人机通常需要以较慢的巡航速度在较低的飞行高度下进行喷洒作业。农业专用飞行控制系统就需要针对低空风切变等作业干扰因素进行及时的处理与修正。而在农用无人机低空遥感作业中,由于需要对遥感图像进行几何校正等处理,因此就需要飞行控制系统提供精度更高的飞机位置与姿态数据来对遥感数据进行修正。总体而言,农用无人机飞行控制系统与通用飞行控制系统的最大区别在于其针对农业特殊的作业环境在飞行控制系统的可靠性、安全性方面有更高的要求。

以浙江大学自行研制的农用无人机飞行控制系统(图 3.2)为例,首先,其采用了数字信号处理(digital signal processing,DSP)与高级精简指令集机器(Acorn RISC machine,

ARM)的双微控制单元(micro controller unit,MCU)结构,通过中央 MCU 的 PID 闭环控制实现前进、后退、升降等动作。这种设计保证了飞行控制系统运算的精确性和实时性,能够控制飞机对飞机姿态与外界飞行环境的变化作出及时和有效的响应,从而维持飞机在低空复杂环境中飞行的稳定性,提高飞行的安全性。其次,在飞行控制系统中安装了可靠性高的 MEMS 三轴陀螺仪、加速度计、三轴磁感应器及气压传感器等装置。结合外部高精度 GPS 模块,其可以为无人机农业作业提供准确的经纬度、飞行高度、速度等导航姿态数据。此外,由于农用无人机经常在作业环境情况较为恶劣的地区进行飞行,因此飞行控制系统的电路连接器设计摒弃了常用飞行控制中的杜邦线与排针组合的方式,采用了防水与防尘性能更高的航空插头。另外,因为与通用无人机相比,农用无人机需要频率更高的维护和保养,所以在农业专用飞行控制系统中设计有可靠的数据存储装置,用于在每次飞行中对飞机各种姿态信息、传感器信息、电气系统参数、位置信息、任务载荷信息进行实时记录,方便对无人机飞行参数与状态进行实时记录与监控,为农用无人机的维护和保养提供可靠的信息与依据。

图 3.2　浙江大学自行研制的农用无人机飞行控制系统

在市场上,无人机知名厂商大疆科技与极飞科技均推出了自己的飞行控制系统产品,这些产品应用于包括农用无人机在内的行业类应用无人机。其中,大疆科技推出的 A3 系列飞行控制系统具有先进的三余度系统,配备 3 套 IMU 和 GNSS 模块,配合软件解析余度实现 6 路冗余导航系统。在飞行中,系统通过先进的软件诊断算法对 3 套 GNSS 和 IMU 数据进行实时监控,当导航系统中的传感器出现异常时,系统立即切换至另一套传感器,在农业作业中以确保可靠稳定的飞行表现。另外,极飞推出的 SuperX2 系列飞行控制系统则在传感器方案中采用了工业级陀螺仪,支持电机转速反馈,内置 UPS,提供稳定电源,在农业遥感以及植保作业中确保飞行器安全。

综上所述,只有针对农田的实际作业环境与干扰因素进行设计的农业专用飞行控制系统才能够满足农用无人机的实际作业需要,提升农用无人机作业的效率和安全性。

3.2 导航控制与避障

3.2.1 导航控制概述

多旋翼飞行器实现各种功能(轨迹跟踪、多机编队等)的核心是快速、稳定的姿态控制和精确的位置控制。常用的多旋翼飞行控制系统主要包含 2 个控制回路:一个是飞行器姿态控制回路;另一个是飞行器位置控制回路。由于姿态运动模态的频带宽,运动速度快,因此姿态控制回路作为内回路进行设计;而位置运动模态的频带窄,运动速度慢,所以位置控制回路作为外回路进行设计。位置控制回路可以使飞行器悬停在指定位置或者按照设定好的轨迹飞行,姿态控制回路的作用是使多轴飞行器保持稳定的飞行姿态。若 2 个控制回路同时产生控制信号,则各个旋翼的转速分别作相应的调整,使得多旋翼飞行器能够按照指令稳定飞行。

3.2.2 姿态稳定控制算法

由于内回路姿态与外回路位置具有直接的耦合关系(滚转/俯仰姿态运动引起水平方向的左右/前后运动),因此所有控制的核心便集中在内回路。考虑到内回路姿态控制算法的可实现性,合理的方法和控制策略是决定控制性能的重点。内回路姿态控制的策略一般有 2 种:一种是直接对姿态角进行控制;另一种是将姿态角误差转化为期望的修正角速度,对实际角速度进行控制以达到跟踪期望角速度、消除姿态角误差的目的。由于角速度可构成更快的回路,因此第 2 种策略具有更快的响应速度。以四旋翼飞行器的姿态控制为例,在实际系统中,目前使用的是 PID 控制技术。内回路根据期望的姿态指令与传感器测量解算得到的估计姿态进行比较,所得误差乘以一个系数作为期望的角速度。该角速度的目的是希望四轴以该角速度来修正当前的角度误差。期望的姿态指令是位置控制输出与遥控器姿态指令信号的线性融合。显然,当角度误差越大时,期望的角速度会相应增大,该值与传感器测量得到的角速度误差通过 PID 控制器来消除。例如,当四旋翼滚转通道出现 $+20°$ 的角度误差时,给该误差乘以系数 4,意味着我们希望四旋翼以 $80\ \mathrm{rad/s}$ 的角速度来修正该误差,那么应在 $0.25\ \mathrm{s}$ 内基本消除该角度误差。若当前滚转通道的角速度为 $10\ \mathrm{rad/s}$,则 PID 控制器输出一个正的控制增量,使滚转通道的角速度增大,以达到消除角度误差的目的。内回路姿态控制部分的算法流程如图 3.3 所示。

3.2.3 位置稳定控制算法

如前文所述,多旋翼飞行器的外回路(位置稳定控制)与内回路(姿态稳定控制)具有直接的耦合关系,因此,外回路的控制原理和内回路基本一致。以某四轴飞行器定点悬停的实现为例对外回路控制原理进行说明,我们将定点悬停分为 2 个阶段,即高度保持和水平位置保持。高度保持的控制思路与姿态角保持类似,即将期望高度与实际高度的误差乘以系数转为期望的爬升率,将该期望爬升率与使用气压计 2 次测量数据计算得到的实际爬升率相比较,使用 PID 控制策略,消除速度误差,进而消除期望高度与实际高度之间的误差,达到高度保持的目的。在有 GNSS 模块支持的情况下,将爬升率与 GNSS 模块所测高度得到的爬升率进行融合,尤其在空旷地带,会得到更为准确的爬升率数据。水平位置数据目前采用 GNSS 模块测量,精度可达到 5 m 以内。将期望的悬停位置与四旋翼当前位置的差值转化为期望的水平飞行速度,而该速度通过一定的策略转化为期望的俯仰/滚转角,实现按照期望的修正方向运动,减小定位误差,与此同时,四旋翼飞行器航向一般保持不变。但是在实际中,由于任务的需求,可能需要在定点悬停时改变航向,因此确认悬停点时会同时确认悬停的航向信息,之后当航向发生改变时,控制器能够根据当前航向与初始航向的偏差解算合适的滚转/俯仰角,从而得到准确的位置误差修正方向。外回路位置控制部分的算法流程如图 3.4 所示。

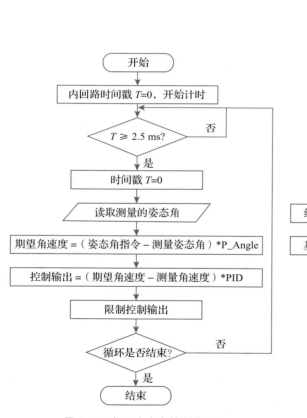

图 3.3　内回路姿态控制流程

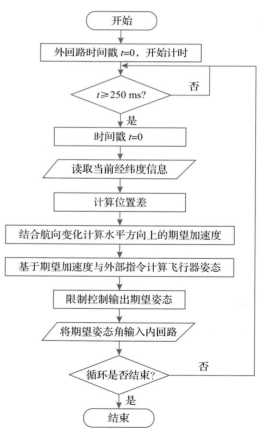

图 3.4　外回路位置控制流程

3.2.4　障碍物自动感知与避障技术

在农用无人机技术的诸多趋势中,避障能力是实现自动化乃至智能化的关键环节,完善的自主避障系统能够在很大程度上减少因操作失误造成的无人机损坏与伤及人身和建筑物的事故发生率,而从各无人机厂商的新品和技术发展方向看,避障技术也将在未来几年趋于完善并成为中高端消费级无人机的标配系统。避障技术,就是无人机自主躲避障碍物的智能技术。无人机自动避障系统能够及时地避开飞行路径中的障碍物,极大地减少因为操作失误而带来的各项损失。在减少炸机事故次数的同时,还能给无人机新手极大的帮助。在飞行器上研制感知与避让装置,实现自适应巡航速度控制,在应对突然出现在飞行路径上的物体时立即阻断飞行或进行合理规避,保障飞机和障碍物的安全。

根据目前无人机避障技术的发展及其未来的研究态势,无人机避障技术可分为3个阶段,一是感知障碍物阶段;二是绕过障碍物阶段;三是场景建模和路径搜索阶段。这3个阶段其实是无人机避障技术的作用过程,从无人机发现障碍物,到可以自动绕开障碍物,再达到自我规划路径的过程。

第一阶段,无人机只能简单地感知障碍物。当无人机遇到障碍物时,能快速地识别,并且悬停下来,等待无人机驾驶者的下一步指令。

第二阶段,无人机能够获取障碍物的深度图像,并由此精确感知障碍物的具体轮廓,然后自主绕开障碍物。这个阶段是摆脱无人机驾驶员操作,实现无人机自主驾驶的阶段。

第三阶段,无人机能够对飞行区域建立地图模型然后规划合理线路。这个地图不仅是机械平面模型,而是一个能够实时更新的三维立体地图。这将是目前无人机避障技术的最高阶段。

目前,常用的避障感知传感器包括超声波雷达、毫米波雷达、激光雷达、双目视觉模块等。

红外线避障的常见实现方式就是"三角测量原理"。红外线感应器包含红外线发射器与CCD检测器,红外线发射器会发射红外线,红外线在物体上会发生反射,反射的光线被CCD检测器接收之后,由于物体的距离 D 不同,反射角度也会不同,不同的反射角度会产生不同的偏移值 L,知道了这些数据再经过计算,就能得出物体的距离。此外,超声波作为声波的一种,可用于避障,因为频率高于 $20\,kHz$,所以人耳听不见,并且指向性更强。超声波测距的原理比红外线更加简单。因为声波遇到障碍物会反射,而声波的速度已知,所以只需要知道发射到接收的时间差,就能轻松计算出测量距离,再结合发射器和接收器的距离,就能算出障碍物的实际距离。超声波测距相比红外线测距,价格更加便宜,相应的感应速度和精度也逊色一些。同样,由于需要主动发射声波,所以对于太远的障碍物,精度也会随着声波的衰减而降低,此外,对于海绵等吸收声波的物体或者在大风干扰的情况下,超声波将无法工作。

激光避障与红外线类似,是发射激光然后接收,不过激光传感器的测量方式多样,有类似红外线的三角测量,也有类似超声波的时间差+速度。但无论是哪种方式,激光避障的精度、反馈速度、抗干扰能力和有效范围都要明显优于红外线和超声波。

需要注意的是,不管是超声波、红外线,还是激光测距,都只是一维传感器,只能给出一个距离值,并不能完成对现实三维世界的感知。当然,由于激光的波束极窄,可以同时使用多束激光组成阵列雷达,近年来此技术逐渐成熟,多用于自动驾驶车辆上。早期的激光雷达尺寸较大,价格昂贵,难以应用于无人机上。随着技术的不断进步,目前市场上已出现了如 Mid-360 等部分小型化的激光雷达,可搭载于无人机上实现探测与避障功能。

视觉识别系统通常来说可以包括 1~2 个摄像头。单一的照片只具有二维信息,犹如2D 电影,并无直接的空间感,只有靠我们自己依靠"物体遮挡、近大远小"等生活经验进行估计。故单一的摄像头获取到的信息极其有限,并不能直接得到理想的效果(当然能够通过一些其他手段进行辅助获取,但是此项技术还不成熟,亟待大规模验证)。类比到机器视觉中,单个摄像头的图片信息无法获取到场景中每个物体与镜头的距离关系,即缺少第3 个维度。

双目立体视觉犹如 3D 电影(左右眼看到的场景略有差异),能够直接给人带来强烈的空间临场感。类比机器视觉,从单个摄像头升级到 2 个摄像头,即立体视觉(stereo vision)能够直接提供第 3 个维度的信息,即景深(depth),能够更为简单地获取到三维信息。双目视觉最常见的例子就是我们的双眼:我们之所以能够准确地拿起面前的杯子、判断汽车的远近,都是因为双目立体视觉,而 3D 电影、VR 眼镜的发明,也都是双目立体视觉的应用。

双目立体视觉的基本原理是利用 2 个平行的摄像头进行拍摄,然后根据 2 幅图像之间的差异(视差),利用一系列复杂的算法计算出特定点的距离,当数据足够时还能生成深度图。

综上所述,各个避障技术在无人机上都有用武之地,只是应用场景有所不同,特别对于前视避障而言,部分技术的使用局限性就开始凸显。

针对红外线和超声波技术,因为二者都需要主动发射光线、声波,所以对于反射的物体有要求。比如,红外线会被黑色物体吸收,会穿透透明物体,还会被其他红外线干扰;而超声波会被海绵等物体吸收,也容易被桨叶气流干扰。而且,主动式测距还会产生 2 台机器相互干扰的问题。相比之下,虽然双目立体视觉也对光线有要求,但是对于反射物的要求要低很多,2 台机器同时使用也不会互相干扰,普适性更强。最重要的是,常见的红外线和超声波目前都是单点测距,只能获得特定方向上的距离数据,而双目立体视觉可以在小体积、低功耗的前提下,获得眼前场景的比较高分辨率的深度图,这就让避障功能有了更多的发展空间,比如避障之后的智能飞行、路径规划等。

避障功能从构思到实现,走的每一步几乎都伴随着无数的难题。仅仅是写出有效的视觉识别或者地图重构的算法还只是第一步,能让软硬件在无人机这样一个计算能力和功耗都有限制的平台上流畅稳定地运行,是实现避障功能的关键。此外,如何处理功能的边界也是一个问题,比如双目立体视觉在视线良好的情况下可以工作,那么当有灰尘遮挡的情况下该系统应该如何工作?这就需要不断地实验和试错,并且持续地优化算法,保证各项功能在各类场景下都能正常工作,不会给出错误的指令。避障功能作为近年来无人机产品发展的大趋势,带来的最直接的好处就是,以往一些人为疏忽造成的撞击,现在都能经由避障功能去避免,既保障了无人机的飞行安全,也避免了对周围人员财产的损害,让使用无人机的门槛进一步得到降低。只有在飞行控制上做到智能控制,才能够满足农业上对于无人机的安全性需求。

3.3 多传感器融合控制

3.3.1 飞行控制系统常用传感器

讲开源飞行控制系统,就必须对飞行控制系统上的关键器件 MEMS 传感器进行进一步的研究。如果把自动驾驶仪比作飞行器的"大脑",那么 MEMS 传感器就是飞行器的"眼、耳、鼻"。正是这些传感器将飞行器的动态信息收集并发给主控单片机,飞行器才能够通过计算得到飞机的姿态和位置。要开发飞行控制系统,如何得到飞行器的姿态是第一任务。传统的载人飞行器一般使用机械陀螺和光纤陀螺来完成这项任务,但是受限于体积、重量和成本,在多旋翼等小型飞行器上无法采用这种设备。因此,以 MEMS 传感器为核心的 IMU 系统成为唯一的选择。近 10 年来,家用游戏机和智能手机迅速发展,使得 MEMS 传感器得到了快速普及,让低成本的运动感知成为可能,这正是目前微型飞行控制系统形成的基本条件。

图 3.5　MPU6000 芯片

开源飞行控制系统所使用的 MEMS 传感器与手机和游戏机来自相同的厂家,如 STMicroelectronics、InvenSense 等。MEMS 传感器从早期的多芯片组合使用,发展到现在的单芯片集成多轴传感器,从模拟传感器发展为数字传感器,已经经历了多次较大变革。MPU6000 是开源飞行控制传感器的王者,虽然新的传感器层出不穷,但是它的地位一直无法撼动(图 3.5)。Pixhawk 飞行控制的早期版本曾经抛弃了 MPU6000,但是后来又不得不重新使用,因为这款 MEMS 芯片已经被所有进行开源飞行控制项目开发的爱好者所接受。MPU6000 在一块 4 mm×4 mm 的芯片内部集成了三轴角速率陀螺和三轴加速度计,并且集成 AD 采集、解算核心,以及温度传感器。如此高的集成度在当时是其他厂商望尘莫及的。而对于旋转矩阵、四元数和欧拉角格式的融合演算数据的输出更是降低了主控单片机解算姿态的计算量。SPI 和 I^{2}C 双数字接口、3.3 V 供电电压[与大部分单片机相同(2.4~3.4 V)]、4 mA 的最大功耗、可定制的传感器量程、-40~85 ℃ 的工作温度等特性极大地方便了主控计算机的工作。因此 InvenSense 自信地称这款产品为运动处理单元(motion processor unit,MPU),并且在芯片型号后面不加任何后缀。所有想深入进行开源飞行控制开发的爱好者都可以从这款芯片开始学习传感器的应用和航姿解算的基本算法,这是最简单有效的途径。Open Pilot 的 CC3D 飞行控制就为大家提供了很好的实例,它只利用了这一个传感器便做出了经典的飞行控制产品。

MS5611 是传感器中的另一个传奇。其芯片大小只有
3 mm×5 mm,传感器精度高于很多专业的航空设备,且价
格非常便宜(图 3.6)。该传感器由瑞士的 MEAS 公司推
出,在此之前,大多数飞行控制系统采用的是摩托罗拉的
气压传感器,体积要大几倍,且不是贴片器件,需要"立"在
电路板上,MS5611 一经推出就立即成为所有开源飞行控
制气压测量的标配。

图 3.6　MS5611 芯片

　　MS5611 传感器响应时间只有 1 ms,工作功耗为
1 μA,可以测量 10～1 200 mbar(1 mbar=100 Pa)的气压数值。MS5611 具有 SPI 和 I^2C
总线接口、与单片机相同的供电电压、−40～85 ℃的工作温度、全贴片封装、全金属屏蔽
外壳、集成 24 位高精度 AD 采集器等特性,这些特性使其非常适合在高度集成的数字电
路中工作,所以它成为开源飞行控制测试气压高度的首选。

　　早期的磁阻传感器(也就是磁罗盘传感器)难以实现器件的扁平化。随着技术的不断
进步,霍尼韦尔开发的 HMC5883 磁罗盘传感器最终实现了扁平化。其尺寸参数已缩小
到 3 mm×3 mm×0.9 mm。由于其小巧的外形和低廉的价格,其被广泛应用于飞行控制
系统开发。除了 Pixhawk 这样极度追求硬件先进性的飞行控制系统以外,其他开源飞行
控制系统如果配有磁罗盘传感器,无一例外使用的均是 HMC5883。其升级型的
HMC5983 磁罗盘传感器模块,将角度测量精度提高到了 1°以内。对于日常应用,
HMC5883 已经完全满足需求。磁罗盘传感器的设计难点在于铁氧体的消磁,能够把铁
氧体传感器和消磁驱动单元、12 位 ADC、运算核心等全部集成在如此小的芯片当中是十
分不易的。HMC5883 的其他特性包括:在 ±8 Gs 的磁场中实现 2 mGs 的分辨率、与单片
机相同的供电电压、−30～85 ℃的工作环境温度等。虽然 STMicroelectronics 已经推出
了集成三轴磁阻传感器和三轴加速度计的 LSM303D,并且其体积更小、集成度更高,但
是 HMC5883 一直是磁罗盘传感器的首选芯片。此外,RM3100 套件作为一种较为典型
的 PNI 磁传感器套件也正在逐步地被应用于飞行控制。其主要有 2 个 Sen-XY-f 地磁传
感器以及 1 个 Sen-Z-f 地磁传感器和 $MagI^2C$ 控制芯片组成,能够实现在 −40～85 ℃的温
度范围内对地磁场强度进行准确测量。

　　L3GD20 的面积仅为 4 mm×4 mm,注定其为移动设备而生。ST 是最早一批开发
MEMS 芯片的厂家,也是最早发布陀螺仪产品的公司之一,但 L3GD20 还是晚来了一步。
虽然它精度更高,但是风头已被 MPU6000 抢走。L3GD20 虽然没有集成三轴加速度计,
但是凭借高精度角速率测量、大范围的自定义量程,以及更加低廉的价格逐渐为业界承
认,以至于 Pixhawk 一度想用它取代 MPU6000。当然,最终 Pixhawk 并没有实现取代,
它们并存于这款开源飞行控制系统,互为补充,完成了 Pixhawk 的冗余设计。如果说其
他传感器是为移动设备而生的,那么 LSM303D 就是为 L3GD20 而生的。它与 L3GD20
可以一同组成完整的 9 自由度(degree of freedom,DOF)航姿传感器系统(CIMU),并且
其供电电压、测量精度和数字接口几乎一模一样。这套系统要比 MPU6000 与 HMC5883

的组合总成本更低、测量精度更高,难怪 InvenSense 要马不停蹄地推出 MPU9250 系列的单芯片 9DOF 产品来与其竞争。

3.3.2　多传感器数据融合算法

卡尔曼滤波算法是为了更好地对多种传感器数据融合进行姿态解算而产生的。信号在传输与检测过程中不可避免地会受到来自外界的干扰与设备内部噪声的影响,为了获取准确的信号,就要对信号进行滤波。所谓滤波就是指从混合在一起的诸多信号中提取出有用信号的过程。例如,大家所熟知的低通滤波器就是利用信号所处频带的不同,设置具有相应频率特性的滤波器,使得有用的低频信号尽量无衰减地通过,从而去除高频杂波。

卡尔曼滤波是卡尔曼于 1960 年提出的,从与被提取信号有关的观测量中通过算法估计所需信号的一种滤波算法。它创新地将状态空间的概念引入随机估计理论,将信号过程看作具有白噪声影响的线性系统输入输出过程,在估计过程中利用系统的多种方程构成滤波算法。此外,卡尔曼滤波的输入输出是由时间更新和观测更新算法联系在一起的,根据系统状态方程和观测方程估计出所需处理的信号。那么为什么卡尔曼滤波会被应用到惯性导航系统中呢? 这主要是因为惯性导航系统的“纯惯性”传感器不足以达到所需的导航精度,为了补偿导航系统的不足,常常使用其他导航设备来提高导航精度,以减小导航误差。因此开发人员想到了卡尔曼滤波算法,利用该算法,可以将来自惯性导航系统与其他导航装置的数据(如惯性导航系统计算的位置与 GPS 接收机给出的位置信息)加以混合利用,估计和校正未知的惯性导航系统误差。

那么,基于卡尔曼滤波算法的扩展卡尔曼滤波就是在此基础上更进一步地发展了卡尔曼滤波的算法。扩展卡尔曼滤波(extended Kalman filter,EKF)是标准卡尔曼滤波在非线性情形下的一种扩展形式,EKF 算法是将非线性函数进行泰勒展开,省略高阶项,保留展开项的一阶项,以此来实现非线性函数线性化,最后通过卡尔曼滤波算法近似计算系统的状态估计值和方差估计值,对信号进行滤波。

3.4　农用无人机数据链路

3.4.1　无人机数据链概述及特点

控制站与无人机之间进行的实时信息交换需要通过通信链路系统来实现。地面控制站需要将指挥、控制及任务指令及时地传输到无人机上。同样,无人机也需要将自身状态(速度、高度、位置、设备状态等)及相关任务数据发回地面控制站。无人机系统中的通信链路也常称为数据链。无人机数据链是一个多模式的智能通信系统,能够感知其工作区域的电磁环境特征,并根据环境特征和通信要求,实时动态地调整通信系统工作参数(包括通信协议、工作频率、调制特性和网络结构等),达到可靠通信或节省通信资源的目的。无人机数据链按照传输方向可以分为上行链路和下行链路。上行链路主要负责完成地面站到无人机遥控指令的发送和接收,下行链路主要负责完成无人机到地面站的遥测数据及红外线或电视图像的发送和接收,并可根据定位信息的传输利用上、下行链路进行测距,数据链直接影响到无人机的性能。跳频组合越高,抗干扰能力越强,一般的设备能做到几十、几百个跳频组合,性能优异的设备能做到 60 000 个跳频组合。具有数据加密功能,使数据传输的可靠性提高,防止数据泄露。常见的加密方式有数据加密标准(data encryption standard,DES)、高级加密标准(advanced encryption standard,AES)等。无人机数据链属于窄带远距离传输的范畴,115 200 bps 的数据速率即属于高速率。它还具有低功耗、低误码率和高接收灵敏度。因为无人机采用电池供电,而且传输距离又远,所以要求设备的功耗低(即低发射功率)、接收灵敏度高(灵敏度越高,传输距离越远)。一般是以接收灵敏度衡量设备的接收性能。军用无人机的通信链路系统可以很复杂,包括很多条链,有指挥部到地面站的、地面站到无人机的、无人机到卫星的、卫星到地面站的、卫星到指挥部的、机群中无人机之间的等。民用无人机的通信链路系统一般很简单,只有 2 条或 3 条链。第 1 条就是由我们手里的遥控器和无人机上的遥控接收机构成的上传单向链路,人类发出指令,飞机接收指令,用于视距内控制飞机。第 2 条就是我们常说的数传,由笔记本连接的一个模块和飞机上的一个模块构成双向链路,我们发出修改航点等指令,飞机接收;飞机发出位置、电压等信息,我们接收,用于视距外控制飞机。

3.4.2   RC 遥控

时代在不断进步,未来军用领域讲的是进行网络化战争,民用领域讲的是过"互联网+"的生活。所以将来的无人机链路一定会摆脱这一条条链、一根根线,那将是一个信息的网,不再受今天这种距离与频率等的诸多限制。如今在很多消费类无人机上我们已经看到了这种发展的曙光。RC 遥控主要用于视距范围内地面人员对飞行器的手控操纵,也是目前大多数消费级多旋翼飞行器必备的一条数据链系统。RC 是"radio control"的缩写,意思是"无线电控制"。发展了数十年的遥控航空模型的技术基础靠的就是这条上行链路。人通过眼睛观察飞机姿态,通过 RC 遥控器发出舵面指令,这就是航模飞行的过程。用无线电技术对飞行器进行飞行控制的历史,可以追溯到第二次世界大战以前。不过,当时民用无线电控制航模面临十分复杂的法律手续,而且当时的遥控设备既笨重又极不可靠,因此,遥控航模未能推广开来。到了 20 世纪 60 年代初期,随着电子技术的发展,各种应用于航模控制的无线电设备也开始普及。时至今日,无线遥控设备已被广泛地应用于各种类型的民用无人飞行器。民用无人飞行器在起飞和降落过程中主要通过 RC 遥控器手动控制来完成,并且在视距范围内自动驾驶时,如飞机出现异常状况,也需要迅速切换到手控状态。RC 遥控设备分为手里的遥控发射机和天上的遥控接收机 2 部分,配对后方可使用(图 3.7)。

图 3.7　RC 遥控器

遥控发射机就是我们所说的遥控器,圈子里也称为"控"。它的外部一般会有一根天线,遥控指令是通过机壳表面的杆、开关和按钮,经过内部电路的调制、编码,再通过高频信号放大电路由天线将电磁波发射出去。

遥控发射机有 2 种类型,即玩具用的开关型和航模用的比例型。比例型还有 2 种样子,即手持盒式比例遥控发射机与手持枪式比例遥控发射机(遥控车)。所谓比例控制其实就是进行模拟量控制而不是开关量控制,即当我们把发射机上的操纵杆由中立位置向某一方向偏移一定角度时,与该动作相对应的舵机也同时偏移相应的量。舵机偏移量与发射机操纵杆偏移角度成比例。简单地说,它不仅能控制拐弯,还能控制拐多大弯。遥控发射机除了基本的动作操纵外,还有许多其他功能。例如,储存多种飞行器模式的配置和数据,一机多用;有计时、计数功能,方便练习和操作;有液晶显示屏幕,可显示工作状态和各种功能等。遥控器有多个控制通道,表示遥控器可以控制飞行器几个动作或行动。这个动作可以是模拟量,也就是连续动作,如右手杆左右动控制横滚;也可以是开关量,如定高、一键返航等。我们知道,多旋翼飞行器的基本动作有升降运动、俯仰/前后运动、横滚/侧向运动、偏航运动,所以其遥控器要求最少有 4 个比例通道。实际还需要预留一些额外通道来控制其他部件或状态。

图 3.8　遥控器接收机

随着技术的不断进步,遥控设备逐渐开始应用数字技术。现在大家广泛使用的 2.4 G 系列 FUTABA(日本双叶)遥控器,以及大疆、零度等产品配套生产的 2.4 G 遥控器都是这一类产品。发射功率在 0.5 W 以下,遥控距离为 1 km 左右。这类遥控器使用跳频技术,不用再受同频干扰的制约。就像蓝牙设备一样,只要在飞行前配好对就行。所谓配好对,就好比发射机和接收机商量好一个暗号,飞行时接收机接到的信号中,有这个暗号的就是自家的指令。图 3.8 为遥控器接收机。

3.4.3　无线数传电台及地面站系统

3.4.3.1　无线数传电台

无线数传电台是采用数字信号处理、数字调制解调等技术,具有前向纠错、均衡软判决等功能的无线数据传输电台。其传输速率一般为 9 600～115 200 bps,发射功率最高可达数瓦甚至数十瓦,传输覆盖距离可达数十千米。数传电台主要利用超短波无线信道实现远程数据传输。多旋翼使用的数传电台以 900 MHz、433 MHz、2.4 GHz 居多。它是由地面站计算机连接的一个模块和飞机上的另一个模块构成的双向链路。无人机操作员经由地面站发出修改航点等指令，飞机接收；飞机发出位置、电压等信息，地面站接收。用于在视距外（当然也可以在视距内）完成地面站与无人机之间的数据收发。无线数传电台大致分为 2 种，一种是传统的模拟电台；另一种为采用 DSP 技术的数字电台。传统的模拟电台一般是在射频部分后面加调制解调器转换为数字信号方式来传输数据的，全部调制、解调、滤波和纠错由模拟量处理完成。随着近年来集成电路的复杂性和集成度的飞速增加，研究开发出专用处理芯片，可实时或在线进行数字信号处理（DSP 技术）。无线数传电台部分甚至全部采用数字处理技术，这些电台通常被称为数字电台。美国 XTEND 系列数传电台、加拿大的 Microhard 数传电台为目前国际上比较知名的数据传输电台。图 3.9 为 Xbee-Pro-SX 数传电台模块。

图 3.9 　Xtend 系列 Xbee-Pro-SX 数传电台模块

　　用于航拍或遥感类的无人机还要安装图像传输链路，它是由飞机上的图传发射模块和地面上的图传接收模块构成的下传单向链路。飞机传输图像信息，无人机驾驶员基于地面接收端接收图像，用于监控摄像头方向和效果。正是有了图传，无人机驾驶员才能在操纵无人机时获得身临其境的感觉。现有的图传主要有模拟图传和数字图传 2 种。小尺寸多旋翼的机载图像实时传输系统，其图像质量指标、信道编码效率等均不高，且抗干扰能力差；同时，因为多旋翼飞行器载重及能量供给非常有限，不便安装大型图传设备，所以如今地面监视器收到的图传视频多数只是用来监视的，真正高质量的视频与照片还是要靠机载存储，降落后下载使用。接收端的频率和发射端一致，就可以接收到视频信号，方便多人观看；产品品牌选择较多、搭配不同的天线可达到不同的接收效果；工作距离较远，常用模拟图传设备一般都能达到在开阔地工作距离为 2 km 以上的指标；配合无信号时显示雪花的显示屏与定向天线，也能勉强判断飞机的位置；在此基础上，具有视频信号无线接收、显示与录制功能的头戴式显示器设备也逐步发展成熟，市面上已出现了多款同类产品并得到了广泛应用，其视频信号基本没有延迟。图传的缺点主要是发射端、接收端和天线的产品质量良莠不齐；易受到同频干扰，2 个发射端的频率若接近时，本机的视频信号很有可能被别人的图传信号插入，导致飞机丢失；接线、安装、调试需要一定经验，增加了操作成本；飞行时安装连接天线、接收端电池、显示器支架等过程烦琐；没有视频录制功能的接收端无法回看视频，而有视频录制功能的接收端回看视频也较为不便；模拟图传发射端通常安装在机身外，破坏无人机的空气动力学性能，影响美观；图传天线如果安装不当，在有些飞行姿态下可能会被机身遮挡，导致此时接收信号欠佳，影响飞行安全；视频带宽小，画质较差，分辨率通常为 640×480，影响拍摄时的感观。

　　现在厂商所开发的无人机套机通常都搭载了专用的数字图传，它的视频传输是通过 2.4 G 或 5.8 G 的数字信号进行的。数字图传的优点是使用方便，通常只需在遥控器上安装手机/平板电脑作为显示器即可;中高端产品的图像传输质量较高,分辨率可达720 dpi甚至1 080 dpi;现在数字图传的中高端产品的传输距离可达2 km,可与普通模拟图传相媲美;回看拍摄的照片和视频方便;集成在机身内,可靠性较高,一体化设计较为美观。它的缺点是中高端产品的价格昂贵;低端产品的有效距离短和图像延迟问题非常严重,影响飞行体验和远距离飞行安全,要实现航拍功能时需外接显示器或使用手机/平板电脑作为显示器;普通手机和平板电脑在没有配备遮光罩的情况下,在室外环境下飞行时,较低的屏幕亮度使得驾驶员难以看清画面;限于厂商实力和研发成本,不同的数字图传对于手机/平板电脑作为显示器的兼容性没有得到充分验证,某些型号可能适配性较差。图3.10为数字图传模块。

图3.10 数字图传模块

无线局域网(wireless LAN,WLAN)是使用无线电波作为数据传送媒介的局域网,用户可以通过一个或多个无线接入点(wireless access point,WAP)接入无线局域网。无线局域网具有可移动性、灵活性、安装便捷、易于扩展等优点,因此非常适合在多旋翼系统中使用,是民用多旋翼链路系统未来的发展方向,它能做到将传统的3条多旋翼链路三链合一,现有的不少消费类多旋翼链路系统正在逐步实现这个功能。然而现阶段无线局域网仍存在着一些缺陷,其不足之处主要体现在性能、速率和传输距离上。目前专业通信芯片厂商已经在着手推出无人机专用的移动网络数传芯片。相信很快我们就会看到能同时进行数据与视频传输的双模芯片的诞生。目前,市面上已经开发出基于4G通信技术的无人机无线数图传一体链路。依靠先进且分布广泛的4G通信网络,此数据链路不仅抗干扰能力强,数据安全等级高,而且在有4G移动网络信号覆盖的区域即可通信,使用便利。在4G网络的支持下,数据链路可支持1080P实时高清图像与无人机飞行控制系统数据的同时传输,具有低延时的特点。与客户端操作无人机不受距离、地区的限制,实现真正的无人机联网。随着5G的广泛应用,未来传输的性能将有更大提升。

5G在农用无人机中的应用

3.4.3.2 地面站系统

无人机地面站也称控制站、遥控站或任务规划与控制站。在规模较大的无人机系统中,可以有若干个控制站,这些不同功能的控制站通过通信设备连接起来,构成无人机地面站系统。该系统主要包括以下4个功能:

①指挥调度功能。主要包括上级指令接收、系统之间联络、系统内部调度。

②任务规划功能。主要包括飞行航路规划与重规划、任务载荷工作规划与重规划。

③操作控制功能。主要包括起降操纵、飞行控制操作、任务载荷操作、数据链控制。

④显示记录功能。主要包括飞行状态参数显示与记录、航迹显示与记录、任务载荷信息显示与记录等。

无人机飞行操纵需要获取大量信息与操作结合,地面站设计应突出重要信息与必要操作界面,尽量精简飞行中非必要的信息。使用全视野地图,全视野地图可增强操纵人员对于飞行全局把控的信心并显著降低心理压力。典型的地面站系统软件设计如图 3.11 所示。

图 3.11　地面站系统软件设计

3.5　农用无人机航线规划

近年来,农用无人机在我国迅速发展(张靓,2019),并已逐渐发展成为一种工作平台,实现对遥感、测绘、植保、播撒等多种农业作业功能的覆盖(严瑾,2020)。单就植保无人机而言,2020 年全国保有量较前一年就呈翻倍增长,而随着作业面积突破 10 亿亩次(兰玉彬等,2020),植保无人机也逐渐发展成为一种常见的甚至标配的农业生产工具(邓小静,2021;王超,2020),例如在黑龙江地区使用植保无人机作业过的水稻占比约 90%。"高端化"(智能、自主、高效率、高可靠性)已成为我国农机装备的一大发展战略(赵春霞,2020),目前农用无人机的发展与此高度契合。作业路径是机器自主导航控制跟踪的目标轨迹,很大程度上决定着机器作业过程的作业质量、效率和总消耗。目前针对遥感(赵必权等,2017;施悦谋,2020)、巡查(李婷,2015;陈利明等,2017)、测绘(杜甘霖等,2020)、无人机的路径规划研究较多(Cabreira 等,2019),这些用途的无人机作业时一般离地高度较大、几乎没有障碍物,对地面区域的覆盖要求没有植保、播撒(黄小毛等,2020)等农用无人机那么精细,因此其算法虽相通,却不能照搬(何勇等,2018)。综上所述,为满足农用无人机快速发展后,尤其是电动旋翼无人机对非规则作业边界田块甚至含障碍物复杂作业环境以及大面积区域的作业任务需求,综合考虑农资和能源等消耗品的按需多次自动补给问题的复杂边界田块条件下的单机及多机协同作业路径规划及优化工作,具有非常重要的研究意义。

3.5.1 旋翼飞行器航线规划

全覆盖路径规划(coverage path planning,CPP)是指通过算法计算获得机器对指定区域内所有点进行无差别遍历的最短路径的过程(Galceran 等,2013),其本质可以理解成是在旅行商问题(traveling salesman problem,TSP)(宋锦娟和白艳萍,2012;林之博和刘媛华,2021)基础上对每个城市点周围区域进行覆盖,最终实现整个区域完全覆盖的最短路径问题(Li 等,2008)。具体遍历行走方式主要分为牛耕往复法(Rekleitis 等,2008)与内螺旋法(图 3.12)。通常来说,旋翼无人机可以实现原地转向功能,因此可以不需要专门考虑转弯问题。而固定翼无人机由于和地面车辆一样在转弯时需要一定的转弯半径才能实现转弯,所以在任务航线规划上,二者有共同的地方,也有差异。

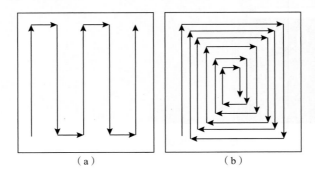

（a）　　　　　　　　　（b）

图 3.12　牛耕往复法(a)与内螺旋法(b)示意图

3.5.2　固定翼飞行器航线规划

农用固定翼无人机作业前,要掌握当前天气状况,并观察云层厚度、光照强度和空气能见度。比如在农业航测作业中,正中午地面阴影最小,在日出到上午 9 点左右、下午 3 点左右到日落的 2 个时间段内,光照强度较弱且太阳高度角偏大,部分测区还可能碰到雾霾。这些情况可能导致采集到的建筑物背阳面空三(空中三角测量)匹配精度差,纹理模糊且亮度很低,最终影响建模效果,严重影响视觉观感。所以在相机选用过程中,必须要考虑相机镜头布置的结构问题,在合理的时间范围内使用或者改换结构设计更合理的相机。在实际农业航测作业中,我们设定的重叠度一般为:航向 80%,旁向 70%。根据不同环境下的纹理情况,可以适当增大或减小。在理想情况下,飞机和摄影基准面保持大致固定的相对高度。

由于固定翼飞行器需要一定的转弯半径,所以在规划固定翼飞行器航线的过程中,需要对其最小转弯半径有一定的了解,在往复法的航线规划中,如果要求相邻航线间距较低,无法满足固定翼飞行器需求,需要进行隔行往复飞行。示意图如图 3.13 所示。

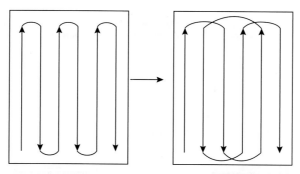

图 3.13　固定翼飞行器航线规划示意图

3.6　多机协同飞行控制

3.6.1　多机协同飞行概述

无人机在航拍、电力巡检、快递、交通巡查、城市监视、基础设施检查和三维地图绘制等领域都发挥着重要作用。受自身燃料、重量、尺寸、机载传感器以及通信设备的限制,人们依据自然界的集群行为,提出了无人机编队理念。既解决单架无人机执行任务效率低、失败率高的问题,又提高了任务执行效率,扩展了新的任务领域。国际上,无人机编队发展迅速。美国开展了"无人机蜂群""低成本无人机技术蜂群",以及"小精灵"项目计划。英国开展无人机编队竞赛,欧洲启动"欧洲蜂群"项目,俄罗斯开展无人机协同作战研究,芬兰开展"SEAD swarm"项目。对于中国而言,南京航空航天大学基于解耦理念,设计无人机编队控制器。西北工业大学采用分布式的编队控制,设计无人机编队成员之间的导航定位方式。中国的"河豚 A2"以多机编队的形式亮相土耳其国际防务展,展现了其独特的自组网智能集群功能。国家电网利用一键控制 5 架无人机开展高风险地区无人机编队队形保持与变换的关键在于能够准确把握无人机的相对导航信息。作为无人机保持编队飞行与精确定位的关键,协同导航备受关注。

3.6.2　多无人机编队控制

无人机一般采用惯性导航系统(INS)和全球定位系统(GPS)相搭配的导航模型,利用 GPS 对 INS 实时校正,保证定位精度。无人机编队协同导航方式一般分为主从式和平行式,如图 3.14 和图 3.15 所示。为了节省成本,发挥编队优势,一般采用主从式协同导航。长机配备高精度导航设备,僚机配备较低精度导航设备。协同导航首先是主僚机的时间校对,来保证实时性。之后僚机通过将自身导航设备的信息与长机的导航信息相融合,并运用滤波算法减小导航误差,完成对导航信息的校正,保持正常的编队轨迹飞行,从而保证了整体的高精度定位。

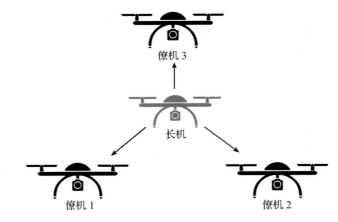

图 3.14　主从式结构

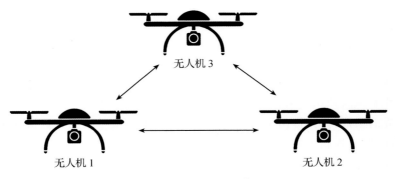

图 3.15　平行式结构

随着无人机编队的不断发展,其协同导航算法也在不断完善,在精简传统算法的同时,也提高了编队导航的精度。卢少然(2016)针对测量噪声协方差矩阵的时变性以及编队环境的易变性,提出了基于交互式多模型的协同导航鲁棒自适应滤波算法,提高了对测量异常的抑制能力以及自适应能力。刘晓洋等(2019)针对导航误差的非线性特性,采用了伪线性卡尔曼滤波算法。将非线性模型转化为线性模型实现对系统状态的估计。张旭(2017)针对系统建模偏差、未知量测噪声和系统噪声对滤波性能影响较大的问题,提出了改进的 Myers-Tapley 自适应滤波算法,通过利用残差样本投影统计实现了对系统噪声的有效估计,提高了滤波精度。熊骏等(2023)针对编队成员较多带来的数据处理问题,提出了一种基于置信传播和协同信息筛选的协同导航方法。通过对导航信息筛选,摒弃低贡献率的导航信息,减少了计算量,提高了协同导航性能。Xiao 等(2016)针对复杂环境下存在的通信时延和带宽受限问题,提出了基于分布式非线性信息滤波的协同导航算法,并且针对通信过程中存在的噪声干扰问题,提出了基于鲁棒无迹信息滤波的协同导航算法,极大地缓解了通信时延造成的滤波精度发散问题。Liu 等(2018)针对导航误差随着时间的推移而累加以及集中式卡尔曼滤波导致单机计算量急剧增加的问题,提出了一种基于联合过滤结构的无人机协同导航算法。该算法减缓导航误差的发散,与集中式滤波器相比,减少了计算量。Wei 等(2015)针对通信受限导致的先验估计误差以及初始化条件下收敛速度慢的问题,提出了基于迭代插值滤波的协同导航算法。该算法通过对量测信息的迭代更新,保证了在弱观测条件下量测信息的充分融合,改善了协同导航效果。除了以上论述方面,协同导航算法,在非高斯分布输出噪声、恶劣环境以及高速航行下导航精度下降、通信延迟和数据丢失、姿态估计、减轻通信负担、故障检测、路径规划、目标跟踪等方面,同样发挥着重要作用。然而,目前无人机编队协同导航存在着导航精度低,多机协同难度大,多机通信受限,环境适应度不高,自主导航能力差等问题。综上所述,将未来无人机编队协同导航的发展趋势总结为以下几点:

空地协同操作界面

(1)与其他无人载具开展协同导航　通过与无人潜艇,无人车以及其他无人载具的协同,可实现对多维未知领域信息的掌控。

(2)导航精度的提高　在进一步开发导航算法的同时,也要研发高精度导航传感器,研制综合性能更强的捷联导航系统。

(3)态势感知能力提升　面对环境多变性,任何感知信息的偏差就会导致严重的后果。精准的态势感知能力至关重要。

(4)故障诊断与容错　无人机应该加强自身故障诊断与容错能力,提高系统整体的稳定性与可靠性。

基于空地协同的
无人机植保喷施系统

(5)自主导航　实现无人机编队自主导航,就可以根据具体作业环境进行相应的队形变换,提升作业质量。

3.6.3　多无人机路径规划

多机协同是大面积田块作业的重要途经,在实际作业中针对该场景下的路径规划需求展开重点研究。为简化计算过程,先作以下假设:①多台旋翼无人机(垂直起降、原地转弯)位于同一区域且每台无人机在相隔一定距离的位置出发,在补给时及作业完成后也返回同一位置,即每台无人机的补给点与起降点重合且固定、各无人机间互不干扰;②不考虑无人机起飞、降落和航线间转移过程中的互相干扰或碰撞问题,即默认无人机具有主动全向避障功能,通过悬停等待化解动态碰撞问题;③田块无起伏,或起伏量相对于作业高度在可接受范围内;④不考虑农资消耗对续航能力的动态影响,且假定动力消耗与飞行路径长度和速度呈正相关;⑤不考虑天气、动态障碍物等不可预知情况的影响,所有无人机均能按照既定航线任务完成作业,不存在动态调整问题,即目前只针对静态规划。

多机协同作业航线调度,是运用多台无人机对一定数量作业航线进行无差别遍历的问题,可简化为多旅行商问题(multiple travelling salesman problem,MTSP)(唐灿,2021),即将田块内作业航线的每个端点简化为一个城市(同一航线上 2 个端点的距离设为 0,以保证航线上的每一点都被遍历到;对应距离均分到相邻的转移路径上)。多台无人机从田块外某一出发点出发,遍历所有航线端点,每个端点只遍历一次且遍历轨迹包括航线,最终返回至出发点的最短路径问题。

若有 m 台无人机遍历 n 条航线(加上起降补给区的中心点,共对应 $2n+1$ 座城市),集合 $A=\{1,2,\cdots,2n\}$、$B=\{0,1,2,\cdots,2n\}$、$C=\{1,2,\cdots,m\}$,每台无人机中有 r_k 次不包含补给点的危险转移过程,s_k 次包含补给点的危险转移过程,h_0 为作业高度,h 为安全高度,则该问题的数学模型可描述如下(Tang 等,1999):

$$Z_{\min}=\sum_{i=0}^{2n}\sum_{j=0}^{2n}\sum_{k=1}^{m}d_{ij}x_{ijk}+\sum_{k=1}^{m}\left[2r_k(h-h_0)+s_k(2h-h_0)\right] \tag{3-1}$$

$$x_{ijk}=\begin{cases}1 & \text{若无人机 } k \text{ 从端点 } i \text{ 到端点 } j \\ 0 & \text{否则}\end{cases},i,j\in B,k\in C \tag{3-2}$$

$$\sum_{k=1}^{m}x_{ijk}=1,i,j\in A \tag{3-3}$$

$$\sum_{k=1}^{2n}x_{ijk}=1,j\in A,k\in C \tag{3-4}$$

$$\sum_{j=0}^{2n}x_{ijk}=1,j\in A,k\in C \tag{3-5}$$

$$d_{ij}=\begin{cases}0 & \text{若 } i\text{、}j \text{ 属于同一航向} \\ d_{ij_{\text{transfer}}}+\dfrac{d_{i_{\text{work}}}+d_{j_{\text{work}}}}{2} & \text{否则}\end{cases},i,j\in B \tag{3-6}$$

式(3-1)为目标函数,其中 d_{ij} 表示端点 i 到端点 j 的距离,x_{ijk} 表示无人机 k 从端点 i 到端点 j 的函数;式(3-3)表示每条航线只有一台飞机飞过;式(3-4)和式(3-5)表示到达任意航线端点的路线仅从其他端点中的一个出发,从任意航线端点出发有且仅到达其他端点中的一个。式(3-6)将同一航线上 2 个端点的名义长度设为 0,以确保航线能被执行且航线上每一点都能被遍历到,而对应实际长度均分到相邻的转移路径上;当考虑动力与农资的补给时,上述 MTSP 问题将转化为有容量约束的车辆路径问题(capacitated vehicle routing problem,CVRP),即需要对无人机的载重与作业时间(或路径长度)进行限定约束,以给出合理的补给方案。作业航线是一组平行线段组,作业时每条航线被先后遍历一次。航线作业时消耗农资,航线间转移时喷洒系统关闭、不消耗农资。求解时,将每条航线需要消耗的农资量均摊到 2 个航线端点"城市"上,其中农资消耗量与单位作业路径长度或覆盖面积成正比,则农资消耗约束条件为:

$$\sum_{i=1}^{2n}q_iy_{ki}\leqslant Q,k\in C \tag{3-7}$$

考虑航线作业速度和航线间转移速度的差异对动力消耗的影响,将航线间转移路径长度按比例转化成同等能耗下的作业路径长度后计入总长度值。当动力与农资的累积消耗量其中任意一个超过限定时,执行补给操作,返回至补给点将动力与农资完全重置。补给完成后,将剩余未作业航线进行重新排序,直至找到新的返航点或完成所有航线的遍历作业。

算法结构图如图 3.16 所示。

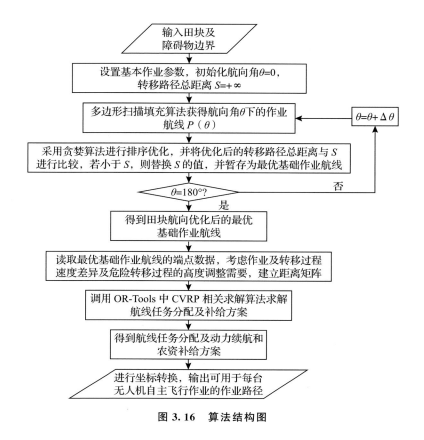

图 3.16　算法结构图

3.7　无人机飞控仿真系统

3.7.1　无人机飞控仿真系统概述

随着无人机在农业中应用的不断拓展,农用无人机需要面对的作业环境也日趋多样化与复杂化。这就需要在多种作业环境下对农用无人机进行系统化的测试。然而,现实中的飞行器测试对于无人机系统性测试来说有一定的局限性。首先,实际的测试环境无法完全达到理想状态,尤其是某些极端测试环境无法复现;其次,实际的测试环境中无人机由于测试容易造成飞行器损坏以及伴生的安全问题,造成资源的浪费。所以,在进入实际测试环境前先进行仿真模拟测试,是对无人机测试数据的有力补充(朱姜蓬,2023)。根据仿真平台结构的不同,主要分为软件在环仿真(software in the loop,SITL)和硬件在环仿真(HITL)。仿真是通过使用飞行器的飞行动力学模型(flight dynamics model,FDM)模拟飞行器运动所涉及的物理过程来实现的。它接收来自飞控固件(固件的伺服/电机输出)的仿真外部程序的输入,并将这些输入产生的车辆状态、位置、速度等输出回固件模拟,从而在计算机环境中模拟现实世界中传感器的实时数据。

3.7.2 无人机软件在环仿真

以农用无人机多旋翼动力模型仿真与续航时间估算为例,在软件在环仿真中需要对飞行器旋翼拉力模型、转矩模型、电机模型、电子调速器模型以及电池模型进行数学建模(Quan,2017)。动力模型架构如图3.17所示。

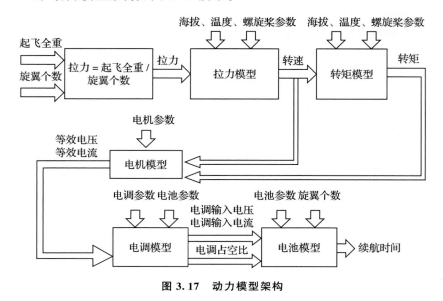

图 3.17 动力模型架构

多旋翼飞行器动力系统模型参数设定如表3.1所示。

表 3.1 用于估算农用多旋翼飞行器续航时间的动力系统模型参数

器件	参数指标
螺旋桨	直径 D_p,螺距 H_p,桨叶数 n_r,螺旋桨拉力系数 C_T,螺旋桨转矩系数 C_M
电机	标称空载电流 I_{m_0},标称空载电压 U_{m_0},标称空载 KV 值 KV_0,最大电流 $I_{m_{max}}$,内阻 R_m,电机转矩常数 K_T
电子调速器	最大电流 $I_{e_{max}}$,内阻 R_e
电池	总容量 C_b,内阻 R_b,总电压 U_b,最大放电倍率 K_b
飞行器	起飞全重 G

旋翼拉力按照式(3-8)和式(3-9)计算:

$$N = 60\sqrt{\frac{T}{D_p^4 C_T \rho}} \tag{3-8}$$

$$T = \frac{G}{n_r} \tag{3-9}$$

式中　N——桨叶转速；

　　　T——单桨叶拉力；

　　　n_r——螺旋桨个数；

　　　G——起飞全重；

　　　D_p——桨叶直径；

　　　C_T——螺旋桨拉力系数；

　　　ρ——空气密度。

旋翼转矩按照式(3-10)和式(3-11)计算：

$$N = 60\sqrt{\frac{G}{n_r D_p^4 C_T \rho}} \tag{3-10}$$

$$M = C_M \rho \left(\frac{N}{60}\right)^2 D_p^5 \tag{3-11}$$

式中　M——桨叶转矩；

　　　N——桨叶转速；

　　　n_r——桨叶个数；

　　　G——起飞全重；

　　　D_p——桨叶直径；

　　　C_T——螺旋桨拉力系数；

　　　C_M——螺旋桨转矩系数；

　　　ρ——空气密度。

另外，多旋翼无人机所使用的无刷电机可以简化成如图 3.18 所示的电路简化模型图，故计算模型如下所示：

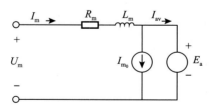

图 3.18　电机简化模型图

$$K_E = \frac{U_{m_0} - I_{m_0} R_m}{KV_0 U_{m_0}} \tag{3-12}$$

$$K_T = \frac{60}{2\pi} K_E \tag{3-13}$$

$$I_m = \frac{M}{K_T} + I_{m_0} \tag{3-14}$$

$$U_m = K_E N + R_m I_m \qquad (3\text{-}15)$$

式中 K_E——电机转速常数；

        K_T——电机转矩常数；

        M——桨叶转矩；

        N——桨叶转速；

        U_m——等效电压；

        I_m——等效电流；

        U_{m_0}——标称空载电压；

        I_{m_0}——标称空载电流；

        KV_0——标称空载 KV 值；

        R_m——电机内阻。

针对电子调速器的性能计算，其可以简化为如图 3.19 所示的电路模型。

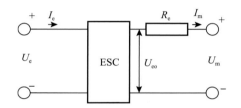

图 3.19   电调简化模型图

$$U_{eo} = U_m + I_m R_e \qquad (3\text{-}16)$$

$$\sigma = \frac{U_{e0}}{U_b} \qquad (3\text{-}17)$$

$$I_e = \sigma I_m \qquad (3\text{-}18)$$

$$U_e = U_b - n_r I_e R_b \qquad (3\text{-}19)$$

式中 U_e——电调输入电压；

        I_e——电调输入电流；

        U_{e0}——输出等效电压；

        σ——PWM 信号占空比；

        U_m——等效电压；

        I_m——等效电流；

        U_b——电池总电压；

        R_e——电调内阻；

        n_r——桨叶个数。

最后，关于对电池的建模，多旋翼无人机常用的为锂聚合物电池。在理论计算农用多旋翼无人机续航时间的应用场景下电池建模可以对于锂聚合物电池的放电过程进行简化,即假设放电过程中电压保持不变,维持飞行器稳定飞行的电流为定值,电池的放电能力呈线性变化。即可归纳为式(3-20)和式(3-21)。

$$I_b \approx n_r I_e \tag{3-20}$$

$$T_{loiter} = \frac{C_b - C_{min}}{I_b} \tag{3-21}$$

式中　T_{loiter}——续航时间;

　　　I_b——电池总电流;

　　　C_b——电池容量;

　　　C_{min}——最小电池容量;

　　　n_r——桨叶个数。

综上所述,可以在计算机环境中,根据表 3.1 中多旋翼飞行器固有参数对农用多旋翼无人机在理想环境下的续航时间进行仿真与测算,从而对指导农用无人机机型设计提供理论依据和支持。

3.7.3　无人机硬件在环仿真

硬件在环仿真(HITL)将农用无人机的实际作业环境替换为模拟器(模拟器具有高仿真的飞机动力学模型和风、湍流等环境模型)。飞行控制系统的硬件配置与飞行完全相同,并连接到运行模拟器的计算机(而非实际无人机)。由模拟器根据飞行控制系统的输出信号,基于飞行器动力学模型以及环境模型,模拟计算出传感器数据输入农用无人机飞行控制系统。其架构如图 3.20 所示。

图 3.20　硬件在环仿真系统架构图

典型的基于 Simulink 的无人机硬件在环仿真系统如图 3.21 所示。目前来说,硬件在环仿真所使用的常见的运行环境有 Simulink、Python 等,应用正在逐渐扩大。在各大著名的飞行控制系统开发项目中,为方便开发者快速迭代飞行控制算法,PX4 以及 Ardupilot 等开源飞行控制系统项目也正在逐步发展其旗下的硬件在环仿真系统。无人机硬件在环仿真系统相比于软件在环仿真系统可以更好地模拟飞控系统的硬件在作业情况中的表现,从而为农用无人机在设计中提高稳定性以及安全性提供理论支持。

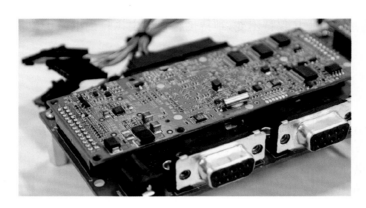

图 3.21 典型硬件在环仿真系统

陈利明,刘伟东,李源源,等,2017. 无人机系统在架空输电线路巡检业务中的应用[J]. 测绘通报,S1:169-172.

邓小静,2021. 农用无人机植保的应用及发展[J]. 南方农机,52(2):61-62.

杜甘霖,叶茂,刘玉珠,等,2020. 无人机航拍技术在河道环境监测中的应用[J]. 现代测绘,43(5):4-6.

谷旭平,唐大全,唐管政,2021. 无人机编队协同导航研究现状及进展[J]. 舰船电子工程,41(7):28-33.

何勇,岑海燕,何立文,等,2018. 农用无人机技术及其应用[M]. 北京:科学出版社.

黄小毛,徐胡伟,张顺,等,2020. 油菜成条飞播装置设计与试验[J]. 农业工程学报,36(5):78-87.

兰玉彬,成胜南,漆海霞,等,2020. 植保无人机抗电磁干扰技术探讨[J]. 农机化研究,42(11):1-8,28.

李婷,2015. 刍议四旋翼无人机在输电线路巡检中的运用[J]. 中国科技博览,46:60.

林之博,刘媛华,2021. 一种分片混沌贪婪振荡退火 TSP 优化算法[J]. 计算机应用研究,38(8):2359-2364.

刘晓洋,李瑞涛,徐胜红,2019. 基于测距/测速信息的无人机协同导航算法研究[J]. 战术导弹技术,(2):73-77,112.

卢少然,2016. 多 AUV 协同导航鲁棒自适应性滤波算法研究[D]. 哈尔滨:哈尔滨工程大学.

施悦谋,2020. 无人机遥感技术在林场管理中的应用[J]. 农业与技术,40(12):43-45.

宋锦娟,白艳萍,2012. 一种改进的蚁群算法及其在 TSP 中的应用[J]. 数学的实践与认识,42(18):154-162.

唐灿,2021. 复杂边界条件下农用无人机作业路径规划算法研究[D]. 武汉:华中农业大学.

王超,2020. 无人机技术在现代农业生产中的应用[J]. 乡村科技,9:123-124.

熊骏,解相朋,熊智,等,2023. 面向协作集群的鲁棒协同自定位与相对定位方法[J]. 仪器仪表学报,44(11):271-281.

严瑾,2020. 无人机技术在现代农业中的应用[J]. 南方农机,51(2):29.

张靓,2019. 青海省植保无人机应用发展的思考[J]. 青海农技推广,3:56-57.

张旭,2017. 基于鲁棒自适应滤波的无人机编队相对导航方法研究[D]. 哈尔滨:哈尔滨工业大学.

赵必权,丁幼春,蔡晓斌,等,2017. 基于低空无人机遥感技术的油菜机械直播苗期株数识别[J]. 农业工程学报,33(19):115-123.

赵春霞,2020. 无人机技术在现代农业工程中的应用分析[J]. 南方农机,51(24):49-50.

朱姜蓬,2023. 农用多光谱低空遥感多旋翼无人机系统开发及作物长势监测应用研究[D]. 杭州:浙江大学.

Cabreira T M, Brisolara L B, Paulo R F J, 2019. Survey on coverage path planning with unmanned aerial vehicles[J]. Drones,3(1):4.

Galceran E, Carreras M, 2013. A survey on coverage path planning for robotics[J]. Robotics and Autonomous systems,61(12):1258-1276.

Li F, Klette R,2008. An approximate algorithm for solving the watchman route problem[C]. International Workshop on Robot Vision:189-206.

Liu X , Xu S, 2018. Multi-UAV Cooperative Navigation Algorithm Based on Federated Filtering Structure[C]//2018 IEEE CSAA Guidance, Navigation and Control Conference (GNCC). IEEE. DOI:10. 1109/GNCC42960. 2018. 9018684.

Quan Q, 2017. Introduction tomulticopter design and control [M]. Springer.

Rekleitis I, New A P, Rankin E S, et al. ,2008. Efficient boustrophedon multi-robot coverage:an algorithmic approach[J]. Annals of Mathematics Artificial Intelligence, 52:109-142.

Tang L, Rong A, Yang Z, 1999. A MTSP model for hot rolling scheduling in Baosteel complex[J]. IFAC Proceedings Volumes, 32(2): 7056-7061.

Wei G, Yalong L, Bo X, et al. , 2015. Research on multiple AUV cooperative navigation algorithm based on IDDF[J]. Journal of Huazhong University of Science and Technology. Nature Science, 43(6): 88-93.

Xiao G, Wang B, Deng Z, et al. , 2016. An acoustic communication time delays compensation approach for master-slave AUV cooperative navigation[J]. IEEE Sensors Journal, 17(2): 504-513.

第4章

农用无人机低空遥感系统

4.1 无人机低空遥感概述

4.1.1 遥感技术特点

近年来,以无人机为平台的低空遥感技术发展迅速。无人机遥感主要以无人驾驶飞行器为平台,结合传感器技术、定位技术、通信技术、遥测控制技术等,依据电磁波理论,在一定距离,非接触式地获取目标物体所反射、辐射或散射的电磁波信息,并进行分析处理,从而实现对目标物体的信息获取。我们把高度在1 000 m以下的航空遥感称为低空遥感,无人机遥感属于低空遥感的范畴(白由路等,2010)。无人机低空遥感相比于传统的卫星和航空遥感,在时效性、准确度、可操作性、成本,以及对复杂农田环境的适应性等方面有显著的优势,已经成为现代农业信息技术的研究热点和未来主要的航空遥感技术之一。农用无人机低空遥感技术完善了遥感技术的时空分辨率,为多维度信息的准确获取、实现农业的精准化管理和决策提供技术支持。

21世纪以来,随着轻小型无人机及其相关传感器的不断发展,无人机低空遥感作为一种新型的遥感平台,弥补了传统遥感技术的缺陷,在农业中的应用越来越广泛。无人机低空遥感系统主要包括飞行平台系统、传感器系统、数据传输与处理系统三大部分。飞行平台系统指搭载传感器的平台及其控制系统,包括固定翼无人机、无人直升机和多旋翼无人机;传感器系统用来获取地面信息,由于轻小型无人机的载荷有限,无人机低空遥感中所用的传感器的重量受到一定限制;数据传输与处理系统可以实现实时快速的高分辨率遥感数据的无线传输,并进行后续的图像匹配、拼接、校正与信息提取等过程。相比于卫星遥感和航空遥感,无人机低空遥感主要应用在田间尺度的农田信息获取上,具有较多的优势,详细介绍如下:

(1)高时空分辨率 卫星、航空遥感存在一些很严重的问题,如同物异谱、混合像元、异物同谱等会导致其在农作物面积估测方面的分类精度降低。无人机低空遥感可以获取地面分辨率非常高的图像,并可以根据作业需求实现较多次数的重复信息获取,这样不仅可以获得小区域农田的大比例尺度影像,还可以获得农作物不同生长时期的遥感影像,大大提高了时间和空间分辨率,对于遥感作业精度的改善具有深远的意义。

(2)成本低 卫星、航空遥感的高精度影像价格非常昂贵,而随着无人机技术的不断发展,无人机的价格越来越便宜,而无人机的维护运行成本较卫星、航空遥感等又少很多,极其适用于农业的信息获取方面。

(3)受天气、云层覆盖限制较小 卫星、航空遥感受云层覆盖的影响非常大,当云量大于 10%时,二者无法获取清晰的遥感数据。而由于无人机飞行高度相对较低,可以忽略云层覆盖的影响。在遇到雷暴、起风、积冰、积水、起雾、降水等恶劣天气时,卫星、航空遥感及无人机低空遥感均会受到一定限制,而无人机低空遥感受限制较小,如微风、小雨天气时,无人机仍能进行遥感作业。

(4)实时性好、飞行操作灵活 通常农作物的生长发育较快,在不同的生长时期需要获得相应的遥感影像,且实时性要高,这样才能满足特定时间段农作物的生长需求。卫星及航空遥感的数据获取时间长、时效性相当差,无法满足在短时间内获得农田指定范围的数据。而无人机可以根据农作物的生长需求,在特定的时间快速开展任务,其飞行时间非常灵活,可以连续采集农作物不同生长时期内的数据。相对于近地遥感,无人机低空遥感可以减少大量的人力、物力及干扰因素。如今,近地遥感研究较多的是实时在线获得农作物的生理生长信息。随着图像处理技术和算法的不断完善,图像处理在农作物近地遥感中的应用也越来越广泛。利用图像处理技术对获得的田间农作物图像进行特征提取和分析处理,通过建模实现图像分类,也可以获得农作物的不同生长状态,进而实现对农作物的生长监测。与无人机相比,使用图像处理等技术的近地遥感成本高,且大面积获取信息时效率太低,此外,当近地遥感所用的车载平台行驶在裸土等比较光滑的地面上时,容易出现转向不稳的情况,导致行驶轨迹偏差较多,需要人力参与进行调试和干预。

然而,无人机的续航、载重量及安全性是亟待解决的三大难题,它们限制了无人机低空遥感的快速发展。低空遥感平台所使用的轻小型无人机体积小、重量轻,在飞行过程中易受到风速和恶劣天气的干扰,导致安全性不高和获取的影像质量较差,需要后续大量烦琐的预处理过程。

4.1.2 无人机低空遥感研究进展

随着无人机技术的不断进步与发展,无人机低空遥感作为一项空间信息获取的重要手段,得到了越来越多的关注,在农业中的应用也越来越广泛。下面具体描述组成无人机低空遥感系统的 3 部分,包括飞行平台、传感器和数据传输与处理技术的研究进展及其在农业中的应用。

4.1.2.1 飞行平台的发展

飞行平台主要有固定翼无人机、无人直升机和多旋翼无人机。固定翼无人机具有飞行速度快、运载能力大、效率高、经济性好、安全性好、操作简单、抗风能力较强等优点,但易受起飞条件、飞行速度等诸多因素的限制。多旋翼无人机具有体积小、重量轻、噪声小、隐蔽性好、适合多平台多空间使用等特点。无人直升机具有灵活性强的特点，可以实现垂直起降、定点悬停等功能。无人直升机和多旋翼无人机均较适合于获取定点、多重复、多尺度、高分辨率的农田作物生长生理信息。

日本、美国、德国、英国等国家的无人机起步较早、发展较快、技术较成熟。1990 年，日本雅马哈（YAMAHA）公司打开了将无人机应用于农业的大门，到现在为止，其在市场上仍具有很高的地位。有些国家如美国对商业级无人机的飞行管制较严，导致国外农业领域仍然多采用有人驾驶飞机进行相关农田作业。

近年来，我国从事农业航空技术的企业迅速发展壮大，深圳市大疆创新科技有限公司、北方天途航空技术发展有限公司、杭州启飞智能科技有限公司等都已研制出应用于农业的无人机机型，并在续航时间、载荷量和飞行控制系统上作了相应的创新与突破。浙江大学、华南农业大学、国家农业信息化工程技术研究中心等在多种无人机平台上搭载不同的遥感设备，将其应用于田间农作物低空遥感信息的获取，并进行农作物养分信息的采集，病虫害信息的诊断及农田土壤、环境信息的监测。

4.1.2.2　传感器的发展

传感器是无人机低空遥感技术的核心。一方面，飞行控制系统搭载的传感器能为无人机稳定飞行及遥感数据的处理提供精准的数据保障和支持，如气压计、GNSS 模块、IMU 以及磁罗盘传感器等。从 20 世纪 80 年代无人机应用于农业开始，无人机上的飞行控制系统搭载传感器的方案已逐渐发展成熟，加速度计、气压计等传感器用于无人机的飞行控制，电流传感器用于监测和优化电能消耗，以确保无人机内部电池充电和电机故障检测系统的安全。随着无人机在遥感作业时对避障的需求日益提升，超声波测距仪、避障激光雷达等避障传感器在农用无人机中的应用也越来越广泛。另一方面，农用无人机搭载的遥感设备中包含的各类传感器是获取遥感数据的关键支撑。随着信息技术和传感器技术的发展，各种数字化、重量轻、体积小的新型遥感传感器不断面世，如可见光相机、多光谱和高光谱相机、多光谱扫描仪、热成像仪等。在多种遥感设备的支持下，农用无人机可以在低空中采集多种作物信息。由于农用无人机的载荷有限，目前农用无人机低空遥感平台上所搭载的遥感传感器主要以一些轻型的可见光相机、多光谱相机和热成像仪为主（白由路等，2010）。Suzuki 等（2021）基于直升机和可见-近红外相机研制了一种微小型无人机遥感系统，该系统由 GPS 接收机、2 个照度计和可见-近红外光谱传感器组成，并在芬兰维赫蒂进行了地面植被的分类遥感监测试验，结果表明，搭载带有 GPS 接收机和照度计的可见近红外光谱成像遥感系统的微小型无人机能够较好地被应用在地面植被的监测研究中，且精度较高。Calderón 等（2013）开发出一种可搭载多光谱相机和热红外相机的无人机低空遥感系统，利用此系统采集橄榄树图像并进行分析，诊断橄榄树黄萎病，发现早期黄萎病与绿光波段相关，R^2 为 0.83，随着病害加重，叶绿素荧光指数值下降。国内，中国科学院上海技术物理研究所葛明锋等（2015）基于轻小型无人直升机开发了一种与无人机精密结合的高光谱遥感成像系统，该系统包括高光谱成像采集存储、姿态和位置测量及地面监视控制等部分,获得的高光谱图像精度较高。

4.1.2.3 数据传输与处理技术的发展

数据传输包含 2 部分:一是无人机本身和遥感传感器的状态参数的传输,包括飞行姿态、高度、速度、航向、方位、距离及无人机上电源电压的实时显示,并反向传输驾驶员的指令,实现对无人机的控制;二是遥感传感器获取的图像等信息的传输,主要是为了供驾驶员实时观察与应用。

数据传输技术的发展尤其重要,目前数据传输的距离与延时是数据传输技术亟待解决的关键问题。无人机和传感器的状态参数的实时传输可通过无线电遥测系统或特高频卫星链路数据传输系统实现,并在地面辅助设备中以数据和图形的形式显示。无人机遥感信息的传输比无人机和传感器状态参数的传输要复杂得多。Grasmeyer 和 Keennon (2000)研究了一套基于 BlackWidow 无人机的图像传输系统(简称图传),该图传采用的是调频体制,发射频率为 2.4 GHz,有效传输距离为 1.5 km,视频发射器质量为 1.4 g,可以获得清晰可辨的黑白图像。以色列的 AmimonCONNEX 高清图传传输数字信号,空中端重量仅为 130 g,发射频率为 5.8 GHz,有效传输距离为 1 km,可以实现图像传输的零延时。

低空遥感图像的校正,包括辐射校正和几何校正。同一地物的遥感影像受传感器标定、太阳方位角、大气条件等因素影响,在不同成像时间、成像高度,地物的反射光谱存在差异,反映为图像亮度值误差,辐射校正包括辐射定标和大气校正,用来消除和减轻这种辐射失真。遥感定量化的基础是遥感数据的辐射定标。辐射定标是将空间相机入瞳辐射量与探测器输出量的数值相联系的过程。目前研究最多的是采用场地替代定标的方式(又称伪标准地物辐射纠正法)进行辐射定标。大气校正是将辐射亮度转化为地表实际反射率,主要用于大气散射、吸收、反射引起的误差。无人机在飞行过程中不可避免地出现倾斜、抖动,造成拍摄的图像发生几何畸变,包括平移、旋转、缩放、非线性等基本形态;另外搭载相机性能、大气折射都会使图像发生不同程度的畸变,几何校正可以尽可能地消除畸变对图像的影响,使校正后的图像符合地面实际图像。几何校正方法有基于地面控制点(ground control point,GCP)校正和无地面控制点校正。杨贵军等(2015)在利用伪标准地物辐射纠正法进行辐射定标的基础上,利用尺度不变特征转换(scale-invariant feature transform,SIFT)算法匹配同名点建立校正模型,实现了整幅无人机影像的辐射一致性校正。徐秋辉(2013)在无人机遥感平台上集成了定位定向系统(positioning and orientation system,POS)记录仪,提出了一种无地面控制点的无人机遥感影像几何校正方法,在无地面控制点的情况下,通过 POS 提供的遥感影像参数(飞机的姿态参数、速度、加速度、角加速度信息)与遥感影像的结合实现了遥感图像的几何校正。

低空遥感图像的匹配与拼接。目前低空遥感图像的匹配方法有基于灰度信息的匹配方法和基于特征的匹配方法,最常用的是基于 SIFT 特征点的匹配方法。徐秋辉(2013)基于几何坐标实现了遥感图像的无缝拼接,在用 SIFT 特征点方法进行匹配后,进行遥感图像的几何坐标调整,按坐标进行遥感图像的无缝拼接。目前,市场上也出现了越来越多比较成熟的遥感图像拼接软件,如 Photoscan、Pix4D 等,大大提高了遥感图像的处理效率。

4.2 无人机遥感信息获取仿真系统

4.2.1 信息获取仿真系统概述

随着无人机逐渐步入民用领域并展现出巨大的应用前景,无人机在农业上开始得到越来越多的应用,目前其应用主要集中在农田遥感与植保喷洒 2 个领域。搭载在无人机上的传感器其体积和重量要尽量小,同时要实现在空中自动控制获取遥感数据并存储。然而目前在近地面遥感中所用到的传感器,如光谱仪、高光谱相机、PMD 相机等,以及航空遥感所用的如激光雷达、合成孔径雷达等遥感传感器因为体积、重量、控制及存储等问题尚不能直接应用在无人机上,这限制了无人机所能完成任务的类型。

另外,由于无人机可以飞行的高度要低于航空遥感平台和卫星遥感平台,其遥感数据分析方法不同于以往,需要大量实验以验证理论模型。与此同时,由于无人机的应用尚处于刚刚开始的阶段,其安全性有待逐步提升,主要体现在飞行控制器安全性不足、无人机机体设计存在缺陷、维护保养操作过程中的人为原因等方面。目前飞行控制器由于使用的传感器有限,对环境可能存在的变化反应不足,以及电路板和程序设计不当等,安全性较低,摔机事件频频发生。例如,目前常见的多旋翼无人机,在起飞和降落的过程中,地面紊流会使无人机受到复杂的气流作用,而可以应用在无人机上的传感器价格高昂,有时候要数倍于无人机本身。

传感器是农田信息采集最重要的组成部分。随着无人机应用越来越广泛,不同类型的无人机传感器和多种形式的无人机机载实验都需要在无人机平台上进行大量测试和研究。然而目前很多传感器尚不适合应用在机载传感器上,可安装在无人机上的传感器需要质量轻便、体积较小、可以远程控制和存储。目前已有研究使用包括单反相机、TetracamADC 多光谱相机、6 通道多光谱相机、多光谱相机、热红外相机、高光谱成像仪器、LiDAR 相机等传感器进行遥感作业,同时越来越多的传感器逐渐开始应用在无人机上以处理农田信息采集中的多种类型数据。然而目前很多无人机尚未进行便携式开发,如缺乏控制拍照和存储的组件;便携式的传感器尚未找到合适的载机,如传感器较为沉重、体积较大等;研究内容处于探索期,如果直接放在自然环境下不可控因素过多,导致研究内容过于庞杂等。

基于以上情况,研究人员设计并开发了无人机模拟平台,该平台可以针对遥感中基于对象的图像分析、图像配准、时序分析、影像分割等研究内容开展模拟工作。

户外的无人机实机飞行风险较大。在精准农业及遥感研究中用到的传感器大多数都非常昂贵,如多光谱相机、高光谱相机、激光雷达等,其价格高过无人机本身。而与此同时,民用无人机技术仍然处于发展初期,很多其他技术仍然处于起步阶段,或者处于空白状态,这使得无人机安全性不足,飞行中坠毁事件经常发生。目前很多原因都有可能导致无人机坠毁,其中客观原因包括遥控信号丢失、飞控失效、空气紊流、设备老化等,主观原因包括无人机驾驶员经验不足、飞行设备检查不足等。无人机系统高度复杂,需要制作者和使用者在无线电通信、电子电路、发动机原理、控制理论、机械结构、材料学和气象学等方面有一定的知识基础。另外,国内尚未针对制作、生产无人机提出统一的标准,没有建立完整的生产线,以降低无人机事故发生水平。同时人为因素也是不可忽视的一部分。一旦坠落事故发生,会给研究人员造成很大的损失,并且会延误科学实验进度。

此外,无人机信息获取实机实验受天气影响较大,降水、风力、降雪和其他恶劣天气都会对实机飞行有限制,因此一般不建议在以上天气飞行,这对实验周期提出了很高的要求。此外,云和雾霾也是不可忽略的因素,云会造成光照不均匀而形成暗影,而雾霾会直接降低遥感影像的质量,造成影像模糊。目前基于无人机的农田航空遥感研究与应用集中在天气晴朗、能见度高、天顶角小的情况下进行。实际农田环境多样,理想天气出现次数很少,主要原因有:①工业废气污染加剧导致雾霾严重。近年来,随着经济发展的加快和城市扩大化,大气气溶胶污染日益严重,雾霾天气出现次数越来越多,这种气候现象在华北平原地区、江汉平原地区、江淮地区、东北地区经常发生,甚至有些工业区与农业区并没有明显分割,工业废气自然扩散到农田上空,空气污染严重,农田上空经常伴有轻度或者重度的雾霾,影响遥感影像获取。②自然云雾对遥感影像制作的影响。雾是近地面空气中的水汽凝结成大量悬浮在空气中的微小水滴或者冰晶,导致水平能见度低于 1 km 的天气现象,按照水平能见度来区分可分为雾($<1\,000$ m)、大雾(<500 m)、浓雾(<200 m)及强浓雾(<50 m)。大气消光系数直接影响遥感数据的质量及影像判读结果。大气中粒子的散射及吸收等作用,使大气的能见度降低,会造成雾天等恶劣天气条件下拍摄的图像严重退化,不仅模糊不清,对比度降低,而且彩色图像还会出现严重的颜色偏移与失真。同时在精准农业遥感信息获取中,多光谱数据是进行地表植物生理生化指标分析与农作物病虫害发生发展情况分析的重要依据,大气雾霾对可见-近红外波段地表反射的影响将直接导致图像质量的退化并直接影响图像色度的真实性,从而造成对植被情况的错误判断。

研究发现,以上实验针对的对象并不涉及机身本身,但仍需使用无人机搭载喷洒设备进行实地实验。然而无人机机载实验受很多因素限制,如天气、风力和风向、雨雪和大雾、飞场等自然因素,以及驾驶员技术水平、设备挂载安装等人为因素的干扰。同时由于目前无人机系统的稳定性、安全性和可靠性仍需时间检验,无人机机载实验需要承担很大风险,因此实验开展困难,单次实验人力、财力花费较高,阻碍了遥感技术和喷洒技术的发展。

首先,使用无人机进行农田信息采集面临着传感器种类缺乏和数据分析理论与方法不足的现状。同时,不同成像原理、不同用途的传感器由于尺寸大、重量大、必要控制器件缺乏等,目前尚未安装在无人机上进行遥感应用,如 PMDTOF 相机、双目视觉相机等类型相机需要和上位机相连,无法很好地搭载在无人机上。同时很多数据处理方法处于实验测试阶段,需要更多的实验进行验证,并获取其统计特征,如多源信息融合、纹理识别等。

其次,无人机实机飞行受降水、风力和风向、机身维护、驾驶员素质等因素影响,且由于目前无人机技术的限制,飞行的安全性仍存在风险。与此同时,机载传感器制造精密,价格高昂,实机飞行发生意外会对传感器造成重大损伤,从而使得科研成本大大提高,也会影响实验进度安排。在进行实机飞行前,将诸如传感器测试、分析方法验证、震动和晃动对数据影响等工作在地面完成测试,可以有效减少实机飞行次数,降低风险成本。同时不受天气影响,能够提供连续稳定的实验环境。

最后,无人机遥感在实际应用中面临环境变化大、姿态变化突然、地物场景复杂多变等情况。在无人机飞行过程中,环境的光照强度对所得到的遥感影像数据具有较大影响,较低的光照条件会使地物特征难以识别,过高则会造成过度曝光等问题。低空遥感中传感器姿态与位置处于实时变化状态,这对不同姿态位置下的遥感数据与地理位置对应关系的研究阻碍很大;环境温度条件对热红外分析结果有重要影响,周建民和张瑞丰(2012)在控制环境温度条件和对象温度条件下对苹果表面缺陷进行研究,证明对温度的主动控制对热红外分析结果有明显影响;雾霾直接影响遥感影像数据清晰度和有效性,且不同类型雾霾对遥感影像质量的影响程度是不同的。构建环境条件可控的实验条件对开展无人机遥感研究有重要意义。

综上所述,在仿真平台上测试无人机遥感信息获取设备有着极大的现实需求。然而目前农用无人机价格仍然比较昂贵,同时安全事故频发、实验周期长等因素限制了农用无人机技术的开发与应用。基于以上情况,已有部分研究人员设计并开发了无人机信息获取仿真模拟平台,该平台可以针对遥感中基于对象的图像分析、图像配准、时序分析(Turner 等,2015)、影像分割(Lu 等,2015)等研究内容开展模拟工作。因此,本章节阐述了一种高精度、高可控性的农用无人机运动模拟平台,并搭载了农用无人机机载设备进行了实验来验证其效果。该系统机械部分水平精度最大误差为 2 mm,垂直精度最大误差为 1 mm,最大承载重量为 50 kg;控制部分采用 MFC 上位机控制软件,与主控板 STM32通过串口进行通信,实现在水平和垂直 2 个方向上对伺服电机的控制,同时采用 CAN 总线与机载设备控制器通信和远程操控,可以实现机载设备控制及旋翼风速控制。本系统可以有效降低农用无人机试验载具成本,降低试验风险,对推进农用无人机信息获取技术发展有积极意义。

4.2.2 信息获取仿真系统组成

4.2.2.1 机电部分

无人机信息获取仿真模拟平台可以模拟无人机在农田中飞行时位置和姿态的变换,设计包括水平向自由度、垂直向自由度、俯仰、横滚、偏航 5 个自由度动作控制。该系统设计如图 4.1 和图 4.2 所示,分为 3 个层次。底层部件包括水平和垂直伺服电机、接近开关、远端执行器。该系统包括水平和垂直 2 个方向的导轨,实现对水平位移速度和垂直喷洒高度的控制,采用 2 个伺服电机实现对水平移动速度和垂直移动速度的精确控制。其中远端执行器为次级控制器,向下获取传感器信息并输出控制指令,为主控器下属控制小区。中央控制器向上接收上位机控制指令,并反馈系统运行状态,向下接收底层反馈信号,并向底层执行部件发送控制指令。上位机软件提供人机交互界面,显示运行状态和任务指令接收。

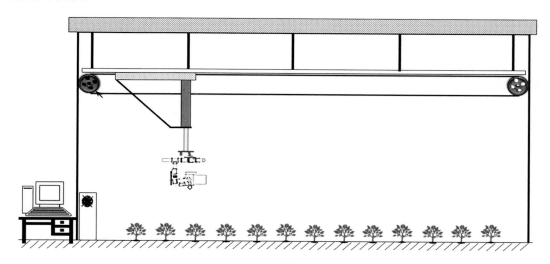

图 4.1　无人机模拟系统构成

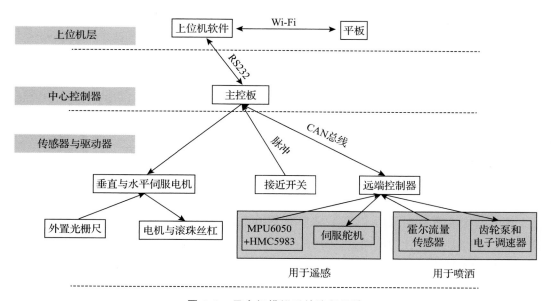

图 4.2　无人机模拟系统流程设计

为满足不同类型传感器及植保喷洒的需求,系统设计载荷为 50 kg,以满足不同实验设备的挂载。系统采用悬垂设计,水平方向采用 30 mm 的方形滚珠直线导轨。直线导轨制作精密,且各个方向承受的最大拉压力及扭矩差别很小,多用在自动化机械上提供导向和支撑作用,如 PCB 制板、3D 打印、数控加工机床等精密加工机械。为覆盖较大量程,水平方向设计长度为 12 m,采用 3 段直线导轨拼接而成,并安装在一整条槽钢之上。为使 3 段直线导轨能够较好地配合在同一平面,降低内部应力,研究人员设计将 3 段直线导轨安装在一个用车床冲出的导槽上,并通过 8 mm 的螺纹旋紧固定。直线导轨上挂载 2 个滑块,滑块可承受的最大拉压力为 38.74 kN,在上下翻动、左右摇晃及侧向旋转 3 个方向上承受的最大扭矩分别为 0.88 kN·m、0.92 kN·m、0.92 kN·m,受力图如图 4.3 所示。这使得该系统强度高、变形小、可以承受较大的侧向和径向扭矩,从而降低了系统因为频繁加减速而损坏的可能。直线导轨滑块设计如图 4.3 所示,各个方向上最大承受力相同,相应地对不同方向的冲击具有很好的保护作用。由于该系统为吊装,因此直线导轨相对于滑轨等系统力学性能较好。在实际工作中,导轨滚动摩擦比较小,在长时间的往复运动过程中磨损较小,适用于高精度大型仪器与系统。为了降低热胀冷缩的影响,导轨与导轨之间应留有 1 mm 间距。

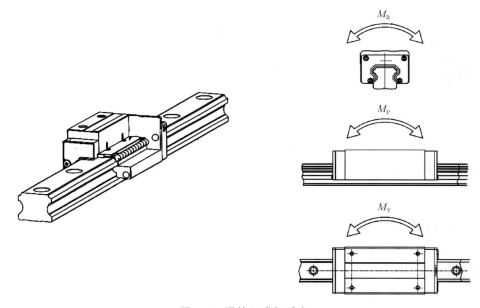

图 4.3　滑块组成与受力

机电部分水平方向采用东菱 1.2 kW 伺服电机,驱动编码器采用配套的 EPS145 驱动编码器。垂直部分设计为电动缸,采用松下伺服电机为主要动作部件,搭配滚珠丝杠,将伺服电机的旋转运动转换成直线运动,并且使电动缸输出时没有旋转运动。滚珠丝杠在使用过程中会产生自旋,为解决此问题,研究人员在电动缸内部增加了一条导槽以消除自旋,将电机旋转运动完全转换成直线运动。2 个伺服电机的外观和参数如图 4.4 和表 4.1 所示。伺服电机相对于步进电机有明显优点:①步进电机的转矩随着转速的增加而降低,而伺服电机是恒扭矩;②伺服电机的控制精度要比步进电机高大约 10 倍;③伺服电机的过载能力约为步进电机的 3 倍;④步进电机的平稳性较差,特别是在低速时噪声更明显,而伺服电机运行时一直是低噪声、平稳的。

（a）

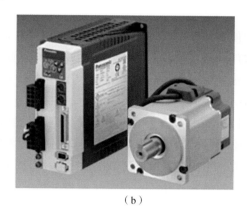
（b）

图 4.4　东菱伺服电机(a)与松下伺服电机(b)

表 4.1　水平和垂直方向伺服电机参数

参数指标	水平方向伺服电机	垂直方向伺服电机
型号	Dorna 130DN-MA-1	Panasonic MSME022G1
功率/kW	1.5	0.2
额定输出扭矩/(N·m)	1.2	0.6
控制端子	36pin CN2 插口	36pin CN2 插口
旋转锁紧	是	是
编码器	17 bit	20 bit

CN2 插口共有 36 针输出,松下和东菱的伺服电机使用相同的引脚定义。其中 P22 为 24VIN,P24 为伺服使能,P25 为控制信号电源,P4 为伺服准备好,P3 为定位完成,P9 和 P10 为指令脉冲输入,P11 和 P12 为指令脉冲方向输入,以上引脚将用于系统开发。

伺服电机有位移精度高、稳定性好、定位精度高、响应速度快、调速范围宽、系统可靠性高、低速扭矩大等优点,相对于减速电机、步进电机等,伺服电机更适合本系统。由于内部存在锁紧装置,因此可以很好地停在所需要的位置,而不会由于外力产生偏差位移。锁紧方法与内部 PID 调节有关,内部编码器以感应到主轴旋转产生的位移量作为反馈,对速度和位移作出相应的调节。17 bit 的编码器在旋转一周时所需脉冲数为 217,通过减速比可算出水平方向上的指令脉冲当量为 0.001 mm,垂直方向上位置分辨率为 0.000 5 mm。由此可见该系统精确度很高,也为将来的功能开发提供了良好的基础。

系统在水平和垂直方向上采用限位开关来实现系统归零和位移标定。水平限位开关采用光电式,检测限为 5 mm,安装滑块时滑块距离光点限位开关 2 mm,满足触发条件。垂直限位开关采用磁感应式,当电动缸内的磁环下移到限位开关时,触发限位开关,产生中断脉冲。中断脉冲被主控记录并作为水平和垂直方向的零点,同时中断脉冲成为系统停止运行的信号。

4.2.2.2 主控单元

为使得该系统自动化程度提高,上位机软件向下与主控板采用串口通信,主控板到上位机软件的通信字段包括水平方向速度与位置、垂直方向速度与位置、流量,上位机软件到主控板的通信字段包括设定的水平方向速度与位置、设定的垂直方向速度与位置、设定的风力、设定的流速。

主控板采用 12 V 独立电源供电,可接受的电压为 10~50 V。两边作为排针接口,与伺服电机驱动器相连。由于接近开关只有通、断 2 种状态,因此设立两路 Pulse+ 和 Pulse- 给限位开关。主控板采用意法 STM32F103RCT6 嵌入式微控制器,搭配 8 MHz 外部晶振。该芯片核心频率为 72 MHz,提供了丰富的传感器接口,如 CAN、I^2C、IrDA、LIN、SPI、UART/USART、USB,并为外围设备(如电机等)提供脉冲宽度调制(PWM)输出,提供 51 路的输入与输出,工作电压为 3.6 V。主控板原理和设计图如图 4.5 和图 4.6 所示。STM32F103 的编程环境为 Keil uVision,采用 C 语言作为编程语言,其中包含的很多库文件可以直接使用,提供了丰富的库函数和强大的调试仿真工具,通过 uVision 这个开发环境可生成容易理解的汇编语言代码,而且支持多种 Windows 操作系统。最新的 Keil uVision4 旨在提高开发人员的生产力,实现更快、更有效的程序开发。uVision4 引入了灵活的窗口管理系统,能够拖放到视图内的任何地方,包括支持多显示器窗口。uVision4 在 uVision3 的基础上,增加了更多大众化的功能。此外,系统浏览器窗口的显示设备外设寄存器信息,为开发者提供了较大的便利;调试还原视图创建并保存多个调试窗口布局。

为实现对远端机载部分的控制,本系统采用 CAN 总线进行数据通信和控制指令发送,其控制流程如图 4.7 所示。由于主控芯片意法 STM32F103RCT6 已经提供 CAN 接口,因此不再需要配合 CAN 控制器。CAN 总线技术是多主分布式控制系统串行通信较好的总线解决方案,能够将控制指令及各控制系统状态信息放在总线上供各控制小区读取,具有高位率、高抗电磁干扰、容错性强、实时性好等优点。

4.2.2.3 远端执行器

远端喷洒控制器主要控制板采用意法 STM32F103RCT6,该控制芯片详情参见主控部分描述,控制板采用独立 12 V 锂电池供电,设计图如图 4.8 所示。控制器与主控板通过 CAN 总线进行通信,波特率设置为 57 600 bps,实测通信长度为 17.5 m,远低于 CAN 总线的最长传输距离。远端控制器向外部设备发送不同占空比的脉冲宽度调制信号(pulse width modulation,PWM)信号,实时控制外部设备的工作状态。执行器搭载有三轴自稳云台。基于控制器实时输出的 PWM 信号,云台中搭载的 3 个伺服电机实时控制信息获取设备的俯仰角、横滚角、航向角,实现信息获取设备的姿态变化模拟,从而对机载信息获取设备在无人机中的实际作业状态进行模拟。

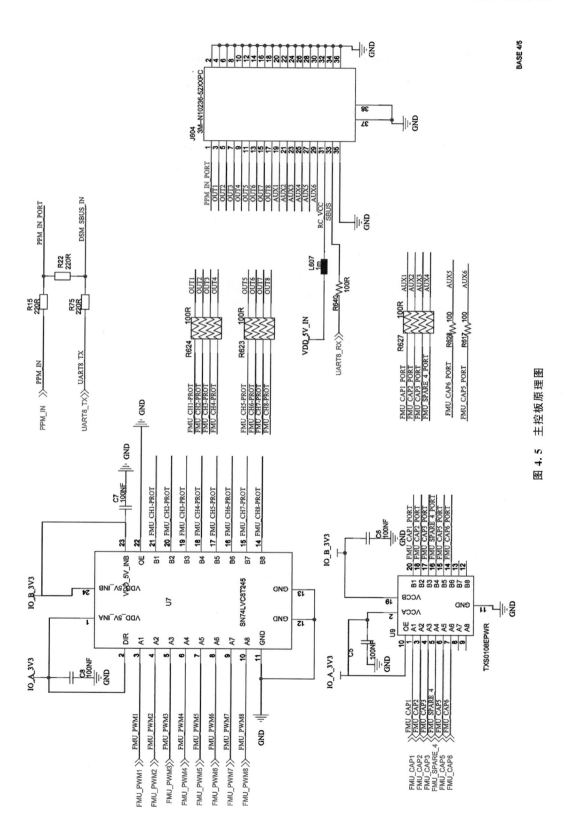

图 4.5 主控板原理图

图 4.6　主控板设计图

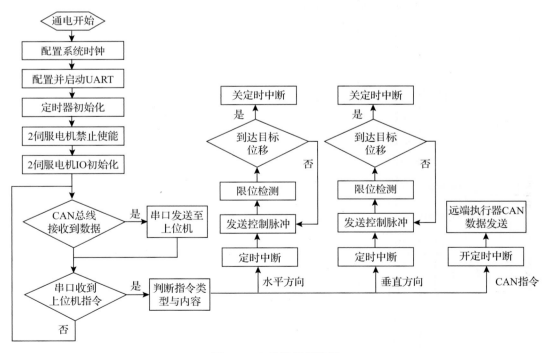

图 4.7　上位机控制流程

风力系统以目前浙江大学研制的 SH-8V 系列农用无人机的风力及传动系统进行设计,电机采用高压无刷电机,电机轴承采用 NMB 型轴承,轴径为 5 mm,槽极结构为 24N22P,电机尺寸为 φ4 mm×31 mm,工作电压为 22.2 V,最大功率为 500.6 W。由于最大电流达到 22.8 A,相应的电子调速器也要选择较大型号,并且有优化过的散热结构,本系统采用 100 A 电子调速器(Niapour 等,2014),可以通过较高电流,并且设计有散热片,具有较好的散热性能。配有 15 寸(1 寸= 1/30 m),55 mm 螺距的碳纤维桨,在 22.2 V 电压下通过风速计测量,最大风速为 4.4 m/s,电机位于喷头正上方,以模拟原型机中风场对喷洒雾滴的影响效果(汪沛等,2013)。

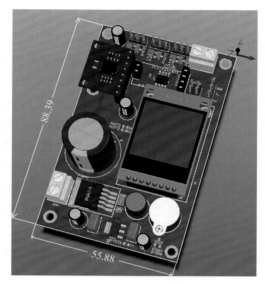

图 4.8　远端控制器设计

4.2.3　信息获取仿真系统的典型应用

油菜是我国重要的油料作物,油菜种植时氮肥施用量影响油菜籽的产量及含油量。油菜的生长状况和生长环境存在时空差异,如何快速获取这些时空差异是实践精细农业的前提。氮素是油菜生长所需的重要营养元素,油菜种植过程中氮肥施用量不足或施用过量都将对油菜的产量和质量造成不利影响,同时不同的生长时期,油菜对氮肥的需求量也不尽相同。因此,及时有效地监测油菜冠层的氮含量水平并制定合理的施氮方案,适时适量施加氮肥对于油菜增产具有重要意义。

搭载有多光谱机载
相机的无人机产品

油菜是否缺氮可以通过含氮量来进行评判。基于传统化学分析检测,如凯氏定氮法、杜马斯燃烧法可以直接测得油菜的含氮量,但是需要损坏植株,流程复杂,耗时费力且成本高。利用 SPAD 仪获取 SPAD 值(叶绿素值)具有快速、简便和无损的特点。现有研究表明作物叶片 SPAD 值和含氮量具有较好的相关性,目前 SPAD 值已经被广泛用作水稻、油菜、小麦、玉米等作物的氮含量评判指标。

目前已有学者研究了基于多光谱图像技术检测作物氮含量,利用锦橙叶片多光谱图像的颜色特征,建立叶片含氮量检测模型,相关性为 0.84(易时来等,2009);张晓东和毛罕平(2009)利用不同生育期油菜多光谱图像特征,建立冠层含氮量检测模型,相关性达到 0.82;张浩等(2008)利用水稻叶片多光谱图像的颜色特征,建立叶片叶绿素检测模型;冯雷等(2006)利用油菜冠层多光谱图像提取植被指数,建立 SPAD 预测模型,相关系数可达 0.927。这些研究表明利用多光谱图像检测作物氮含量可行,利用低空光谱成像遥感技术,及时有效地检测油菜冠层的氮含量水平,制定精细的养分管理方案,有利于提高油菜的产量与质量。然而这些研究多数是在实验室环境下基于地面传感器进行图像的静态获取,需要进一步探究基于低空遥感动态获取多光谱图像进行作物氮素检测的可行性。基于低空遥感获取油菜冠层多光谱图像进行氮素信息解析时,图像的采集时间、采集高度、采集速度可能对解析模型造成影响,油菜生长时间增加使得冠层大小和结构均发生变化,图像采集高度变化会影响图像的空间分辨率,图像采集时相机移动速度过快会影响相机的成像质量,探究这些因素对模型预测性能的影响规律,优化图像采集参数,将有利于氮素解析模型的优化。

综上所述,本研究选用一种甘蓝型油菜——"浙双758"作为研究对象,以 SPAD 值作为氮素评判指标,利用无人机信息获取仿真模拟平台搭载多光谱相机进行低空遥感模拟作业,并基于多光谱图像的植被指数和纹理特征分别建立油菜冠层 SPAD 值低空遥感解析模型;通过设置不同的图像采集时间、采集时的相机高度及运动速度 3 个变量,探究不同采集因素对 SPAD 值解析模型的影响。此外,还利用可见近红外高光谱成像技术检测油菜冠层 SPAD 值,在优选光谱预处理及特征波段后,分别基于全波段、特征波段光谱反射率及特征波段图像纹理特征,采用不同的化学计量学建模方法建立油菜冠层 SPAD 值解析模型。利用 SPAD 值作为油菜含氮量的评判标准,基于低空多光谱遥感图像获得植被指数和图像纹理特征,建立油菜冠层 SPAD 值的预测模型,并探究油菜冠层多光谱图像获取时间、相机高度、运动速度对预测模型的影响,然后利用基于植被指数建立的预测模型,可实现对油菜 SPAD 值可视化反演。

4.3 无人机遥感设备和云台

搭载激光雷达-多光谱
集成系统的无人机产品

激光雷达-多光谱
集成系统产品

4.3.1 常用无人机载相机

典型的农业信息采集的无人机搭载的任务设备有:多光谱机载相机、热红外成像设备、激光雷达等以及与其任务设备配套的附属设备,如 POS 系统、照度传感设备等。这些设备可用于监测以及评估农田及农作物的各种信息,如生物量、病虫害情况、产量情况等。在设计任务设备的时候不仅需要考虑作业对象、需要采集的数据类型等,也要考虑飞行器平台性能限制、作业环境条件等因素。常见的无人机农业信息采集设备如表 4.2 所示。

表 4.2   常见的无人机农业信息采集设备

传感器种类	典型设备	可分析指标
近红外多光谱相机	MicaSense Red-edge Tetracam MicroMCA12 Snap	叶绿素含量 生物量 产量

续表4.2

传感器种类	典型设备	可分析指标
高光谱机载相机	Specim-AISA KESTREL16	作物养分
	HySpex Mjolnir V-1240	叶面积指数
		叶绿素含量
热红外相机	FLIR Duo Pro 640	作物病虫害
	Optris PI 640	气孔导度研究
激光雷达	Velodyne HDL-32E	叶面积指数
	Livox Avia	产量

4.3.2　多光谱机载相机

浙大研制的农情信息获取无人机

在电磁波作用下,目标地物在不同波段会形成不同的光谱吸收和反射特征,这是由真实的地物状态所决定的光学物理属性。根据地物的光谱响应特性,分析描述对象的光谱信息,以反映其内部的物质成分和结构信息。地物的光谱特征是探测物质性质和形状的重要根据。在农业应用领域,农业无人机遥感监测的主要对象为作物与土壤,图4.9显示了这2类地物的典型反射光谱曲线。在可见-近红外光谱波段中,作物反射率主要受到作物色素、细胞结构和含水率的影响,在可见光-红光波段有很强的吸收特性,在近红外波段有很强的反射特性。根据植被这些特有的光谱特性,可以进行作物长势、作物品质、作物病虫害等方面的监测。在可见-近红外光谱波段,土壤的总体反射率相对较低,主要是因为受到土壤中有机质、氧化铁等赋色成分的影响。因此,土壤、作物等地物所固有的反射光谱特性可以作为农业遥感的理论基础。

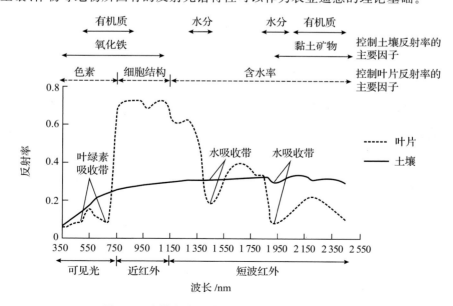

图 4.9　土壤和作物的可见-近红外反射光谱特征

对于植物而言,不同的植物具有不同的形态特征和化学组成,这种差异使其发射和反射的电磁波也不尽相同,在光谱学中表现为不同植物的光谱特征也不相同,因此我们可以根据植物的光谱反射特征来反演其化学组成。而其化学组成受到品种、生育期、发育状况、健康状况及生长条件的影响,因此,理论上可以通过植物的高光谱特征来反演其生理生化组分和含量、冠层结构及植株长势等。

机载多光谱相机系统产品

绿色植物的叶片在叶绿素的作用下大量吸收红光和蓝光,并被植物的光合作用所消耗,而绿光的部分被叶绿素反射,红外辐射主要受叶片栅栏组织的影响,在近红外波段形成一个高反射平台。通常情况下,绿色健康植物在 350～2 500 nm 波段具有典型反射光谱特征。

4.3.3　高光谱机载相机

基于光谱应用技术的无人机需要搭载能够覆盖一定波段范围的非成像光谱仪作为传感器,借助非成像光谱仪在野外或实验室测量目标物的光谱反射特征,利用很多很窄的电磁波波段(一般<10 nm)从感兴趣的目标物中获取相关光谱信息。其中高光谱遥感具有较高的光谱分辨率(波段宽度<10 nm),在 400～2 500 nm 有几百个波段,具有较强的波段连续性。除此之外,加上光谱导数和对数变换,使其数据量成千上万倍地增加。无人机搭载的光谱技术可以帮助人们理解目标物的光谱特性,进而提高不同遥感数据的分析应用精度。随着现代科技的快速发展,高集成器件技术、传感器、微型器件、硅工艺等在功能与性能上取得了惊人的进展。此外,现代信息理论、数学处理方法、计算机软件系统的不断发展,促使光谱技术不断地向更新颖的方向发展。

4.3.4　红外热成像仪

红外热成像仪在农业中的研究和应用广泛,主要有水分胁迫监测、侵染性病害监测、冻害胁迫监测、测产以及其他等方面。在水分胁迫监测中,研究人员们通过监测作物的水分胁迫,分析作物的部分生理状况以及土壤的水分情况。另外由于作物的气孔行为会改变作物冠层表面的蒸腾速率,继而反映到叶面上,在作物受到水分胁迫时气孔减小,蒸腾速率减缓,即可通过红外热成像技术观测作物冠层温度变化以检测其抗旱性;在病毒监测中,受到病毒侵染后的部位气孔产生了生理变化,进行过度的蒸腾作用而导致叶温比正常值更低。

红外热成像技术可获取病毒感染部位的温度随时间变化情况,将其与可见光图片作对比,适用于病毒早期监测;在冻害胁迫监测中,用红外热成像仪观察植物体内的水因温度过低而发生固体变化的情况,即冰核的形成与冰冻传播特征,有利于更好地探索作物冻害胁迫的实质。

总而言之,对作物的红外热成像信息特征进行分析,有助于研究作物机制变化规律,获取生物生态信息,对作物的生长状况进行监测。

4.3.5　激光雷达系统

激光雷达系统由 4 个部分组成(图 4.10)：激光扫描系统、全球定位系统、惯性测量单元、监测与控制系统。其中,激光扫描系统由激光扫描仪和测距单元组成,是激光雷达系统最重要的组成部分,其作用是发射激光信号并接收反射回来的信号,从而获得激光雷达系统与地面目标间的距离及激光回波能量等参数,其中测距单元主要负责激光信号的发射与接收,确定地面目标到激光器的距离、回波数量及激光回波强度信息。而全球定位系统和惯性测量单元则用于解算航空平台三维坐标和姿态信息的功能性部件,其获得的数据结合测距单元获得的数据能够综合解算出地表地物信息。监测与控制系统主要负责对雷达系统整体的控制、协调和数据存储。

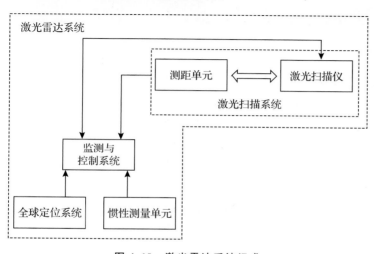

图 4.10　激光雷达系统组成

搭载激光雷达系统的无人机产品

机载激光雷达系统产品

通过方程获得地面高程数据以后,结合全球定位系统和惯性测量单元的数据,可以演算出被测点的三维坐标,即激光雷达数据。激光雷达数据是一些离散的三维坐标点,由于激光雷达数据坐标点的密度非常高,彩色较密的点看起来像云彩一样,因此激光雷达数据又称为激光点云或点云。激光雷达系统的一次激光发射脉冲会形成多次回波,因此在点云中包含了多种地表物体信息,在对数据的滤波进行分类等处理后,计算激光雷达穿透率,从而建立植株的三维模型并提取叶面积指数(leaf area index,LAI)。图 4.11 为使用激光雷达得到的某区域地形三维点云图。

4.3.6　机载自稳云台及控制

既然要把相机、摄像机带到空中,无人机机身的晃动与震动自然会影响到拍摄,这时就需要自稳云台。这里说的云台与常见的摄影云台不同,自稳云台通过惯性测量单元(IMU)等传感器感知无人机机身的动作,由云台控制系统控制电机,让相机保持在原始

图 4.11　某区域地形三维点云图

平衡的位置,抵消无人机姿态变化及机身晃动等对云台的影响。自稳云台主要是由无刷电机驱动,在水平、横滚、俯仰 3 个轴向对相机进行增稳,可搭载的摄影器材从小摄像头到GoPro,再到微单/无反相机,甚至全画幅单反及专业级电影机都可以。摄影器材越大,云台就越大,相应的机架也就越大。

　　一般的军事用固定翼无人机所采用的拍摄云台,大多数是固定式自稳云台,垂直面向地面拍摄,没有运动补偿等稳定画面的装置,而先进的军事侦察用无人机中,加入了球形监视器摄像头,能够 360°调整角度,优点是能够保持机身气流的流畅性,全方位拍摄影像,缺点是画面清晰度较差及调整角度并不太灵活。在 2012 年前后娱乐无人机刚面世时,普遍采用的自稳云台都是固定式自稳云台(图 4.12),如大疆的 Phantom 一代等产品,所采用的自稳云台都是固定式的设计,将相机与飞行器固定在一起,通过调整飞机的角度,来调整航拍时的视角。固定式自稳云台的优点是能够减少成本、减轻重量、省电,从而提高飞行时间,但其缺点也非常明显,就是航拍画质较差、无法改变视角。

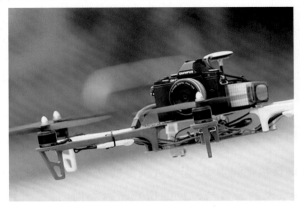

图 4.12　固定式自稳云台

带三轴稳定补偿的自稳云台(简称三轴自稳云台)(图
4.13)是在微型陀螺仪的技术成熟后才诞生的。在过去,用
来测量水平度的陀螺仪都较为庞大,但随着科技的进步,陀
螺仪微型化逐渐被应用到自稳云台上,使航拍时无人机的
前进、后退引起的飞机姿态的变化所产生的影像得以弥补。
三轴自稳云台是现在主流航拍无人机所采用的航拍防抖云
台,如亿航 GhostDrone2.0、零度 XPLORER、大疆 Phantom4
都使用了三轴自稳云台,其优点是对航拍时的画面保持全
方位的稳定,保证画面清晰;而缺点是工程造价较高,由于
由电机控制,因此会相对耗电,缩减航拍的续航时间。

图 4.13　三轴自稳云台

由于环境照度的变化幅度不可控,为了防止出现环境
照度突变至预设模型之外的值(多云天气下云层对太阳的遮挡情况等)导致的模型失效,使
用以模型参考自适应控制(MRAC)为核心思想的自适应控制策略,通过设定控制适应率的
方法,使在模型有效范围外仍然能够通过参数调节组合控制图像 EV 值(曝光值)保持在有
效范围内。同时在常规作业中,能够依靠该控制策略强鲁棒性的特点,进行长时间作业。

多光谱相机在低照度情况下的线性度较差,意味着此时无法通过图片后期调整完全
恢复原图像信息,因此在低照度情况下相机本身的曝光选择将会直接影响图片最终质量。
目前常用的无人机遥感作业平台作业时间一般在 10 min 左右,时间尺度决定着环境的照
度变化波动范围。然而,大田环境下需要作业 20 min 以上,这就意味着单一曝光时间将
会对图像带来更大的影响。为应对面积较大的农田遥感的环境,拟采用直升机平台搭载
该系统,通过延长采样时间、建立图像评价指标,比较 MRAC 自适应模型中 MITrule 与
稳定性理论分析法对于相机曝光参数自适应率选择的优劣。其中云台相机核心结构 3D
设计图及目前搭建的原型机如图 4.14 和图 4.15 所示。

该相机云台原型机已经完成了相机软件在 NvidiaJetsonTX2 边缘计算平台(以下简
称 TX2)中的软件开发与传感器整合。

通过对整体项目进行流程化拆分,按照硬件搭建-软件开发-模型研究-部署应用的顺
序进行推进。最终得到的系统包括:以 TX2 为控制核心、融合环境照度感知的多光谱-
RGB 云台软硬件平台搭建;基于预测算法的相机参数选择模型研究;基于 MRAC 自适应
控制的相机曝光参数调节研究。其整体控制框架如图 4.16 所示。

在该系统中,对相机云台添加了感知层,通过相机云台中 TX2 与无人机平台飞控和
机载照度传感器模块的连接,实现环境感知与云台空间信息感知。在决策层中,由感知层
获取环境信息与空间位置信息后,将相关信息输入部署于 TX2 中的参数选择模型,根据
当前飞行速度、高度确定曝光参数。同时参数选择模型将会成为 MRAC 决策的参考模
型,MRAC 模型将会综合当前环境状况与拍摄得到的照片,通过自适应率的设定对参数
选择模型进行调整,确保参数设置不会因为预测模型的误差导致出现滞后或者提前,使得
最终照片 EV 值始终收敛于所期望得到的值。

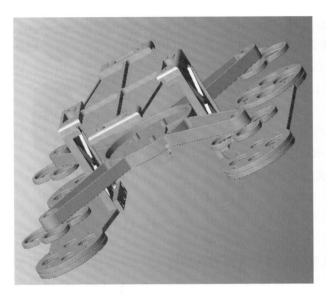

图 4.14　云台-无人机连接减震组件 3D 设计

图 4.15　多光谱-RGB 相机云台
原型机实物

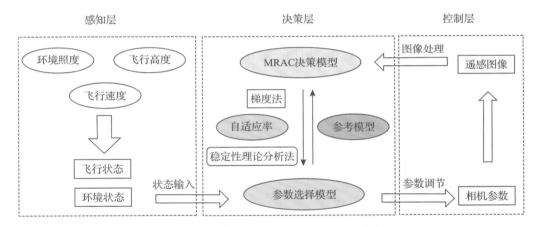

图 4.16　机载遥感相机参数自适应控制框架

4.4　遥感波谱的处理与分析

4.4.1　遥感波谱图像预处理

多光谱相机传感器自身及环境等因素造成图像存在一定程度的失真,导致在后续图像拼接及基于遥感图像的定量分析等处理中引入误差。尤其是在基于图像自身特征的图像拼接过程中,相邻两幅图像重叠区域的特征无法完全匹配,导致拼接误差增大甚至拼接失败。因此,对采集的多光谱图像必须进行预处理,以减少图像失真带来的影响。

在摄影测量中,对采集图像进行预处理通常侧重于如何提高图像反映物体的几何形状以及色彩的真实性,这会导致波段间的辐射信息失真。在遥感测量中,光谱反射率信息是后续对目标定量化分析的重要指标,若不考虑图像预处理方法对光谱真实性的影响,那么对多光谱图像进行预处理将得不偿失。

对 25 波段多光谱相机采集的图像进行分析,发现其主要存在几何畸变、渐晕和辐射亮度不均匀现象。本章节对以上 3 种现象进行分析讨论,并提出了对应的兼顾空间几何信息和光谱辐射信息准确性的校正方法。

$$\begin{cases} x_{\text{corrected}} = x(1 + k_1 r^2 + k_2 r^4 + k_3 r^6 + \cdots) \\ y_{\text{corrected}} = y(1 + k_1 r^2 + k_2 r^4 + k_3 r^6 + \cdots) \end{cases} \tag{4-1}$$

$$\begin{cases} x_{\text{corrected}} = x + [2p_1 xy + p_2(r^2 + 2x^2)](1 + p_3 r^2 + p_4 r^4 + \cdots) \\ y_{\text{corrected}} = y + [p_1(r^2 + 2y^2) + 2p_2 xy](1 + p_3 r^2 + p_4 r^4 + \cdots) \end{cases} \tag{4-2}$$

根据式(4-1)和式(4-2),利用适当的方法对相机进行标定,可以计算相机内参、外参、径向畸变系数和切向畸变系数,从而获得实际成像与理论成像之间的转换关系,实现图像的镜头畸变校正。常用的相机标定方法可以分为以下 3 种:传统相机标定法、相机自标定法和主动视觉标定法。其中传统相机标定法是利用已知标准对象的信息与其在图像中的对应关系计算出相机参数,该方法具有较高的标定精度。传统相机标定法中的张正友相机标定法(Zhang's calibration algorithm,ZCA)在兼顾传统相机标定法标定精度的同时又具有一定的便捷性和灵活性,是目前应用最广泛的相机标定方法。

图像的渐晕现象是指图像灰度分布出现中间亮、边缘暗的情况。搭载在无人机上的光谱相机为了尽可能小而轻,在成像时更容易出现渐晕现象。同时,为了获取优质的光谱图像,光谱相机通常需要外加滤光片,这会导致光谱图像中的渐晕现象更加严重。图 4.17 所示为一光谱相机采集的均匀标准反射率布的第一波段灰度图像,存在严重的渐晕现象。

图 4.17　反射率布的第一波段灰度图像

出现渐晕现象的根本原因是进入相机成像平面的光线强度随着视场角的增大而逐渐减弱。按照具体的成因，可以将渐晕现象分为以下4种：①自然渐晕。其产生原因是几何光学的径向衰减，即进入镜头的辐照度呈现径向衰减的现象，通常辐照度与入射角余弦值的4次方成正比。②像素渐晕。其产生的原因是现代数码相机的物理深度造成的光子井效应：垂直入射的光比倾斜入射的光更能进入光子井的底部。③光学渐晕。其产生的原因是受到镜头内透镜大小（尤其是光圈位置的透镜）的限制，导致光线进入光圈时被部分遮挡而引起的径向衰减。④机械渐晕。其产生的原因是光线通路受到相机镜头部件的阻挡，通常是由镜头前方安装的滤镜或遮光罩造成的。

不论何种原因产生的图像渐晕现象，都会影响光谱成像数据的质量和后期图像拼接、特征提取、目标检测以及分类识别等结果。如图像渐晕现象导致图像信息部分丢失，在图像拼接过程中，这些图像信息的丢失会导致图像特征的减少，增大图像拼接的难度。同时，由于图像亮度不均匀，拼接后的图像之间容易存在明显的拼接痕迹。因此，为了改善遥感图像及数据的质量，需要对获取的光谱图像进行渐晕校正。

常用的渐晕校正方法可以分为以下2类：查表法（look-up-table，LUT）和函数逼近法（function approximation method，FAM）。查表法是在理想的条件下采集标准图像并获得各个像素的衰减因子，得出各像素相应的校正因子表，然后对图像的对应像素点进行校正。函数逼近法通过选择合适的函数来拟合图像中灰度值变化，以寻求一种可以解释渐晕图像灰度变化的渐晕模型，根据这一模型来得到各像素点的校正因子。查表法需要特定的均匀光照条件及其他理想条件，较难在工程上实现。函数逼近法假定一个特定的渐晕模型，不同图像的特征会影响函数的拟合结果，导致图像的校正质量不稳定，且函数逼近法属于迭代优化算法，耗时较长。

基于中心/环绕的 Retinex 算法存在的最主要的2个缺点是：①产生光晕效应；②不同通道图像灰度的相关性损失，即图像光谱信息失真。基于中心/环绕的 Retinex 理论假设亮度分量是平滑的，而实际在明暗突变过渡区域并非如此，这导致在过渡区亮度分量估计错误而产生光晕现象。图像光谱信息失真的原因是对每个通道的图像各自估计亮度分量，而没有考虑各通道之间的相关性。为了解决以上2个缺点，研究团队提出带光谱恢复的多尺度 Retinex 算法（multi-scale retinex with spectrum restoration，MSRSR），根据平均图像获取符合渐晕现象灰度分布的平滑亮度分量，并在原始图像中去除该亮度分量的影响，最后应用光谱校正因子对图像进行光谱恢复，实现了低光谱失真的无人机低空遥感图像的渐晕校正。

4.4.2　遥感波谱图像拼接及优化

无人机低空遥感图像具有像幅小、图像数量多的特点，因此对无人机遥感影像进行拼接是无人机低空遥感的必要步骤。基于图像特征的图像拼接技术因为其自动化程度高、成本低而成为目前应用于遥感图像拼接中的主流技术。目前低空遥感图像的匹配方法有基于灰度信息的匹配方法和基于特征的匹配方法，最常用的是基于 SIFT 特征点的匹配方法。徐秋辉(2013)基于几何坐标实现了遥感图像的无缝拼接,在用 SIFT 特征点方法进行匹配后,进行遥感图像的几何坐标调整,按坐标进行遥感图像的无缝拼接。由于图像拼接的质量和速度严重取决于图像特征检测算法的性能,因此如何提高特征检测算法效率和鲁棒性是目前遥感图像拼接领域的重要方向。

目前成熟的商用图像拼接软件中可以应用于多光谱图像拼接的主要有 Pix4Dmapper (Pix4D,洛桑,瑞士)以及 PhotoScan(Agisoft,圣彼得堡,俄罗斯),这两款软件均需要采用 SFM 算法建立稀疏点云,这一步骤通常要求图像间匹配的同名特征点足够多,对多光谱图像的质量要求很高。前文已经提到由于无人机自身载重与飞行特性的限制,搭载于无人机上的多光谱相机采集的多光谱图像空间分辨率较低。同时,由于采集的对象通常是种植整齐的农作物,得到的部分多光谱图像纹理较弱,对比度低,能够提取的图像特征较少。无人机作业环境变化不像实验室环境一样可控,成像质量也存在波动。应用商业软件对多光谱图像进行拼接需要非常高的重叠率才能满足软件要求,这就导致一次无人机飞行能够覆盖的面积减小,无人机作业效率大大降低。即便如此多光谱图像拼接的成功率与拼接质量仍不尽人意。综上所述,以基于图像特征点的图像配准技术为基础,以原始图像为对象,研究图像拼接方法,分析农业低空遥感多光谱图像拼接的影响因素,在现有算法的基础上进行改进和参数优化,并进一步对多图拼接策略进行研究,提出适用于低分辨率多光谱图像的拼接方法和系统,可为农田低空遥感定量化研究提供坚实的基础。

特征点是一幅图像中可以反映物体或对象特征性质的点,不同图像中反映同一物体或对象的特征点应该相同,即特征点要求具有不变性和独特性。这些点通常是图像中灰度变化较大的点,如边缘点、直线交点、角点等。图像特征点检测即为了提取图像中信息含量最多的点,使图像数据进行降维表达。

特征点检测和特征点描述之后需要进行特征点匹配,即将参考图像和待拼接图像之间相同的特征点一一对应起来,这些匹配的特征点对称为匹配点对。图像特征检测和特征描述方法在设计时希望可以得到具有不变性和独特性的特征点及其特征描述向量,但实际上现有的算法均无法完全达到以上要求,图像同名点之间的特征描述向量并不完全相同。因此,在进行特征点匹配的时候,通常寻找参考图像特征点与待拼接图像特征点中特征描述向量相似性最高的特征点对作为匹配点对,进而实现基于特征点的图像的配对,从而实现遥感图像的精准拼接。

4.5 遥感图像的地理配准与校正

4.5.1 遥感图像地理配准概述

地理配准是将遥感数据信息与实际地理位置进行关联的方法。遥感所得影像,包括星地遥感、航空遥感等数据,必须进行地理配准才可以让用户准确知道在哪里、发生了什么。对于面阵遥感成像传感器来说,进行地理配准的方法主要有 2 种。一种是地面控制点,即在图像覆盖范围内均匀设置 7 个以上的地面控制点,采用 GPS 仪测定该点的地理经度、纬度和高度(简称经纬高),以此进行配准,如图 4.18(a)所示。该方法应用场景局限,必须人工设置明显的地面控制点,当无人机需前往人迹无法到达的地方时无法采用该方法,且测定该点经纬高需专用仪器采集较长时间,时效性差、成本高。另一种是所得遥感影像与已知的正射影像通过人工目视选择点的方式进行地理配准,也是目前地理信息系统(Geographic Information System,GIS)软件中用得较多的方法,如 ArcGIS、ERDAS 等软件中都有的 Registration 模块,如图 4.18(b)所示。该方法自动化程度差,针对高像素、高清晰度的遥感影像效果较好,但是对于目前低像素的如热红外相机等新型传感器,则配准难度较大。

（a）地面控制点 　　　　　　　　　　　　（b）人工地理配准

图 4.18　传统地理配准方式

对线扫类遥感传感器如激光雷达高光谱相机,目前在无人机上应用较少,其中一个主要的原因是无法准确获得每一线数据的空间位置和角度,从而进行准确拼接。目前线扫类遥感数据多采用人工拼接,极为费时费力,这限制了线扫类遥感传感器在无人机上的应用。

直接地理配准技术是指获取遥感数据采集时的位置和姿态数据,按照仿射变换的方法实现对遥感数据的直接地理配准和标记,使得遥感数据带有准确的位置信息。直接地理配准技术可以有效减少无人机遥感对地面控制点的依赖,同时提高了数据配准的自动化程度。

遥感影像的地理配准一直依靠在作业小区之上的地面控制点进行空中三角解算求得,然而采集地面控制点耗时很长,耗费巨大,而且又很难将控制点与地表植被区分开来,甚至在有些地方没有办法采集地面控制点。还有一种方法是采用具有地理配准的正射影图作为基图,将所得遥感影像作为移动图,选择明显可以看到的点进行手工匹配,但这样主观性高,人的经验对匹配精度影响较大,并且视角与地面不垂直和相机镜头存在的畸变会导致地理配准效果较差。

直接地理配准使用直接测量所得的传感器位置和姿态(也称为外方位参数),不需要作业区域上额外的地面信息,这些参数使得机载遥感数据能够投影到地理坐标系或者本地坐标系下。大量研究主要集中在图像几何校准和基于 GPS 的图像位置信息采集,而随着无人机更多地被应用在农田信息采集中,开发相应的能够提供遥感影像数据直接地理配准的辅助信息的仪器几乎处于空白状态。POS 记录仪直接为遥感影像数据分析提供高精度的在线或者离线的外方位辅助信息,无须为空中三角测量进行地面控制点的采集和检验,可以有效提高地理配准工作流程的自动化水平和质量。此外在荒无人烟、人迹罕至的地方无法取得地面控制点,只能采取基于 POS 数据进行的地理配准作业从而得到地面信息。在很多遥感设备上必须要有精准的 POS 数据进行分析,如使用数字影像结合数字高程图制作正射影像时,必须要结合 POS 数据;在线扫描成像的遥感作业中,必须要依靠 POS 数据实现在线扫描所得数据的拼接,如激光雷达、合成孔径雷达、线扫描高光谱相机等。

辅助惯导定位研究与应用始于 20 世纪 40 年代火箭导航研究,逐渐发展成为飞行器最常用的定位方法。早期的惯导定位没有外源定位传感器,研究内容主要是提高传感器测量精度,由于系统很大、耗电高、成本贵,很难将其应用在航空上。随着微机电系统(MEMS)技术的发展,加速度计等高速传感器体积越来越小,精度也逐步提高,为提高传感器测量精度提供了很好的基础。惯性导航具有很多优点,它能够连续工作,很少出现硬件故障,并且可以提供高速高带宽的输出,很低的短时噪声;它既能提供有效的姿态、角速率和加速度测量,又能输出位置和速度,并且不容易受外界干扰。然而,由于惯性仪表误差通过导航方程被不断积分,因此惯性导航的精度随着时间延长而下降。

卡尔曼在 1960 年提出了滤波算法,该方法可以很好地将惯导数据和其他定位传感器的数据进行融合来消除飘移,即使使用的是廉价的传感器。早期应用卡尔曼滤波方法是采用雷达高度计数据融合惯导数据后进行轮廓计算,并用已知工作区地形数据进行匹配,以进行导弹的地面引导飞行,然而由于地面引导信号容易被干扰,这种方式并不可靠。自从美国不再执行对 GPS 选择性干扰(SA)政策及差分 GPS 的快速发展,GPS 辅助导航因其成本低廉和不依赖平台的特点,成为无人机和地面车辆定位系统的首选。

目前市场上尚无应用在无人机上的 POS 记录仪,应用在航空遥感上的 POS 记录仪主要有加拿大 Applanix 公司的 POS/AV 系统和德国 IGI 公司的 AEROControl 系统,2 种主流 POS 记录仪如图 4.19 所示,其中 POS/AV 系统主要由 4 部分组成。

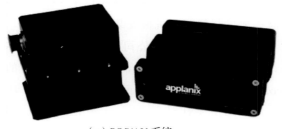

（a）POS/AV 系统 　　　　　　　　　　　（b）AEROControl 系统

图 4.19　2 种主流 POS 记录仪

（1）加速度计和陀螺仪　采集原始姿态增量与加速度信息，并将原始数据传送到计算机系统（PCS）进行存储，传送速率为 $200\sim1\,000\,Hz$。惯性测量装置（IMU 装置）由 3 个加速度计、3 个陀螺仪、数字化电路和 1 个执行信号调节及温度补偿功能的中央处理器组成。

（2）GPS 接收机　采用载波相位差分 GPS 动态定位技术（real-time kinematic GPS，RTKGPS）求解 GPS 天线中心地理坐标系下的位置数据。在多数类型机中，POS/AV 系统采用内嵌式高信噪比双频 GPS 接收机来采集导航 L1 波段电磁波信号。

（3）计算机系统（PCS）　PCS 包含时序控制器、中央控制器、大规模存储系统和 1 个实时组合导航的计算机。将实时组合导航的计算结果作为飞行管理系统的输入信息。

（4）数据后处理软件包 POSPac　POS/AV 系统的核心是集成的惯性导航算法软件 POSPac，其由 POSRT、POSGPS、POSProc、POSEO 4 个模块组成。

AEROControl 系统是德国 IGI 公司开发的高精度机载 POS 系统，与 POS/AV 系统结构相近，主要由 4 部分组成。

（1）惯性测量装置（IMU 装置）　由 3 个加速度计、3 个陀螺仪和信号预处理器组成。IMU-Ⅱ能够进行高精度的转角和加速度的测量。

（2）GPS 接收机　接收 GPS 数据。

（3）计算机装置　采集原始 IMU 和 GPS 数据，并将它们保存在机载存储系统上，用于地面后处理，GPS、IMU 及所用的航空传感器采用时间同步。将计算机装置实时组合导航的计算结果作为 CCNS4 的输入信息。

（4）用于航空飞行任务的导航、定位和管理的 CCNS4 系统　软件除了提供 DGPS/IMU 的组合卡尔曼滤波功能外，还提供用于将外定向参数转化到本地绘图坐标系的工具。该软件需要与传感器系统直接相连。

以上 2 种 POS 记录仪主要存在以下问题。

（1）很多 POS 记录仪是应用在有人航空遥感上，其体积、重量都比较大，无法应用在无人机上。以上 2 款 POS 记录仪重量都在 2 kg 以上，体积较大，且价格昂贵，上述几点限制了其在无人机上的应用。

（2）POS 记录仪无法与机载传感器进行同步，这使得其准确性降低；在应用以上 POS 记录仪时需要进行精确的机械安装及后期校准。

除此以外还有一些公司生产的主要针对本公司成像设备的 POS 产品，如 Tetracam 公司的 GeoSnapVN-TC 位置姿态记录仪，如图 4.20 所示。该产品主要针对 Tetracam 多光谱相机，体积比较大，且不进行组合导航运算，直接使用卫星定位数据，无法提供高刷新率的 POS 数据，价格昂贵，降低了实用性。

图 4.20　Tetracam 公司的 GeoSnap VN-TC 位置姿态记录仪

4.5.2 机载定位定向系统的地理配准

目前全球卫星导航系统可以提供长时间米级定位精度,动态差分(real-time kinematic, RTK)可以提供分米级定位,以 Piksi 差分定位系统来说,其典型值为 10 Hz。而惯性导航算法可以提供高速(>100 Hz)连续的惯性导航定位结果,且多种传感器结合可以计算姿态。通过比较可知,惯性导航算法与 GNSS 的优缺点是互补的,因此可以将其组合在一起,结合 2 种技术的优势,以提供长时间、高速高精度的位置数据。在记录仪内保存低速率 GNSS 导航数据,同时保存高速惯导传感器数据,在地面进行后处理。后处理采用组合导航定位算法将 GNSS 数据与惯导数据融合,得到连续高精度的定位数据,为直接地理定位提供数据支持,并在相机控制端口的支持下,解决图像与 POS 数据同步的问题。

4.6 遥感地物特征获取与三维建模

4.6.1 基于机器视觉的三维重建

近些年来,随着计算机技术的不断发展,三维重建技术更加优化,尤其是特征点检测和匹配算法、鲁棒性估计算法、自标定算法、运动恢复结构(structure from motion,SfM)算法及多视图立体匹配(multi-view stereopsis,MVS)算法等技术的不断进步和完善,基于图像的三维重建技术有了突飞猛进的发展。目前一些重建的结果在重建精度和完整度上,几乎可以和激光扫描结果相媲美,这也使得基于图像的自动三维重建技术受到了越来越多的关注,并在诸多领域得到了广泛的应用。总结起来,从图像到三维结构(三维点云)这一完整的三维重建包括以下几个关键环节:

(1)匹配算法,提取准确的图像特征点及图像之间的特征点匹配。

(2)运动恢复结构,通过图像点的匹配计算准确的相机之间的相对运动,即恢复出相机的拍摄位姿和场景的稀疏几何结构。

(3)稠密点云重建,即得到场景的稠密三维点云结果。

三维重建中最困难的一个问题就是如何利用计算机自动建立 2 幅或多幅图像之间的匹配关系,即图像匹配。通过寻找匹配图像之间的点对应来建立互相重叠图像之间的网状联结关系,进而可计算出图像间的视角对应关系(即相机外参数)。在图像之间寻找点对应通常分 2 步完成:首先是特征点检测与描述,其次是特征点匹配。

基于相机运动的算法需要先获取特征点匹配集,然后获取相机的位置信息。有许多方法可以用来检测特征点或特征区域,在特征描述方面,比较流行的是基于直方图的方法,如 SIFT、SURF、GLOH 和 DAISY 等,这些描述子通过建立梯度方向和位置直方图来进行关键点描述。SIFT 算法通过在尺度空间寻找极值点,提取局部不变特征,包括旋

转、尺度、亮度等特性,其算法步骤主要包括:

(1)利用高斯差分核与图像卷积生成的高斯差分(difference of gaussian,DOG)尺度空间对图片进行逐层递减采样,筛选出稳点的关键点。

(2)把每一个采样点和它所有的相邻点进行比较,筛选出尺度空间的极值点。

(3)精确关键点的位置和尺度,可利用拟合三维二次函数同时去除低对比度的关键点和不稳定的边缘响应点。

4)根据邻域像素的梯度方向确定每个关键点的向量参数。

至此,所有特征点位置、所处尺度、方向信息均可以确定基于直方图的特征描述方法在通常情况下可以获得较好的结果,但是直方图无法应对复杂光照情况,包括伽马校正、镜面反射、曝光变化等。为了解决上述问题,一些研究者提出了用灰度序替代原始灰度的特征描述方法,如在极值区域统计灰度序的反转加权求和的描述方法。为了提高特征点检测和描述的速度,Heikkilä等(2009)则结合了 SIFT 和 LBP(location binary pattern)方法,提出了 CS-LBP(center symmetric-location binary pattern)描述子。在此方法基础上,有研究者提出中心对称局部二进制模式(center symmetric-location triple pattern,CS-LTP)描述子,使之对高斯噪声更加鲁棒。近几年很多研究者提出了基于比较的二值描述子,如 BRIEF(binary robust independent elementary feature)、BRISK(binary robust invariant scalable keypoint),在计算实时性要求高或平台计算能力受限的应用中具有很好的表现。另外,结合利用图形处理器(graphics processing unit,GPU)强大的计算能力,可以采用基于 GPU 的 SIFT 特征点提取和匹配算法,Cornelis 等(2008)给出了基于 GPU 的 SURF 特征点检测提取算法。

为了在 2 幅图像之间实现特征匹配,首先需分别在每幅图像中提取特征,然后在特征描述空间中,寻找最近邻作为匹配结果。由于一些描述子维数很高(如经典的 SIFT 达 128 维),单幅图像检测到的特征点个数很多,人们研究了大量高维数据搜索算法,其中包括 KD-tree(K-dimensional tree)、BBF(best bin first)、LSH(local sensitive hash),而在搜索策略上,通常为了加快匹配速度,会采取如 KNN(K-nearest neighbor)、ANN(approximate nearest neighbor)这些近邻搜索的方法。最后通过一些距离尺度度量或者是比率测试等策略去掉一些错误匹配。如果 2 幅图像之间的匹配特征数量大于一定的阈值,就认为 2 幅图像是匹配的。对于 2 幅图像上匹配的特征点一般会采用极限几何约束,但对于物体(或场景)本身纹理重复或相似的情况很容易发生误匹配。近年来研究者也给出了其他假设作为约束条件,如连续性约束、唯一性约束和次序约束,但不论使用什么约束条件,都不能完全避免误匹配的发生。大量的研究表明,多个视点的图像对于减少由重复或相似纹理带来的匹配歧义性具有明显的作用。

4.6.2 基于相机辅助信息的三维重建

大场景三维重建系统中,面临的一个需要解决的重要挑战是在保持系统稳定性和精度的情况下,如何提高系统的重建效率。在经典的增量式的重建处理流程中,穷举式的两两图像间特征点匹配和迭代式的捆绑调整,是整个算法最费时的环节。图像特征点匹配的时间复杂度为 $O(n^2)$(n 为处理的图像个数),而在增量式重建阶段,捆绑调整过程的时间复杂度为 $O(n^4)$。

本节主要目的是探索如何利用相机中一些精度不高,甚至往往被人为忽略的粗略辅助信息,包括挂载的经纬度位置信息、航向信息、聚焦距离信息及无人机挂载的精度不高的 IMU 信息等,来提高大场景三维重建的效率与鲁棒性。这里首先简单介绍一下在计算机视觉中广泛应用的增量式重建算法 Bundler 的主要流程,然后对相机辅助信息进行介绍,最后给出我们分组重建的流程。

4.6.2.1　增量式重建算法 Bundler 简介

Bundler 算法是通过不断地添加新的图像优化,最终实现结构重建的方法。其过程为首先多次随机抽取一定数量的样本,每次抽取出尽可能少但足够用于估计模型参数的样本。然后根据模型参数将所有的数据进行分类,一类称为内点,即该数据在参数模型允许的

果园数字高程
横型重建

误差范围之内;另一类称为外点,即数据偏离正常范围很远,在该参数模型允许的误差范围之外,常常认为这些外点是数据集的噪声。最后进行迭代计算,找出每次随机抽样数据在参数模型允许误差范围内的内点个数,将内点个数最多的估计作为参数的最优估计,用于重新估计模型。

4.6.2.2　相机辅助信息

辅助信息主要包括经纬度位置信息、航向信息、聚焦距离信息和拍摄视场角信息等。对于空中拍摄的无人机图像,相机辅助信息指经纬度信息、IMU 姿态信息和飞行区域的概略 DSM(digital surface model)信息。无人机装载的导航 GPS 精度大约为 10 m,同时辅助数据记录的角信息精度也较低,一般在 10°以内。一般来说摄像机的光心位置可近似理解为相机记录的位置信息;光轴在水平面上的投影与正北方向的夹角可以作为航向信息;很多镜头在对焦时会同时记录到聚焦距离信息,即光心到场景聚焦点的深度;视场角则可由相机的焦距长度和相机的电荷耦合元件(charge-coupled device,CCD)尺寸等推算出来。

4.6.2.3　分组三维重建

在大场景三维重建系统中,利用相机辅助信息进行分组重建是一种有效提高重建效率和重建效果的方法。相机辅助信息包括经纬度位置信息、航向信息、聚焦距离信息和拍摄视场角信息等。对于空中拍摄的无人机图像,每幅无人机图像可采集 100 幅 IMU 姿态信息和飞行像素的概略数字。相机的经纬度位置信息提供了相机拍摄时的粗略位置,精度约为 10 m。航向信息即相机光轴在水平面上投影与正北方向的夹角,这一信息精度一般在 10°以内。聚焦距离信息记录了光心到场景聚焦点的深度,拍摄视场角信息则由相机的焦距长度和相机的 CCD 尺寸等推算而得。在分组三维重建过程中,首先根据相机的

经纬度位置信息,将拍摄的图像划分为若干个组,每个组图像覆盖一个相对较小的区域。然后,在每个组图像内部进行特征点匹配和增量式捆绑调整,这样可以大大减少特征点匹配和捆绑调整的计算量,提高系统的重建效率。同时在每个组图像内部,利用指向北信息和聚焦距离信息进一步优化相机的初始姿态和位置,从而提高重建精度和鲁棒性通过分析,可以有效地解决大场景三维重建中遇到的问题和效率问题,使得整个重建过程更加高效和可靠。

4.6.3　基于无人机图像正射影方法研究

随着无人机遥感技术逐步成熟,采用直观、真实、信息量丰富的无人机图像进行大比例尺的真正射影像生成成为可能。真正射影像图并不是传统的中心投影,而是垂直投影,通过三维数字表面模型(digital surface model,DSM)进行微分纠正可消除投影误差,从而使地物处在正确的平面位置,该方法也称为数字正射影像纠正。关于真正射影像生成的算法和理论,总结起来,大多需要包括 DSM 或建筑物数字模型(digital building model,DBM)等数据的支持,而这些数据的获取需要大量的手工操作,昂贵并且耗时,所以需要研究一种全自动高效的数字真正射影像生成的方法。本节主要讨论如何通过计算机视觉技术达到全自动生成大比例尺真正射影像的目的。

4.6.3.1　真正射影像算法流程

首先利用 SfM 和 MVS 方法生成稠密三维点云,并利用重建的三维点云构造规则格网表面模型。

在得到点云的规则表面模型后,利用稠密三维点云建立规则格网关系集,利用马尔可夫随机场方法确定各规则格网的可见性关系,再利用该可见性关系生成正射影像,并对表面纹理进行优化。

4.6.3.2　无人机图像生成数字表面模型

通过 SfM 技术导入多幅场景图像,全自动重建稀疏三维点云,并恢复相机的拍摄位姿,再导入 MVS 算法之中获得场景的稠密三维点云重建结果。为了标定摄像机投影矩阵,利用增量式重建算法 Bundler,同时结合三维多视角立体视觉算法(the patch-based MVS,PMV),得到准稠密的三维点云。如果本身带有充足的 GPS 和姿态信息,也可利用相机辅助信息开展分组三维场景重建,构建数字表面模型(郭复胜等,2013)。如果有地面控制点或充足的经纬度和姿态信息,通过相似变换可以直接简单地确立地面信息,即世界参考坐标系。规则格网需要每一个点云垂直向上的方向信息,以建立适应 DSM 生成的局部坐标系。

4.6.3.3　真正射影像的生成

获得点云的规则表面模型后,在其上分析规则格网坐标的可见性关系,利用中心投影将可见性关系转换为正射投影的图像,最后选择每一个格网对应的最佳图像,选择合适的格网面片,并对正射投影的图像进行匀色,消除纹理不一致现象。

4.6.4 常用三维重建系统及软件平台

4.6.4.1 街景工厂/像素工厂

街景工厂(street factory)是像素工厂产品线的一个延伸产品,作为海量航空航天遥感影像自动处理系统,它能够在人工干预极少的情况下全自动地处理高精度的三维模型,解决广泛应用问题,如城市规划、危机管理、国防、电信、测绘、地理信息系统及位置服务,代表了当今市场上最先进的三维建模技术。

4.6.4.2 Pix4Dmapper

Pix4Dmapper 是集全自动、快速、专业精度为一体的无人机数据和航空影像处理软件,在航测制图、灾害应急、农林监测、水利防汛、电力巡线、海洋环境、高校科研方面具有广泛应用。该软件可以快速将数千张影像制作成专业精准的三维模型,同时可以在相同工程中处理不同相机、不同架次的大数据,便于用户整合管理。

Pix4Dmapper 不需要 IMU 数据,只需要影像的经纬度位置信息,即可全自动一键操作,不需要人为交互处理无人机数据,整个过程完全自动化,并且精度高。

4.6.4.3 Agisoft PhotoScan Professional

Agisoft PhotoScan Professional 无须设置初始值和相机校验便可自动生成高质量三维模型。

整个工作流程轻松简便,首先将航空照片或数码相机照片导入软件,配合实际控制点,结合多视图三维重建技术,完成自动化三维重建或者正射影像生成。该软件的最大优势是小巧,操作灵活,并能接受 Python 脚本接口,用户可根据自己的需求对工作流程进行自动化设计。

安秋,姬长英,周俊,等,2008. 基于 CAN 总线的农业移动机器人分布式控制网络[J]. 农业机械学报,39(6):123-126,117.

白由路,杨俐苹,王磊,等,2010. 农业低空遥感技术及其应用前景[J]. 农业网络信息,1:5-7.

程春泉,黄国满,杨杰,2015. POS 与 DEM 辅助机载 SAR 多普勒参数估计[J]. 测绘学报,5:510-517,525.

冯婧婷,2013. 直线导轨精密矫直的误差检测及补偿技术研究[D]. 武汉:武汉理工大学.

冯雷,方慧,周伟军,等,2006. 基于多光谱视觉传感技术的油菜氮含量诊断方法研究[J]. 光谱学与光谱分析,26(9):1749-1752.

葛明锋,亓洪兴,王义坤,等,2015. 基于轻小型无人直升机平台的高光谱遥感成像系统[J]. 红外与激光工程,44(11):3402-3407.

郭复胜,许华荣,高伟,等,2013. 利用相机辅助信息的分组三维场景重建[J]. 计算机科学与探索,7(9):783-799.

胡炼,罗锡文,张智刚,等,2009. 基于CAN总线的分布式插秧机导航控制系统设计[J]. 农业工程学报,25(12):88-92.

李晓丽,何勇,裘正军,等,2008. 基于多光谱图像的不同品种绿茶的纹理识别[J]. 浙江大学学报(工学版),42(12):2133-2138,2165.

田秀东,2015. 浅析数字图像处理与遥感影像处理的区别与联系[J]. 黑龙江科技信息,15:116.

汪沛,胡炼,周志艳,等,2013. 无人油动力直升机用于水稻制种辅助授粉的田间风场测量[J]. 农业工程学报,29(3):54-61,294.

汪振国,2013. 捷联导航计算机的数据采集系统设计[D]. 哈尔滨:哈尔滨工程大学.

王传宇,赵明,阎建河,等,2010. 基于双目立体视觉技术的玉米叶片三维重建[J]. 农业工程学报,26(4):198-202.

王利民,刘佳,杨玲波,等,2013. 基于无人机影像的农情遥感监测应用[J]. 农业工程学报,18:136-145.

徐秋辉,2013. 无控制点的无人机遥感影像几何校正与拼接方法研究[D]. 南京:南京大学.

杨贵军,万鹏,于海洋,等,2015. 无人机多光谱影像辐射一致性自动校正[J]. 农业工程学报,9:147-153.

易时来,邓烈,何绍兰,等,2009. 三峡库区柑橘园紫色土光谱特征及其与氮素相关性研究[J]. 光谱学与光谱分析,29(9):2494-2498.

张浩,姚旭国,张小斌,等,2008. 基于多光谱图像的水稻叶片叶绿素和籽粒氮素含量检测研究[J]. 中国水稻科学,22(5):555-558.

张廷斌,唐菊兴,刘登忠,2006. 卫星遥感图像空间分辨率适用性分析[J]. 地球科学与环境学报,28(1):79-82.

张晓东,毛罕平,2009. 油菜氮素光谱定量分析中水分胁迫与光照影响及修正[J]. 农业机械学报,40(2):164-169.

张艳超,肖宇钊,庄载椿,等,2016. 基于小波分解的油菜多光谱图像与深度图像数据融合方法[J]. 农业工程学报,32(16):143-150.

周建民,张瑞丰,2012. 基于主动热成像技术的苹果表面缺陷分类方法[J]. 华东交通大学学报,29(1):86-89.

Baluja J, Diago M P, Balda P, et al. ,2012. Assessment of vineyard water status variability by thermal and multispectral imagery using an unmanned aerial vehicle

(UAV)[J]. Irrigation Science,30(6):511-522.

Burgos-Artizzu X P, Ribeiro A, Guijarro M, et al. ,2011. Real-time image processing for crop/weed discrimination in maize fields[J]. Computers and Electronics in Agriculture,75(2):337-346.

Calderón R, Navas-Cortés J A, Lucena C, et al. , 2013. High-resolution airborne hyperspectral and thermal imagery for early, detection of <i>Verticillium</i> wilt of olive using fluorescence, temperature and narrow-band spectral indices[J]. Remote Sensing of Environment,139:231-245.

Candiago S, Remondino F, De Giglio M, et al. ,2015. Evaluating Multispectral Images and Vegetation Indices for Precision Farming Applications from UAV Images[J]. Remote Sensing,7(4):4026-4047.

Cornelis N, Van Gool L, 2008. Fast scale invariant feature detection and matching on programmable graphics hardware[C]//2008 IEEE Computer Society Conference on Computer Vision and Pattern Recognition Workshops. IEEE:1-8.

Garcia-Ruiz F, Sankaran S, Maja J M, et al. ,2013. Comparison of two aerial imaging platforms for identification of Huanglongbing-infected citrus trees[J]. Computers and Electronics in Agriculture,91:106-115.

Grasmeyer J M,Keennon M T,2000. Development of the Black Widow micro air vehicle [C]//Conference on Fixed, Flapping and Rotary Wing Aerodynamics at Very Low Reynolds Numbers,195:519-535.

Heikkilä M, Pietikäinen M, Schmid C,2009. Description of interest regions with local binary patterns[J]. Pattern Recognition,42(3):425-436.

Langmann B, Hartmann K, Loffeld O,2013. Increasing the accuracy of Time-of-Flight cameras for machine vision applications [J]. Computers in Industry, 64 (9): 1090-1098.

Link J, Senner D, Claupein W, 2013. Developing and evaluating an aerial sensor platform (ASP) to collect multispectral data for deriving management decisions in precision farming[J]. Computers and Electronics in Agriculture,94:20-28.

Lowe D G, 2004. Distinctive Image Features from Scale-Invariant Keypoints [J]. International Journal of Computer Vision,60(2):91-110.

Lu H, Fu X, He Y, et al. ,2015. Cultivated Land Information Extraction from High Resolution UAV Images Based on Transfer Learning[J]. Transactions of the Chinese Society for Agricultural Machinery,46(12):274.

Niapour S, Tabarraie M, Feyzi M R,2014. A new robust speed-sensorless control strategy for high-performance brushless DC motor drives with reduced torque ripple[J]. Control Engineering Practice,24:42-54.

Schulmann T, Katurji M, Zawar-Reza P, 2015. Seeing through shadow: Modelling surface irradiance for topographic correction of Landsat ETM plus data[J]. Isprs Journal of Photogrammetry and Remote Sensing, 99:14-24.

Suzuki T, Shiozawa S, Yamaba A, et al., 2021. Technical Paper: Forest Data Collection by UAV Lidar-Based 3D Mapping: Segmentation of Individual Tree Information from 3D Point Clouds [J]. International Journal of Automation Technology, 15(3):313-323.

Tuo H Y, Liu Y C, 2005. A new coarse-to-fine rectification algorithm for airborne pushbroom hyperspectral images[J]. Pattern Recognition Letters, 26(11):1782-1791.

Turner D, Lucieer A, de Jong S M, 2015. Time Series Analysis of Landslide Dynamics Using an Unmanned Aerial Vehicle (UAV)[J]. Remote Sensing, 7(2):1736-1757.

Wallace L, Lucieer A, Watson C, et al., 2012. Development of a UAV-LiDAR System with Application to Forest Inventory[J]. Remote Sensing, 4(6):1519-1543.

Xiang H T, Tian L, 2011. Development of a low-cost agricultural remote sensing system based on an autonomous unmanned aerial vehicle (UAV)[J]. Biosystems Engineering, 108(2):174-190.

Yang B S, Chen C, 2015. Automatic registration of UAV-borne sequent images and LiDAR data[J]. Isprs Journal of Photogrammetry and Remote Sensing, 101:262-274.

Zarco-Tejada P J, Guillén-Climent M L, Hernández-Clemente R, et al., 2013. Estimating leaf carotenoid content in vineyards using high resolution hyperspectral imagery acquired from an unmanned aerial vehicle (UAV)[J]. Agricultural and Forest Meteorology, 171:281-294.

Zhang J, Sang H, 2014. Parallel Architecture for DoG Scale-space Construction[J]. Microelectronics & Computer, 31(7):6-9.

Zhang Y J, Shen X, 2013. Direct georeferencing of airborne LiDAR data in national coordinates[J]. Isprs Journal of Photogrammetry and Remote Sensing, 84:43-51.

第 5 章

农用无人机农田信息监测

5.1 农田土壤信息监测

5.1.1 概述

土壤是人类和动植物赖以生存的重要自然资源,也是地球生态系统的核心组成部分。农作物赖以生长的土壤圈提供了作物生长的水分、养分、有机质以及适宜的理化条件。土壤是一个结构复杂、体系庞大的综合体,包含了丰富的化学和物理物质,主要由有机质构成的固相、土壤水分构成的液相、土壤空气构成的气相组成。它们之间相互联系、作用和转化,具有高度的时空异质性(何东健等,2012)。

当前,农业作为我国经济发展的基石和社会稳定的支撑,其重要性不言而喻。因此,我国必须致力于保护和提升粮食生产能力。保护农田土壤是实现这一目标的关键前提。农田作为人类获取食物的基本来源,维护其土壤质量,对于农业的可持续发展具有至关重要的意义。党的十九届五中全会强调了实行最严格的耕地保护制度,并深入推行"藏粮于地、藏粮于技"的战略;党的二十大报告再次强调了"坚守 18 亿亩耕地红线"的重要性,并指出要确保国家粮食安全。目前,土地资源管理模式正逐步从单一的数量维护转变为生态保护的质量维护,并且正朝着定量化和自动化的方向发展。鉴于我国广阔的国土和复杂的土壤资源,为了促进全国农业生产的均衡发展,了解不同区域农田土壤的差异性、提高土地资源的利用效率,对于指导农业生产、改善农田土壤质量具有极其重要的意义(余克强,2016)。

在农业生产领域,土壤水分、养分及有机质构成了农作物正常生长的关键物质基础。及时、准确地掌握农田土壤水分、养分以及有机质的含量与动态变化,对于指导田间精准管理意义重大。传统的土壤养分检测方法主要基于田间破坏性采样和实验室理化分析,通常需要采集和制备大量的土壤样本,依次进行烘干、称重、研磨等一系列操作,直至完成理化分析。这种方法不仅操作复杂,而且容易破坏作物生长环境,耗时耗力,同时实验过程中需要大量的人力、物力和财力支持,实验分析过程漫长,结果也未必理想(何勇和赵春江,2003)。另外,传统土壤信息监测方法基于点测量,由于测量速度慢、范围有限,无法揭示土壤的时空异质性规律,不能满足农业、水文、气象等部门及陆地生态系统相关研究对土壤时空变异状况的要求,缺乏实时性。精准农业是在现代信息技术、生物技术、工程装备技术等一系列高新技术最新成果的基础上发展起来的一种重要的现代农业生产形式,由多个系统组成,如图5.1所示(郑良永等,2005)。现代精准农业技术体系的快速发展促进了农田土壤信息的高效、精准监测,显著提高了农田土壤信息的时空监测频率和精度。目前,遥感技术已成为精准农业获取土壤信息的重要途径之一,其具有监测效率高、精度高、操作简单和成本低廉等优点,已被广泛用于农田土壤信息监测。

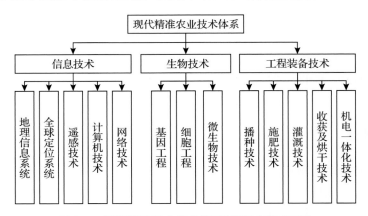

图5.1　现代精准农业技术体系(郑良永等,2005)

　　土壤是一种极其复杂的物质体系,其物质组成(水分、养分、有机质)、颜色、表面粗糙程度、颗粒大小以及质地等方面的差异,均会导致土壤光谱的变化。总体来说,土壤的光谱特征是其物理和生化特性的综合反映。如图5.2所示,不同土壤有机质含量和不同土壤类型光谱曲线在400~2 500 nm全波段范围内趋势基本一致,有机质含量与光谱反射率呈负相关关系;有机质含量越低,光谱反射率受其他因素的影响就越大,这可能影响有机质含量与光谱反射率之间的关系,例如砂姜黑土在近红外和短波红外区域的变化趋势(陆龙妹等,2019)。自然状态下,土壤表面的反射率没有明显的峰值和谷值,一般来说,土质越细,反射率越高;有机质含量和含水量越高,反射率越低。就同一种土壤而言,有机质

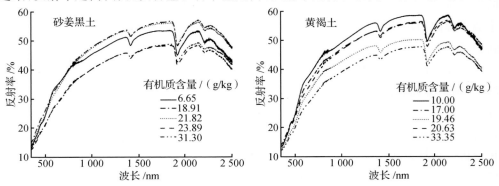

图5.2　淮北平原不同土壤类型的光谱反射率曲线(陆龙妹等,2019)

含量的高低与土壤颜色的深浅相关,土壤中有机质含量高,土壤呈深褐色,有机质含量低则呈浅褐色;土壤有机质含量的不同也会导致土壤的光谱产生波动。在 1 400 nm、1 900 nm和 2 200 nm 处,土壤光谱具有明显的吸收,其中 1 900 nm 是土壤水分的特性波段。在 620~660 nm 波段处存在和土壤有机质密切相关的特征光谱。500~640 nm 波段平均反射率与土壤中氧化铁含量的相关性较好,呈线性负相关。土壤的质地也可以通过 2 000~2 500 nm 光谱段来鉴定,土壤质地对光谱的响应不仅与粒径组合及土壤表面状况有关,也与粒径的化学组成密切相关。因此,高光谱数据在农田土壤信息监测中具有十分重要的应用潜力和现实意义。

土壤光学遥感是土壤学、遥感光谱学有机结合的产物,它指的是利用土壤的反射光谱信息,实现土壤信息的快速获取。土壤光学遥感和地理信息技术的有机结合为区域土壤水分、养分、有机质监测以及决策系统的构建提供了强有力的支持。土壤光学遥感能够提供实时、同步、大范围的地表信息,遥感图像能够清晰地反映土壤的理化特性及其周围的环境等条件。而地理信息系统则能够在空间范围内对多源、多时相的信息进行组合、集成、提取等拓扑分析。利用遥感信息源,并辅助以其他相关的信息、野外实时调查及样方检测方法,可以有效地进行土壤参数的测定,揭示土壤的时空变异规律,从而为土壤环境的保护、规划、生态建设等服务提供实时有效的信息支持。卫星遥感平台和技术的飞速发展以及应用为农田土壤信息监测提供了重要的技术支撑。然而,卫星遥感平台主要适用于大尺度农田信息监测,时空分辨率低且易受天气变化影响,难以用于小区域农田土壤信息的获取,尤其是对于复杂的中国农田。此外,卫星平台搭载的传感器光谱信息有限,仅能提供极少数波段的光谱信息,因此无法提供高精度的农田土壤信息。近年来,随着农业科技化的不断推进,以智能机器人取代人工进行劳作与监察的技术逐渐进入大众视野。农业植保无人机的应用,使喷洒农药、播种等农用技术变得更简便、精确和高效。无人机技术作为一种新型的遥感数据获取手段,其更强的实时性、准确性、高分辨率及高光谱分辨能力将满足越来越多的应用需求,也势必会在土壤质量评价中得到迅猛的发展。其低空传感器更便于实现精准农业技术对土壤水分、土壤养分等的准确监测,从而实现真正的精准农业耕作。

5.1.2　农田土壤水分监测

土壤水分(soil moisture,SM)是表征地表和大气交互过程的关键水文状态变量。深入理解土壤水分状态及其时空动态对于众多气象、气候学和水文学应用至关重要,它有助于提高我们对水、能量和碳循环的理解,并对极端气候事件的预测具有重要意义(Babaeian 等,2019)。通常,现场重力测量和电磁传感器网络被认为是直接且准确测定土壤剖面中水分的最可靠方法。然而,由于高盐度水平、收缩或生物活性导致传感器与周围土壤失去紧密接触,或者缺乏校准,现场测量可能产生不确定性,尤其是对于高比表面积的土壤。此外,此类方法是破坏性的、昂贵的、费力的,它们只提供有关土壤水分动力学的局部信息,并不总是代表更大的周边区域。相关气象(降水、温度、太阳辐射、风速和湿度)和土壤特性(土壤性质、地形特征和植被特征)参数的时空变化导致土壤水分具有高度的时空变异性,因此大规模土壤水分动态的测量和监测具有挑战性。

在过去十余年中,许多无损技术被开发并用来分析不同空间和时间尺度上的土壤水分模式和动态。例如,在田间尺度上,近端感知技术已成功应用于测量土壤水分动态。地面和无人机平台的快速发展能够为监测大规模近地表水分提供极其强大的手段,它们能够提供合适的时间和空间分辨率,从而满足精准农业应用的需求。尽管地面平台能够提供高分辨率和高精度的土壤水分评估,但它们容易破坏农田土壤的物理特性,且难以用于跨区域的农田土壤信息采集。相比于地面平台,农用无人机平台的可操作性更强、效率更高以及监测频率更高,并且无人机平台可以搭载不同的传感器来监测农田土壤水分,如可见光相机(或 RGB 相机)、多光谱相机、高光谱相机以及热红外相机。根据不同的传感器,可以获得光谱、结构以及温度信息,从而反映土壤的水分状态。

监测农田土壤中水分含量可用于了解田间作物的水分资源分配情况。孙圣等(2018)用无人机热成像系统(TC640,TeAx 公司,欧洲)对核桃园中连续灌溉区域和干旱胁迫区域进行了图像采集,成功诊断了核桃园土壤水分状况,如图 5.3 所示。该研究首先于2016 年和 2017 年利用观测塔搭载 A310f 自动化热红外相机,连续观测不同生长时期核桃的冠层温度,并采集了 0～80 cm 不同土层深度的土壤含水量。然后,基于 2017 年下午1 点采集的冠层温度和土壤含水量建立了土壤水分预测模型,决定系数(coefficient of determination,R^2)可达 0.64。此模型对于下午 2 点采集的数据也表现出较好的效果,土壤含水量的预测 R^2 可达 0.61,最终应用于无人机采集的热红外图像。无人机的飞行高度为 40 m,将模型成功地从植株水平上升到了区域尺度,实现了核桃园土壤水分的诊断。

图 5.3　核桃园土壤水分状况的诊断图谱(孙圣等,2018)

冯珊珊等(2020)利用无人机多光谱数据和地面土壤水分真实值设计了一种农田土壤水分的快速检测方法,具体过程包括:①利用无人机搭载 Parrot Sequoia 传感器获取农田多光谱图像,无人机的飞行高度均为 80 m,多光谱图像的地面分辨率为 0.1 m,并对图像进行拼接、校正等预处理;②计算归一化植被指数,确定农田土壤范围;③通过多光谱图谱计算垂直干旱指数(perpendicular drought index,PDI),结合地面真实的土壤体积含水量(volumetric water content,VWC),构建基于无人机的农田土壤水分监测模型。基于农田土壤水分评估模型,可以计算不同时期的农田土壤水分的分布,如图 5.4 所示。模型验证结果表明,6 个不同时期的农田土壤水分评估的 R^2 均高于 0.80,其中 5 个时期的水分

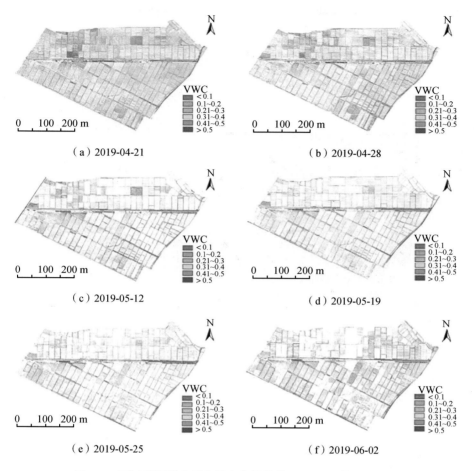

图 5.4　不同时期的农田土壤水分评估结果（冯珊珊等，2020）

评估均方根误差（root mean square error，RMSE）均低于 0.10。这些结果表明，无人机多光谱图像数据对农田土壤水分监测具有重要应用价值。

　　上述研究已经证明了无人机平台在农田土壤水分监测中的潜力，但多数研究仅限于使用单一传感器进行监测。最近，Cheng 等（2022）利用多旋翼无人机平台，同时搭载 RGB 和热成像相机（FLIR DUO PRO R 640，FLIR Systems，波士顿，美国）以及多光谱相机（MicaSense RedEdge-MX，Leptron Unmanned Aircraft Systems，科罗拉多，美国）来收集玉米冠层图像，如图 5.5 所示，飞行高度和速度分别为 30 m 和 2.1 m/s，并利用多种机器学习算法构建多源数据融合的土壤水分和玉米冠层覆盖度监测模型。研究结果显示，无论采用何种机器学习算法，多光谱图像数据均能提供最准确的土壤含水量评估，而多源数据融合，尤其是多光谱和热成像数据的融合，能够进一步改善土壤含水量监测的准确性。与偏最小二乘回归和反向传播神经网络相比，随机森林回归实现了最好的土壤水分评估，其 R^2 和相对 RMSE 分别为 0.78 和 11.2%，其中相对 RMSE 由 RMSE 除以观测值的均值获得，可用于对比不同研究间模型的精度，数值越低，表明模型性能越好。这些

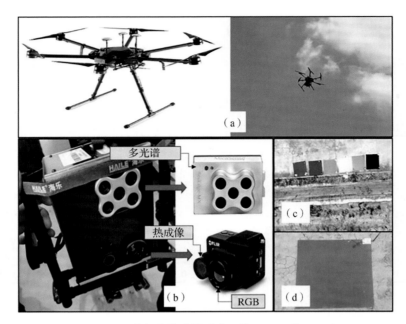

图 5.5　无人机多传感器融合系统(Cheng 等,2022)
(a)无人机平台;(b)成像相机;(c)用于多光谱相机校正的参考板;
(d)配备黑板的无线温度传感器,用于热成像校准

结果表明,基于无人机的多模态数据融合结合机器学习算法可以提供相对准确的土壤水分评估,对农田精准管理具有实际应用价值。

5.1.3　农田土壤养分监测

农作物的生长主要依靠土壤中氮、磷、钾等养分的供给。如果对田间土壤养分把握不准,会导致施肥不足或者过量,不利于作物生长,且过量施肥会对环境造成污染。因此,及时掌握土壤养分信息在现代农业生产中显得越来越重要(章海亮,2015)。土壤是农业生产的基础条件,是影响作物生长的重要因素。土壤不仅为作物提供水分、氮、磷、钾等养分,还是作物根系保持伸展和生长的重要介质。掌握农田土壤养分如氮、磷、钾和水分等营养成分信息的分布,对指导农业生产有着重要意义。总体来说,土壤氮(总氮和速效氮)对促进作物叶、根系和茎秆的生长发挥着重要作用,是决定作物生长品质的关键因素。土壤氮含量的丰缺直接关系到作物的产量;土壤作为作物生长的基础性物质,贯穿于作物生长的全过程。土壤中的磷和钾能够增强作物的抗寒、抗旱、抗病以及抗倒伏性能,同时可调节作物正常新陈代谢功能,并维持作物与农田之间的酸碱平衡。

农用无人机技术的迅猛发展为快速获取农田土壤养分信息开辟了新途径,并为农田精准管理提供了技术支持。杨晓宇等(2021)以中国松辽平原土壤为研究对象,利用大疆M600 Pro无人机搭载高光谱成像仪(Resonon Pika L,Resonon,蒙大拿,美国)采集农田高光谱图像,其光谱范围为 400~1 000 nm,飞行高度为 100 m。研究过程中,通过随机划分方法共采集了 68 个土样,并在实验室对土壤进行预处理和化学分析,最终测定了土壤的全氮含量。为了构建一个可靠的模型,研究采用了 4 种不同的算法对无人机高光谱图像进行预处理,以获取最佳的图谱数据。不同于 RGB 和多光谱图像,高光谱图像包含了极为丰富的光谱信息,但相邻波段间存在严重的共线性问题。因此,该研究结合竞争自适应重加权采样和连续投影算法,筛选出了与土壤全氮含量相关的光谱波段,并进一步引入粒子群优化算法和极限学习机算法,构建了土壤全氮的高光谱监测模型,R^2 为 0.63。将此模型应用于大范围的农田高光谱图像分析,可以得到土壤全氮空间分布图,如图 5.6 所示。这些发现为无人机高光谱图像在田间尺度的土壤养分估测和数字制图方面的应用提供了参考。

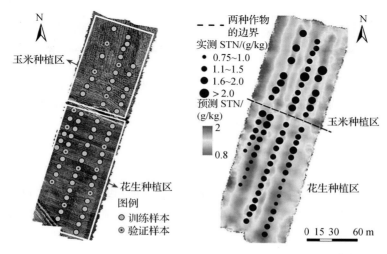

图 5.6　研究区域采样点的空间分布(左图)以及基于最优模型反演的
土壤全氮含量的空间分布(右图)(杨晓宇等,2021)

　　农田土壤施肥水平的差异也与作物生长密切相关。目前,农业领域通过无人机搭载多光谱成像技术,通过计算植被指数来诊断对不同农田区域的施肥水平差异,这对于田间管理的优化具有重要意义。Maresma 等(2016)利用 Atmos-6 无人机平台(CATUAV,加泰罗尼亚,西班牙)搭载 VEGCAM-Pro 相机获取西班牙东北部农田玉米冠层图像,包含近红外、红光和绿光 3 个波段,无人机飞行高度为 180 m。该研究的主要目的是在玉米开花前诊断不同施肥水平对作物生长的影响,从而优化田间管理决策。不同小区的玉米在7 个无机氮处理水平、2 个猪粪处理水平以及 4 个无机氮和猪粪混合处理水平下栽培,如图 5.7 所示。研究发现,归一化植被指数(normalized difference vegetation index,NDVI)能够准确地识别低氮小区,但难以识别高氮小区。因此,进一步研究需要优化植被指数提高不同氮处理水平的诊断精度,比如使用宽范围动态植被指数(wide dynamic range vegetation index,WDRVI)和绿波比值指数(green ratio vegetation index,GRVI)可能有助于精准地确定施氮量,从而改善作物产量。

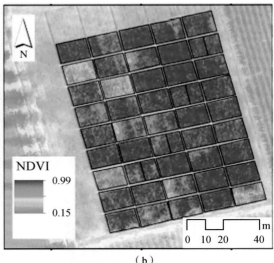

（a）　　　　　　　　　　　　　　　　（b）

图 5.7　玉米氮素处理试验布局（a）以及基于无人机多光谱图像的归一化植被指数（NDVI）
空间分布（b）（N 和 Ps 分别表示无机氮和猪粪，kg/hm² ）（Maresma 等，2016）

5.1.4　农田土壤有机质监测

　　土壤有机质（比如有机碳）影响许多土壤性质和功能，包括保持水分和养分的能力，提供促进有效排水和通风的结构，以及减少侵蚀造成的表土流失（Zhang 等，2021a）。土壤有机质通过控制土壤生产力、固碳、水净化和保持，以及土壤生物地球化学循环，在土壤可持续管理中发挥着核心作用。土壤有机质含量是一个动态过程，不同时间段土壤有机质含量会有所变化。直接测量土壤有机质对于评估当前土壤的理化特性以及在有机质含量较低的情况下选择适当的管理策略至关重要。然而，由于需要大量样本来覆盖土壤的空间变异性，在野外测量和绘制土壤有机质到景观尺度的传统方法通常是劳动密集型的。此外，由于评估在很大程度上受抽样设计的影响，以有效的方式和足够的统计置信度监测土壤有机质的变化仍然具有挑战性。因此，快速准确地检测土壤有机质的含量和分布，对于研究作物的不同生理阶段的营养状况和生理信息等因素具有理论指导意义，不仅能够提高精准农业田间作物信息诊断和农田信息实时获取的理论基础，而且也能为农业的可持续发展作出贡献（余克强，2016）。

　　王曦等（2020）利用大疆六旋翼无人机（Matrice 600 Pro）搭载 Parrot Sequoia 多光谱相机，对冬小麦生长区域进行图像采集，空间分辨率为 5 cm。随后使用 Pix4Dmapper 软件进行图像拼接、辐射校正、几何校正以及地理配准，以获取正确的遥感图像。通过田间采样与光谱指数构建，采用多元线性回归、支持向量回归以及偏最小二乘回归方法，构建了研究区域的土壤有机质含量评估模型。对比分析发现，基于植被的支持向量回归模型在土壤有机质评估方面表现最佳，R^2 和 RMSE 分别为 0.82 和 0.24。然而，基于裸土数据的有机质评估模型效果不理想,R^2 和 RMSE 分别为 0.61 和 0.25。最终,采用最优的支持向量回归模型对整个研究区域的土壤有机质含量进行了评估,结果如图 5.8 所示,与田间采样数据较为吻合。对比传统的插值结果,基于无人机多光谱数据反演的土壤有机质含量的精度更高。因此,无人机多光谱数据能够有效用于冬小麦土壤有机质含量的高效、精准监测。

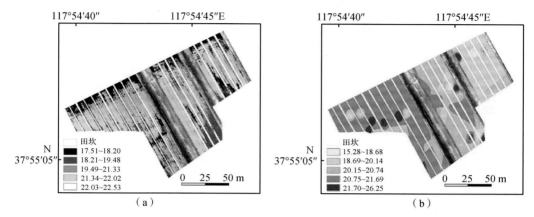

图 5.8 土壤有机质含量的反演结果(a)和插值结果(b)(王曦等,2020)

无人机平台可以携带低成本、轻型多光谱传感器,为土壤有机质含量的评估提供高空间分辨率图像(<10 cm)。然而,不同区域农田土壤的多元性严重影响了基于无人机的图谱解译模型的可适用性。Wehrhan 和 Sommer(2021)采用固定翼无人机平台(Quantum Systems GmbH,吉尔兴,德国)搭载一个多光谱相机(Mini-MCA 6,Tetracam,加利福尼亚,美国)、一个 RGB 相机(Alpha 5100,Sony,东京,日本)以及一个热像仪(FLIR Tau 640,FLIR,加利福尼亚,美国),获取了德国东北部 2 块截然不同的农田图像,无人机飞行高度为 200 m。基于无人机图像的光谱信息和地形位置指数(topographic position index,TPI),构建了土壤有机碳的评估模型。利用多元线性回归融合 570 nm 处的反射和 TPI 实现了最佳的土壤有机碳的评估,R^2 和 RMSE 分别为 0.88 和 0.07%。最后,将多元线性回归模型应用于无人机图像,得到了土壤有机碳的空间部分预测图,如图 5.9 所示。在这 2 个不同的区域,空间有机碳的分布模式通常不受影响,但预测的土壤有机碳水平存在显著差异。研究结果表明,融合无人机的光谱和地形位置信息,对于农田土壤有机碳含量的预测与评估具有巨大潜力。未来研究需优化无人机飞行参数,以尽量减少天气和光照变化的影响。此外,从土壤学角度有针对性地选择土壤样本进行模型开发,对于降低地面采样成本以及提高模型效率至关重要。

此外,一些研究者试图利用无人机平台监测土壤的酸度变化。Webb 等(2021)以美国蒙大拿州西南部的麦田为研究对象,利用无人机多光谱图像连续监测春小麦的整个生育期。该研究发现,春小麦生长初期的 NDVI 变化与土壤 pH 和有机质的差异有关,但生长晚期的小麦 NDVI 变化与土壤 pH 的相关性较小。利用随机森林回归模型可以准确地预测土壤 pH,RMSE 为 0.72。此项研究可以帮助土壤管理者轻松地识别土壤酸度变化,有助于改善土壤耕种质量。

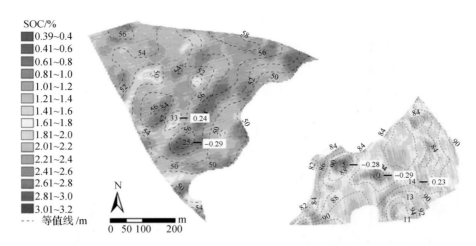

图 5.9 土壤有机碳(soil organic carbon,SOC)的预测空间分布图(白色背景的数字表示预测的和实测的土壤有机碳之间的偏差)(Wehrhan 和 Sommer,2021)

5.1.5 研究展望

农业技术信息化已成为全球农业产业的发展趋势,积极利用高新技术推动现代农业的进步是国际农业产业发展的主流方向。2021 年 12 月印发的《"十四五"全国农业农村信息化发展规划》中明确指出智慧农业是"十四五"时期农业农村信息化发展的主攻方向,其重点在于聚焦行业发展需求,提升农业生产效率。无人机遥感技术作为智慧农业的关键技术支撑,对于智慧种业、智慧农田、智慧种植、智能农机以及智慧农垦的发展至关重要。从创造经济效益的角度分析,农用无人机的收益与其成本相比极具吸引力。农田损失的一个主要原因是土地信息的缺失或不精确,而配备多光谱摄像头的无人机能够通过多次飞行进行土地检测,使我们更精确地掌握地貌特征及粮食生长状况,进而采取更有针对性的措施,实现因地制宜,精准施肥和灌溉。无人机低空遥感技术以其低成本、实时性、准确性、灵活性以及高光谱分辨能力,满足了越来越多的应用需求,并将在土壤质量评估中得到广泛应用。然而,目前基于无人机的农田土壤信息监测研究尚处于初步发展阶段,对于不同区域、种植环境及作物类型的土壤信息监测缺乏深入研究,土壤信息监测指标单一,缺少适用于不同场景的土壤信息监测模型和方法。未来的研究应充分利用现有的软硬件资源,升级和完善农田土壤数据的采集、传输和存储系统,构建农田土壤大数据分析的通用系统和平台。

5.2 作物生长信息监测

5.2.1 概述

作物生长信息通常涵盖养分、冠层结构和产量信息,是作物生长状况监测的核心内容。作物养分信息主要包含叶绿素含量、类胡萝卜素含量、水含量和氮含量,主要表征作物的生长状况、健康状态、光合能力、生产效率以及产量（Wan 等，2021c）。作物冠层结构信息包含叶面积指数、冠层覆盖度以及株高等参数，与作物的株型结构、长势和生育期紧密相关。作物产量信息一般包含生物量（生物产量）和产量（经济产量），主要用于评估作物的长势和生产力。传统的作物生长信息监测，主要是基于田间调查、破坏性取样以及实验室的理化分析，这些方法能够准确地监测作物生长信息，然而它们效率低、耗时耗力，且容易破坏作物生长环境（万亮等，2020）。图像分析技术和光谱成像技术的快速发展改善了作物生长信息的监测效率和精度，这些技术能够有效地监测作物生长信息，可以实现实时、快速、准确的监测，但目前仅限于叶片和植物水平以及较小的农田地块，无法实现大范围的实时、快速监测。尽管航空遥感和卫星遥感已被广泛用于作物生长监测，但主要用于大尺度，难以得到小块农田的作物生长信息，且容易受到复杂多变天气的影响，造成作物关键时期生长信息的遗漏。

无人机遥感平台的发展有效地弥补了地面平台及航空、卫星遥感平台之间的不足。无人机通过搭载不同的传感器，比如 RGB 相机、多光谱/高光谱相机、热成像相机以及激光雷达，于飞行中获取不同时期作物的生长信息，建立生长信息与图谱数据（比如光谱、结构以及温度）的关系模型，从而实现生长信息的反演和预测（Yang 等，2017）。无人机能够在不同的飞行高度（从数米至数百米），实现对作物生长信息的高效、精准获取，并且能够监测大范围（从数株至数万株）的作物生长状况，同时不会对作物生长环境造成破坏。目前，无人机主要用于近地的作物生长监测，可以服务于精准农业和智慧育种。无人机同时集成了地面平台和卫星平台的优点，其在作物生长信息监测方面得到了广泛应用。无人机遥感技术在作物生长信息监测中主要用于对作物生长过程中的养分、冠层结构和产量指标进行遥感反演和评估研究，结合作物生长过程中的田间管理策略和品种信息，实现对农作物的实时生长监测评估和优良性状筛选，为作物生长的精细化管理提供了重要方法。

基于无人机的农田信息监测介绍（1）　基于无人机的农田信息监测介绍（2）　农田植被指数分布图　无人机稻田信息监测作业演示

5.2.2　作物养分监测

作物养分的快速、无损监测是现代农业的一项巨大的挑战。国内学者已经利用无人机平台实现不同作物的养分监测，并取得了满意的评估结果。冯帅等（2019）采用无人机遥感技术，利用 GaiaSky-mini 高光谱相机定量分析了水稻冠层光谱指数与叶片氮含量间的关系，同时比较了一阶导数变化、SG 滤波以及标准正态变量变换（standard normal variate，SNV）等预处理方法，构建了一种 SG 滤波和 SNV 结合的光谱预处理方法。结果表明，融合 3 种植被指数的极限学习机能够准确地预测水稻叶片氮含量，R^2 均在 0.81 以上,为东北水粳稻冠层叶片含氮量的检测与评估提供科学和技术依据。王玉娜等(2020)分别在陕西省杨凌和乾县2个试验地点利用八旋翼无人机平台搭载 Cubert UHD185 高光谱相机获取了抽穗期冬小麦冠层图像,光谱范围为 450～950 nm,无人机飞行高度为100 m。通过研究冠层反射数据与植株氮含量、生物量、氮素营养指数之间的关系,结合多元线性回归和偏最小二乘回归构建了冬小麦氮素营养指数模型。结果表明,单个光谱指数可以粗略地评估冬小麦氮营养指数,利用随机森林回归模型融合多指数变量能够进一步改善氮营养指数的预测,R^2 和 RMSE 分别为 0.79 和 0.13。将构建的模型应用于试验田,可以获得冬小麦氮营养指数的预测分布,如图 5.10 所示,为冬小麦氮素营养诊断、产量和品质监测及后期田间管理提供科学依据。

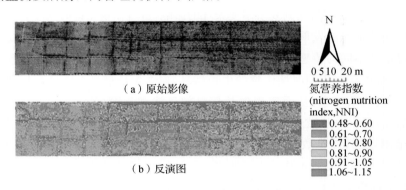

图 5.10　基于随机森林回归的冬小麦氮素营养指数预测分布图(王玉娜等,2020)

相比于传统的多元线性回归和机器学习方法,辐射传输模型对于无人机监测作物养分信息也起着极其重要的作用。Xu 等(2019)于 2015—2017 年在水稻的全生育期利用无人机搭载多光谱相机(Mini-MCA 6,Tetracam,加利福尼亚,美国)对冠层叶绿素含量进行了预测研究。通过结合 PROSAIL 冠层辐射传输模型与贝叶斯网络,有效地解决了模型的病态反演问题,发现 550 nm、720 nm 以及 800 nm 处的反射可用于冠层叶绿素反演,R^2 和相对 RMSE 分别为 0.83 和 0.36。Zhang 等(2021b)于 2018 年在冬小麦的抽穗期利用大疆 M600 无人机搭载高光谱相机对叶片叶绿素含量进行了评估研究,高光谱相机的光谱范围为 400～1 000 nm,无人机飞行高度为 100 m。通过结合 PROSPECT 叶片辐射传输模型和 SAIL 冠层辐射传输模型构建的 PROSAIL 模型,产生了一系列包含冠层反射和叶片叶绿素含量的模拟数据集,利用新构建的幅值-形状增强型二维相关光谱分析法有效地提取了叶片叶绿素含量的特征波段,并采用迁移学习将模拟数据集构建的模型迁移到地面实测数据集,成功地反演了叶片叶绿素含量,如图 5.11 所示。此外,通过更新模型数据集可以进一步改善叶片叶绿素的反演结果,R^2 可达 0.86。

浙江大学何勇教授团队利用独立研发的八旋翼电动无人机作为遥感平台(朱姜蓬等,2019),搭载 RGB 相机(NEX-7,Sony,东京,日本)和多光谱相机(MQ022MG-CM,XIMEA,明斯特,德国),如图 5.12 所示,用于获取作物冠层的 RGB 和多光谱图像,分辨率分别为6 000×4 000 像素和 409×216 像素,多光谱图像的光谱范围是 604～872 nm,包含 25 个波

图 5.11　基于迁移学习的冬小麦叶片叶绿素含量评估分布图(Zhang 等,2021b)

段,无人机的飞行高度和速度一般设置为 25 m 和 2.5 m/s。通过获取大田水稻的冠层多光谱图像,建立了光谱指数与水稻叶片 SPAD 值之间的关系,并准确地反演了叶片 SPAD 值,R^2 可达 0.63。将模型应用于全景图像,可得到 SPAD 值的空间分布,如图 5.13 所示(殷文鑫,2018)。此外,通过结合无人机多光谱图像反射和 PROSAIL 冠层辐射传输模型,实现了全生育期水稻叶片和冠层叶绿素含量的准确反演,R^2 分别为 0.53 和 0.70(Wan 等,2021b)。

图 5.12　无人机遥感平台

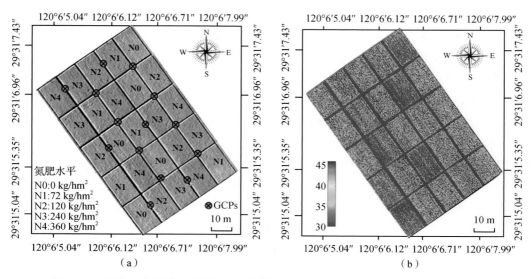

图 5.13　无人机多光谱灰度图(a)和预测的 SPAD 值空间分布图(b)(殷文鑫,2018)

浙江大学何勇教授团队进一步深入研究了无人机多源图谱数据和水稻含水量之间的关系(万亮等,2020),结果表明,从无人机图像提取的植被指数、纹理特征以及地面测量的含水量都能用于监测水稻生长,并且这些参数随水稻生长呈现出了相似的动态变化趋势。与 RGB 图像相比,多光谱图像评估水稻含水量具有更高的潜力,融合植被指数和纹理特征能够进一步改善含水量的预测结果,R^2 和 RMSE 分别为 0.86 和 0.026。将此模型应用于研究区域的无人机图像,得到了全生育期的田间水稻含水量分布图,如图 5.14 所示,为农田精准灌溉和田间管理决策提供新思路。

国外学者在无人机作物养分监测领域较早展开了研究与探讨,进行了众多探索性研究,取得了较多的的研究成果。Tahir 等(2018)利用固定翼无人机平台搭载多光谱相机(MultiSpec 4C,Airinov,巴黎,法国)对金诺柑橘的叶片叶绿素含量进行了评估研究,无人机飞行高度为 41 m,多光谱相机包括绿、红、红边和近红外 4 个波段。研究者比较了不同的植被指数和叶片叶绿素含量之间的关系,并构建了柑橘叶片叶绿素含量的评估模型。研究结果表明,无人机多光谱数据能够准确地诊断柑橘叶片的叶绿素含量,其中修正土壤调节植被指数(modified soil adjusted vegetation index,MSAVI2)获得了最佳的结果,R^2 可达 0.89。Costa 等(2022)采用大疆四旋翼无人机装载 Micasense Altum 多光谱相机(Micasense,华盛顿,美国)获取柑橘冠层反射,相机包含 5 个波段,无人机飞行高度为 122 m。团队通过梯度提升回归树融合 5 个波段光谱信息,构建了柑橘叶片养分评估模型,成功预测了叶片氮、磷、钾、镁、钙和硫等养分含量,平均误差小于 17%。Narmilan 等(2022)采用大疆无人机搭载五波段多光谱相机对甘蔗冠层叶绿素含量进行了评估研究,无人机的飞行高度和速度分别设置为 15 m 和 6 m/s。通过利用不同的机器学习和特征选择算法融合 15 个植被指数,构建了最佳的冠层叶绿素评估模型。研究发现,单一植被指数能够准确地评估冠层叶绿素含量,R^2 可达 0.94;利用极端梯度提升模型融合多植被指数获得了最佳模型性能,R^2 可达 0.98。结果表明,多光谱无人机可用于评估叶绿素含量,从而监测甘蔗的作物健康状况。该方法减少了对甘蔗叶绿素含量常规测量的需要,有助于甘蔗种植园的实时作物营养管理。

Jay 等(2019)采用无人机装载 SONY ILCE-5100 RGB 相机和 AIRPHEN 多光谱相机获取甜菜的冠层图像,RGB 和多光谱图像的分辨率分别为 6 000×4 000 像素和 1 280×960 像素,多光谱相机包含 6 个波段(450 nm、530 nm、560 nm、675 nm、730 nm 和 850 nm),试验共采取了 3 种飞行高度(60 m、40 m 和 35 m)。该研究系统性地分析了厘米级的无人机图像对甜菜叶片和冠层养分信息评估的可适用性,并构建了叶片叶绿素含量、冠层叶绿素和氮含量的评估模型。该研究发现,从高分辨率图像提取的特征能够准确地评估甜菜养分,优于传统的 PROSAIL 冠层辐射传输模型和植被指数。高分辨率的植被指数(比如可见光大气阻抗植被指数)与作物养分信息有较强的相关系,并能准确地反演叶片叶绿素含量、冠层叶绿素和氮含量,R^2 分别为 0.80、0.90 和 0.75。

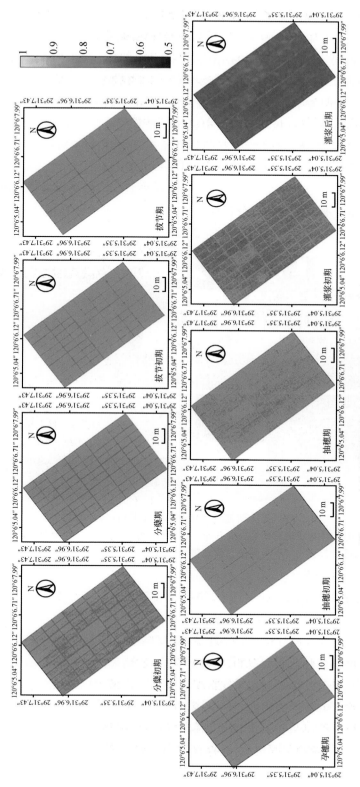

图 5.14 全生育期的田间水稻含水量分布图（万亮等，2020）

相比于单一传感器,无人机多传感器数据融合进一步改善了作物养分的监测精度。Maimaitijiang 等(2017)采用大疆 S900 无人机同时装载 RGB 相机(Sony Alpha ILCE-7R,Sony,东京,日本)、多光谱相机(Parrot Sequoia,Micasense,华盛顿,美国)和热成像相机(ICI 8640 P-series,Infrared Cameras,得克萨斯,美国)获取大豆冠层图像,如图 5.15所示。通过从无人机图像中提取植被指数、作物表面模型以及冠层温度信息,利用偏最小二乘回归、支持向量回归以及极限学习机构建了多源数据融合的作物养分信息监测模型。研究发现,融合 3 个传感器数据实现了最佳的叶绿素评估,相对 RMSE 为 11.6%;融合多光谱和热成像数据获得了更好的氮含量评估结果,相对 RMSE 为 17.1%,最终叶绿素和氮含量预测分布如图 5.16 所示。这项研究表明,在机器学习框架内融合低成本的多传感器数据可以提供相对准确的作物养分评估,并为高空间分辨率的精准农业技术提供了有价值的见解。

图 5.15 无人机遥感系统(Maimaitijiang 等,2017)
(a)RGB 相机;(b)Parrot Sequoia 辐照度传感器与飞行控制器;
(c)热成像和多光谱相机;(d)试验场景

5.2.3 作物冠层结构监测

作物冠层结构参数与养分信息紧密相关,但冠层结构参数主要与无人机图像中的结构特征有关。作物养分信息监测模型的快速发展为作物冠层结构监测的实施提供了理论基础和先决条件。国内外学者利用无人机遥感技术对作物冠层结构参数评估进行了广泛的基础研究并取得了突破性的进展(Yang 等,2017)。

浙江大学何勇教授团队在无人机作物冠层结构(冠层高度、叶面积指数和冠层覆盖度)监测领域进行了大量的基础研究,并取得了一定的成果。

Cen 等(2019)利用团队自主研制的无人机平台搭载 RGB 相机(NEX-7,Sony,东京,

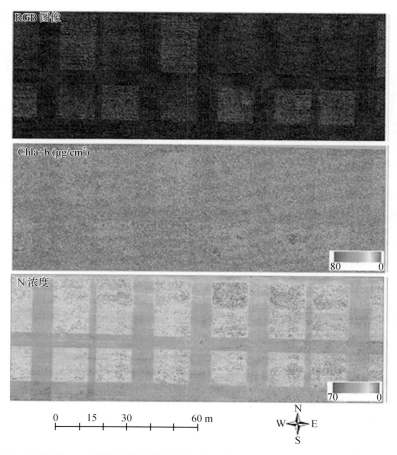

图 5.16　无人机 RGB 图像以及叶绿素和氮含量的预测分布图（Maimaitijiang 等,2017）

日本)准确地评估水稻拔节初期和抽穗初期的冠层高度,如图 5.17 所示。该研究采用高分辨率的无人机 RGB 图像结合经纬度信息,利用运动恢复结构算法和 PhotoScan 专业软件获取作物表面模型(crop surface model,CSM),从而进行作物冠层高度的评估,为后续追肥管理提供依据。作物表面模型源自田间点云分类,能够用于评估作物冠层高度,PhotoScan 专业软件可以提供最高精度的作物表面模型提取。然而,作物表面模型的准确性仍然受到作物品种、施肥、种植密度和生长阶段等田间条件的限制,这些因素主要反映了植被覆盖的差异。只有具有连续冠层的田间作物才能覆盖田间背景,从而保证作物点云的准确提取。然而,由于冠层稀疏性,匹配点不仅包括冠层顶部,还包括田间地面和作物底部,这将导致作物表面模型提取错误。因此,本研究主要针对具有连续冠层的水稻,获取了准确的冠层高度分布图,并且可以直观地了解不同小区间的水稻冠层高度分布差异。

Du 等(2020)利用无人机搭载 RGB 相机(NEX-7,Sony,东京,日本)和多光谱相机(MQ022MG-CM,XIMEA,明斯特,德国)获取了不同生育期水稻的冠层图像,对水稻叶面积指数评估进行了深入研究。通过分析偏最小二乘回归、支持向量机、随机森林和极限学习机等模型,构建了基于无人机多源数据的叶面积指数评估模型。研究发现,融合

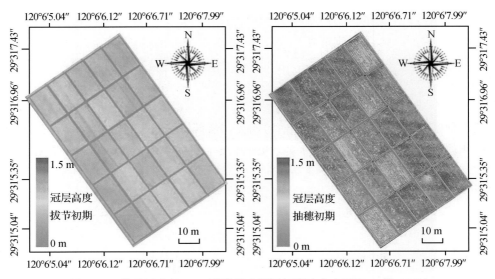

图 5.17 基于无人机 RGB 图像的水稻冠层高度分布图(Cen 等,2019)

RGB 和多光谱植被指数的极限学习机模型获得了叶面积指数的最佳评估,拔节初期是叶面积指数评估的最佳生长时期,R^2 达到 0.78,进一步优化植被指数改善了叶面积指数的评估结果,RMSE 降低了 18.5%(图 5.18)。Wan 等(2021b)结合无人机多光谱图像反射(604~872 nm)和 PROSAIL 冠层辐射传输模型,实现了全生育期水稻叶面积指数的准确反演,R^2 和 RMSE 分别为 0.72 和 1.13。然而,叶面积指数评估精度随生长时期而变化,水稻生长初期和晚期的叶面积指数评估精度相对较低。

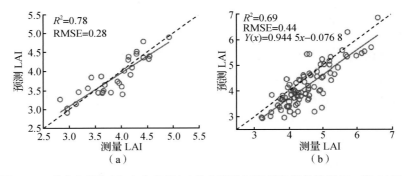

图 5.18 拔节初期(a)和全生育期(b)的水稻叶面积指数评估结果(Du 等,2020)

Wan 等(2021d)采用同样的无人机遥感平台获取了油菜、水稻、小麦和棉花的冠层图像,对叶面积指数、叶倾角分布和冠层覆盖度的评估进行了全面研究。通过分析叶面积指数、叶倾角分布和冠层覆盖度之间的经典关系,构建了间隙率模型和 PROSAIL 冠层辐射传输模型耦合的 PROSAIL-GP 模型,如图 5.19 所示,实现了不同作物冠层覆盖度的高效评估。研究发现,无人机多光谱图像反射(604~872 nm)可用于从 PROSAIL-GP 模型中评估叶面积指数和冠层覆盖度,PROSAIL-GP 模拟数据集构建的随机森林回归模型不能很好地评估油菜和水稻的冠层覆盖度,RMSE 分别为 0.23～0.40 和 0.12～0.19。基于实测数据集,随机森林回归模型获得了更好的油菜和水稻的冠层覆盖度评估。此外,PROSAIL-GP 模型实现了油菜、水稻、小麦和棉花的最佳冠层覆盖度评估,RMSE 分别为 0.09、0.10、0.03 和 0.05;与传统的随机森林回归模型相比,PROSAIL-GP 的 RMSE 减少了 16.67%～30.77%。这些发现证明了 PROSAIL-GP 模型在不同作物/栽培品种、生长时期和种植区域的冠层覆盖度评估中的优势。然而,冠层覆盖度评估精度受到叶倾角分布变化的影响,球面型叶倾角分布可以更准确地评估水稻和小麦的冠层覆盖度,而极端型或统一型叶倾角分布更适合于油菜和棉花的冠层覆盖度评估。这些发现为基于无人机的冠层结构监测提供了新的方法和见解。

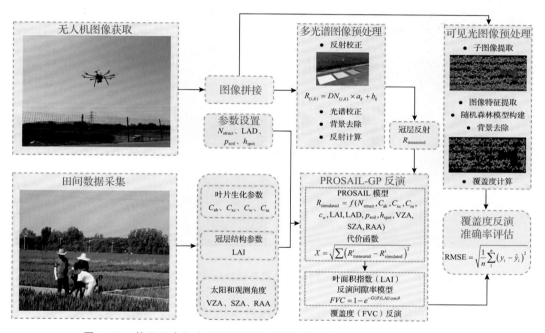

图 5.19　基于无人机多光谱图像的植被覆盖度评估流程(Wan 等,2021d)

5.2.4　作物产量监测

提高作物产量是精准农业和智慧育种的主要目标,准确地监测作物产量对于农业生产、管理决策和市场计划均有重大意义。产量一般包括生物量(生物产量)和产量(经济产量),众多国内外研究通过各种方法试图建立高精度和鲁棒性的作物产量和生物量评估模型。

浙江大学何勇教授团队在无人机作物产量监测领域较早就开始了研究,并进行了大量的探究性试验,取得了较多研究成果。Wan 等(2018)采用无人机搭载 RGB 相机(NEX-7、Sony、东京、日本)和多光谱相机(MQ022MG-CM,XIMEA,明斯特,德国)获取了不同开花期的油菜冠层图像,系统分析了无人机图谱数据与油菜花数之间的关系。通过利用 K 均值聚类算法和 CIE $L * a * b *$ 颜色空间对田间油菜花进行图像分类,计算出油菜花覆盖度,与地面实测的油菜花数高度相关,R^2 为 0.89。该研究比较了不同无人机图像特征(植被指数和花覆盖度)对于油菜花数的评估性能,单一特征可以实现较好的评估结果,R^2 的范围为 0.65~0.88,从图像中计算的花覆盖度获得了最佳的评估结果,R^2 和 RMSE 分别为 0.88 和 18.61。进一步利用随机森林回归模型融合所有特征实现了最佳的油菜花数评估,R^2 和 RMSE 分别为 0.93 和 16.18,同时得到了不同时期的油菜花的预测分布图,如图 5.20 所示,清楚地表明从开花前期到盛花期油菜花数的变化,还观察到了不同品种和不同氮水平的差异。总体而言,此方法可用于预测油菜产量,为田间油菜的高通量表型研究提供了新的方法。

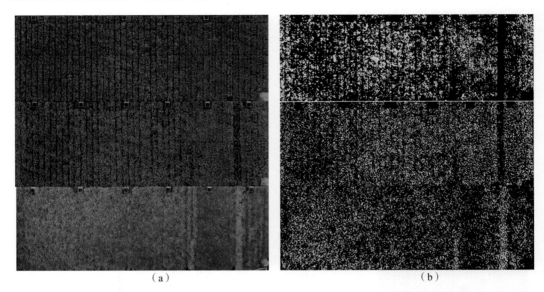

（a）　　　　　　　　　　　　　　（b）

图 5.20　无人机 RGB 图像(a)和油菜花预测分布图(b)(Wan 等,2018)

　　Cen 等(2019)利用同一套无人机遥感系统对水稻生物量评估进行了深入研究,分析了不同生长期的典型植被指数和生物量的变化规律,并利用 RGB 图像评估了水稻冠层高度,开发了用于生物量预测的随机森林模型。此外,分析了随机森林预测模型的变量相对重要性,确定了不同变量对于生物量预测模型的重要性及敏感性,有助于改善模型的鲁棒性和预测精度。如图 5.21 所示,可以观察到水稻 4 个主要生长期的冠层 RGB 图像、归一化植被指数 NDVI、可见光差异植被指数(visible-band difference vegetation index, VDVI)以及田间实测的生物量,从 RGB 图像中可以观察到不同氮肥处理小区之间的分布差异,也呈现了冠层绿度变化的直观视觉差异。从拔节初期到灌浆后期,水稻冠层从绿色逐渐变黄色,NDVI 和 VDVI 也呈显著下降趋势,而生物量保持增长趋势。在相关分析的基础上,利用从 RGB 和多光谱图像中提取的冠层高度、植被指数构建了用于生物量预测的随机森林回归模型。比较单个图谱特征对于生物量的预测精度,大部分植被指数产生了较好的预测性能,R^2 均高于 0.8,进一步融合所有图谱特征改善了水稻生物量的评估结果,R^2 和 RMSE 分别为 0.90 和 0.21 kg/m²。这些发现证明了将装载 RGB 和多光谱相机的轻型无人机应用于水稻生物量监测的可行性,以及在精准农业和智慧育种中对植物生长参数进行高通量分析的潜力。

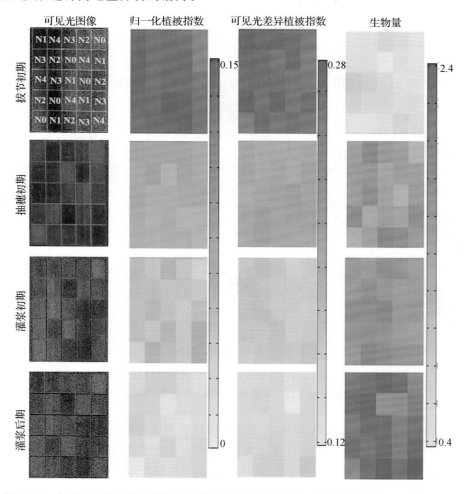

图 5.21　水稻不同生长期和氮肥水平的无人机图谱特征和生物量的分布(Cen 等,2019)

虽然上述研究已经证明了机器学习方法在水稻生物量评估中的潜力,但模型性能受到不同作物和生长时期的影响,因此缺乏鲁棒性且难以应用于不同作物。Wan 等(2021b)探究了结合无人机遥感数据和 PROSAIL 冠层辐射传输模型来评估作物生物量。针对水稻和油菜 2 种作物,该研究设计了不同氮肥处理水平的大田实验,并且使用无人机多光谱相机采集了作物不同时期的冠层图像,同时采集了叶片叶绿素含量、叶面积指数、冠层叶绿素含量以及生物量。结果显示,结合无人机多光谱图像(604~872 nm)与PROSAIL 模型成功地反演了水稻的叶片叶绿素含量、叶面积指数、冠层叶绿素含量,RMSE 分别为 5.40、1.13 和 43.50 $\mu g/cm^2$。进一步,基于 PROSAIL 反演的这些参数成功地评估了水稻生物量,RMSE 分别为 0.32、0.23 和 0.22 kg/m^2,如图 5.22 所示。此外,利用油菜数据集对模型进行验证,该方法仍然获得了高精度的生物量评估结果,R^2、

RMSE 和相对 RMSE(rRMSE)分别为 0.81、0.03 kg/m² 和 27.82%。这些结果证明了无人机多光谱图像在作物生物量评估中的潜力,同时也扩展了 PROSAIL 模型在田间作物表型分析中的应用。

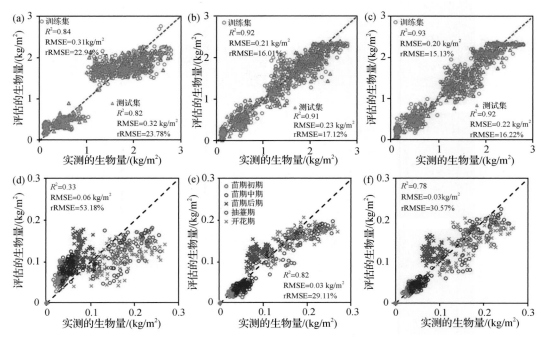

图 5.22　基于叶片叶绿素含量(a、d)、叶面积指数(b、e)和冠层叶绿素含量(c、f)的水稻(a~c)和油菜(d~f)生物量评估结果(Wan 等,2021b)

Wan 等(2020)利用无人机 RGB 和多光谱图像的光谱和结构信息来监测水稻在全生长期的生长动态,如图 5.23 所示。通过从 RGB 和多光谱图像中提取的植被指数、株高以及冠层覆盖度评估了水稻的动态生长变化,并分析了田间实测农艺参数,光谱和结构信息在水稻全生育期的联系和差异。与田间实测的叶绿素和生物量相比,无人机图像信息能够很好地反映水稻的生长,特别是归一化差异黄度指数(normalized difference yellowness index,NDYI)与叶片叶绿素含量呈现出完全相反的变化趋势。株高和冠层覆盖度主要与水稻的营养生长变化有关,无法反映生殖生长时期的变化。叶片生化和冠层结构参数以及图谱特征可以用于监测作物生长,其中生物量、NDYI 和冠层高度不适合监测作物生长早期的氮营养状况,NDYI 可以作为全生育期叶片叶绿素含量和叶片绿度变化监测的有效指标。叶片生化和冠层结构参数能用于表征作物生物量,叶片叶绿素含量、叶面积指数和冠层叶绿素含量是生物量的重要指标。

研究表明,利用不同时期的图像信息去预测水稻产量,会产生不同的预测精度。在水稻生长的抽穗初期,利用无人机多时空光谱结合结构信息,可以有效提升水稻产量的预测精度。该时期被认为是评估水稻产量的最佳生长阶段。具体而言,2017 年和 2018 年的相关研究数据显示,R^2 分别为 0.85 和 0.83,RMSE 分别为 0.39 t/hm² 和 0.33 t/hm²,相

分蘖期　　　　　　　　　拔节期　　　　　　　　　孕穗期

抽穗初期　　　　　　　　抽穗期　　　　　　　　　灌浆期

图 5.23　不同生育期的田间水稻图像(Wan 等,2020)

对 RMSE 分别为 3.56% 和 2.75%。基于这些结果,抽穗初期的水稻产量评估模型被证明适用于田间尺度的水稻产量评估,如图 5.24 所示,基于最佳随机森林回归模型的评估结果与实测产量分布相对一致,从而验证了该产量评估模型的准确性。进一步的研究分析了该模型在不同年份的鲁棒性,结果表明,若直接使用基于 2017 年数据建立的模型来预测 2018 年的产量,将会产生较大的误差,这主要是由于 2017 年和 2018 年间气象参数的差异导致了水稻生长周期以及产量的变化。通过分析 2 年间的气象参数(包括最大温度、降水量以及光照时长),发现 2017 年的水稻拔节和孕穗期的最高温度高于 2018 年,并且在大部分时间里都超过 35 ℃,这导致了水稻在 2017 年更早地进入生殖生长阶段,进而造成产量的减少。最终,通过模型更新策略,可以改善水稻产量评估模型在不同年间的鲁棒性,并实现了从 2017 年到 2018 年水稻产量评估模型的迁移与更新。这些研究结果表明,无人机图像信息能够有效监测水稻的抽穗动态和气象参数的变化,而上述无人机图谱解析方法的构建,为农田精准管理和智慧育种提供了重要的技术支持。

无人机作物生长　　　　　无人机作物生长　　　　　无人机作物信息
信息监测作业(1)　　　　信息监测作业(2)　　　　获取与解析

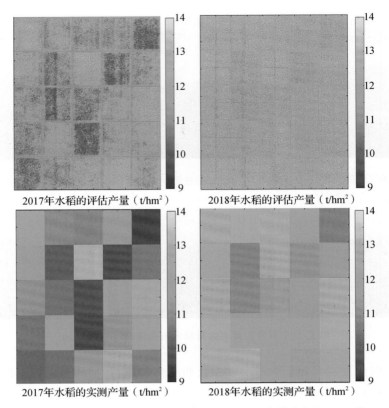

2017年水稻的评估产量（t/hm²）　　2018年水稻的评估产量（t/hm²）

2017年水稻的实测产量（t/hm²）　　2018年水稻的实测产量（t/hm²）

图 5.24　基于无人机多源数据融合的水稻实测和预测产量分布图（Wan 等，2020）

5.2.5　研究展望

　　基于无人机遥感的作物生长信息监测方法兼具地面分析方法和遥感分析方法的优势，主要分为经验方法、机理方法和混合方法。目前，经验方法（比如机器学习）因其简便性而被广泛采用，但在实际应用中，其鲁棒性和迁移性尚显不足。浙江大学何勇教授团队是国内较早探索利用机理方法和混合方法开展无人机作物生长信息监测的团队之一，团队构建了具有普适性的作物养分、冠层结构和产量评估模型，推动了农业无人机技术在精准农业和智慧种植中的应用。无人机平台通过搭载多种传感器，能够实现多种监测目标。然而，现有的传感器技术仍然无法满足实际应用需要，未来应深入研究新型传感器，尤其是短波红外传感器，以提高作物氮素、叶面积指数、冠层覆盖度以及产量的评估精度。尽管国内外的研究已经证实利用无人机遥感监测作物生长信息是可行的，但要实现作物生长信息的广泛、无损和准确检测，还需要进一步的研究，包括无人机图谱数据的预处理方法、多源图谱数据配准融合方法以及新型模型迁移方法（Wan 等，2022）。此外，建立生长信息监测模型，绘制基于无人机遥感的作物生长信息空间分布处方图，并构建基于无人机遥感的生长信息管理决策系统，对于支持作物生长信息的大范围、快速、无损、准确检测至关重要。

5.3　作物病害信息监测

5.3.1　概述

作物病害是制约作物生产稳定发展的关键因素之一,其种类多,影响大,不仅会造成作物产量降低及品质下降,而且会增加杀菌剂等药剂的使用,引起环境污染及食品安全问题。据联合国粮食及农业组织(简称联合国粮农组织)估计,每年作物病害给全球经济造成的经济损失超过 2 200 亿美元。在我国,作物病害呈多发、重发和频发态势,每年由于病害造成的损失高达数十亿元。因此,作物病害的及时监测预警对作物的安全生产及具有重要的意义。

目前,作物病害检测的方式还主要依赖于传统的人工感官检测和田间取样理化检测。人工感官检测依赖人工经验进行,受人为主观判断的影响,田间大范围的病害检测要耗费大量的人力物力。而田间取样理化检测则需要对作物进行破坏性采样,依靠专业的检测设备分析作物感病情况。这种方法虽然精确,但是操作复杂,成本高昂,不适于大田病害的检测。田间作物往往是大面积、大范围地种植,所以,为克服传统技术的弊端,大面积、快速、无损的检测技术逐渐在作物病害监测中应用。

随着遥感技术在农业领域的持续应用,其在作物病害监测方面的应用日益广泛。无人机遥感技术因其机动性、数据获取实时性以及低成本等优势,为田间作物病害信息的快速获取和分析提供了可行的手段。当作物受到病害胁迫时,通常会在不同的光谱波段上表现出吸收和反射特性的变化,无人机搭载高光谱、多光谱等图像传感器能够捕捉到这一变化,随后结合智能算法,即可实现作物病害的快速、准确和无损监测。

无人机低空遥感
宁夏枸杞园示范应用

5.3.2　作物病害早期监测预警

病害一旦发生,作物在产量和品质上的损失将不可避免,只有尽早发现病害并及时遏止,才能达到最理想的防治效果。在利用无人机遥感监测作物病害之前,研究人员主要在实验室条件下对作物病害的检测进行研究。高光谱成像系统、可见光成像系统、热红外成像系统等获取作物连续的光谱影像信息,基于作物病害胁迫下的光谱响应的变化进行分析,为利用无人机遥感技术对大面积作物病害的监测提供了研究基础(杨国峰等,2022)。李真(2015)利用红外热成像技术对接种病菌的作物叶片进行连续、无损的分析,基于感病部位的温度比周围正常部位温度特征值的差异,发现可以在水稻发病前一天实现稻瘟病的早期检测,小麦在出现明显可见病斑前实现条锈病的检测,为红外热成像技术应用于作物病害的早期检测提供理论基础。周瑞清(2020)利用高光谱成像技术对叶片和冠层尺度下大麦白粉病的早期检测进行了研究。如图 5.25 所示,不同感病程度下光谱的反射率存在一定差异。朱素素(2020)在实验室条件下利用高光谱成像技术研究了感病水稻早期检测模型。对接种了病菌的水稻叶片进行多时相高光谱图像的采集,基于选择的特征波段结合判别分析模型实现了多种水稻病害的早期检测,在叶片出现明显病斑前即可监测到作物的变化。受到病菌侵染后,作物叶片上常常会形成不同形式的病斑、枯萎或坏死区域,这会导致色素含量和水分含量的变化;另外,作物在受到严重的病害侵染时,其外部结构和形态也会发生较大的变化,如倒伏、叶倾角变化等,这些变化都会导致光谱响应的变化。目前,病害胁迫下作物光谱响应的生理机制基本明确,将基于实验室的光谱规律应用到遥感图像上,为利用遥感技术进行作物病害监测奠定了理论基础(Bock 等,2020)。

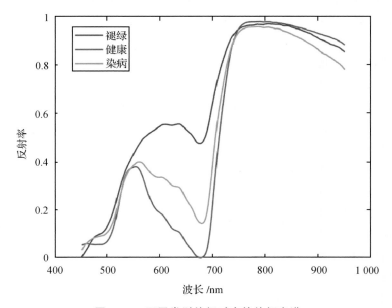

图 5.25　不同类别特征对应的特征光谱

在利用无人机遥感技术进行农作物病害早期监测预警方面,国内外学者都进行了相关的探索。陈欣欣(2017)采用无人机模拟平台搭载热红外成像仪对油菜菌核病进行检测,利用热红外图像中冠层温度的平均温度值和最大温差值对健康和染病的油菜样本进行分类识别,染病的油菜在 24 h 后即可轻微显症,热红外图像比 RGB 图像可以更早更清晰地识别病斑。如图 5.26 所示,在菌丝接种 24 h(1 d)后,热红外图像中可以清晰地观察到小面积的病斑点,随着侵染天数的变化,热红外图像中呈现出的病斑面积逐渐变大,而从 RGB 图像来看,直到第 3 d 才能看到明显病斑(陈欣欣等,2019)。

Franceschini 等(2019)利用无人机获取的冠层光学数据可为马铃薯晚疫病发病(病害发病率 2.5%～5%)的早期检测的评估提供有用信息,发现检测到的主要变化与作物冠层结构性状有关,在较小的程度上与色素含量有关。Calderón 等(2013)将无人机获取的热红外图像、多光谱图像和高光谱图像结合,通过计算冠层温度和相关结构指标(植被

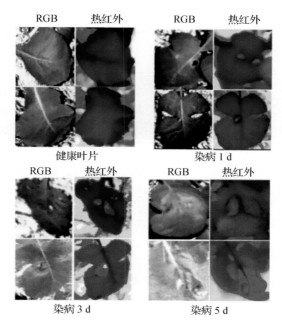

图 5.26　油菜叶片不同天数的 RGB 图像及热红外图像(陈欣欣等,2019)

指数)可以有效地了解橄榄枯萎病早期阶段的发展情况。

作物病害早期监测预警对于及时控制病害的发展具有重要的意义,目前的研究表明无人机搭载热红外成像仪、多光谱成像仪、高光谱成像仪等对于病害的早期监测是可行的。当肉眼发现作物明显的病害症状时已为发病期,如何尽早地了解发病情况是十分重要的,但相对来说也是困难的。如何更为精准、有效地进行作物病害的早期监测还需要进一步的探索。

5.3.3　作物病害程度监测

病菌侵染后,当作物出现明显病斑时病害的识别、病害程度的监测和病害等级的判断相较于病害的早期监测较为容易。对田间作物病害的发病程度进行监测,有利于掌握田间病害的发展情况,及时地进行植保作业,防止病害的进一步扩展(Ganesh Babu 和 Chellaswamy,2022)。国内外学者则较多集中于研究无人机遥感技术对作物病害程度的监测。利用无人机遥感技术监测作物病害程度,对于获取田间大范围的作物病害信息十分有效,如图 5.27 所示(郭伟等,2019),病情分布图可以快速指示田间病害分布情况,有利于针对性地采取防治措施。

Zhang 等(2022)首先在叶片尺度对水稻白叶枯病侵染下的病害程度进行了研究,高光谱反射率如图 5.28 所示。可以发现随着感病天数的增加,光谱反射率发生明显的变化,后续结合判别模型可以实现病害程度的有效判别;此外,其根据病斑比例随时间的变化提出了一个病斑变化指数(index of lesion progression,ILP),这为利用光谱数据监测

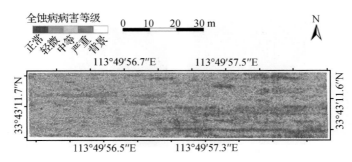

图 5.27　冬小麦全蚀病病情指数等级空间分布图

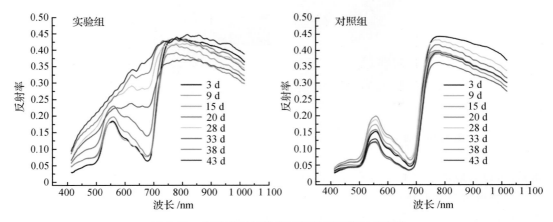

图 5.28　白叶枯病侵染后不同时间下的平均光谱

田间水稻病害提供了研究基础,后续将该病斑变化指数(ILP)应用在无人机获取的田间白叶枯病胁迫下水稻多光谱数据中,可以快速指示田间病害的发展情况,为精准的病害防治和田间管理提供指导。

利用无人机获取的 RGB 图像可以方便地分析田间作物病害的严重程度。Bhandari等(2020)通过 RGB 图像计算归一化差值指数、绿色指数和绿叶指数来衡量其于小麦叶锈病严重程度之间的相关性。不同年份的实验结果显示 R^2 在 0.63~0.79,具有较为显著的相关性。无人机搭载多光谱相机、高光谱相机监测作物病害程度也具有一定可行性(Su 等,2018;Xavier 等,2019)。常用的光谱特征多为计算和病害相关的植被指数,如NDVI、比值植被指数(ratio vegetation index,RVI)、优化型土壤调节指数(optimized soil adjusted vegetation index,OSAVI)等来反映作物病害严重程度(梁辉等,2020;Xie 和Yang,2020)。机器学习方法为病害程度的分析提供了分析手段,支持向量机(support vector machine,SVM)、随机森林(random forest,RF)、KNN、偏最小二乘法(partial least squares,PLS)等都为常用的分析方法(兰玉彬等,2019;Pádua 等,2020;Abdulridha 等,2020;Liu 等,2020)。现阶段,随着深度学习的不断发展,其在作物病害分析领域逐渐应用,表现出了可观的性能(Pan 等,2021)。Wiesner-Hanks 等(2019)应用无人机采集玉米的彩色图像,利用深度学习技术实现了大斑病的毫米级测量。Zhang 等(2019b)提出了一种基于深度卷积神经网络的无人机高光谱图像的冬小麦黄锈病检测方法,将光谱信息与空间信息相结合,对田间小麦病害的检测精度几乎可以达到叶片尺度的精度,这展示了深度学习方法在作物病害检测方面的潜力。杨涛(2021)基于无人机 RGB 图像和多光谱影像数据结合深度学习方法进行水稻细条病等级的监测,研究结果发现,利用 RGB 数据的分类精度高于多光谱数据的分类精度,这可能是由于水稻田中水的存在产生了波段噪声,影响了部分区域的多光谱成像质量;也可能是对于病害特征较为明显的病害,RGB 图像特征即可满足较好的分类结果。这表明对于不同的作物病害适用的技术可能是不一样的,有效地选择信息获取技术有利于作物病害的信息采集和分析。

　　除了采用单一设备外,多源数据融合为准确监测作物病害提供了新的思路。曹峰(2019)将获取的油菜冠层热红外图像、多光谱图像和 RGB 图像进行融合处理,构建多源遥感数据,如图 5.29 所示,后续结合 SVM、RF、KNN 和朴素贝叶斯分类方法建立油菜菌核病等级判别模型,发现 SVM 模型的性能最好,对健康样本、轻微染病样本和重度染病样本的识别率分别达到了 94%、89% 和 87%。Francesconi 等(2021)将无人机的热红外图像提取的温度特征和 RGB 图像中提取的绿色指数和绿叶指数相结合,为小麦赤霉病的检测提供技术支持。深度学习、无人机多光谱和 RGB 图像的结合提高了小麦黄锈病的现场监测精度(Su 等,2021)。多源数据融合将利用多个传感器获取的数据相结合,弥补了单一数据源存在的不足,但是多个设备意味着仪器成本增加、数据处理复杂等问题的存在,这有待于进一步分析研究。

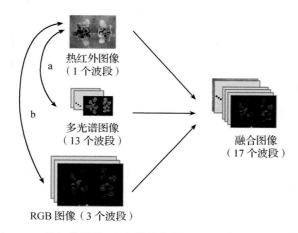

图 5.29　热红外图像、多光谱图像和 RGB 图像的配准与融合

5.3.4　研究展望

　　病菌侵染作物主要包括入侵前期、入侵期、潜伏期和发病期。入侵前期是病原体与作物之间的接触期,如果在此阶段就能及时发现并遏止病菌入侵则对于作物病害的防治大有益处,但这一阶段往往难以发现。热红外成像相较于其他光学设备能够较为敏感地发现病菌的侵染,是作物病害早期发现的发展方向。当作物出现明显病斑后,及时了解病害的发展程度并采取相应的植保措施,对于作物病害的控制也十分重要。在实验室研究的基础上,利用无人机进行田间尺度的病害检测是现代农业发展的必然趋势。目前,无人机搭载各种成像传感器结合智能算法对作物病害的病斑分割、特征提取等研究取得了较好的成果,接下来可基于现有的研究基础,进一步建立实用的低空遥感作物病害监测系统,实现大范围下田间作物病害的自动监测。

5.4 作物虫害信息监测

5.4.1 概述

作物虫害会对粮食安全和环境安全构成严重威胁。联合国粮农组织的数据显示,全球每年多达 40% 的作物产量因虫害而损失,造成的经济损失至少达 700 亿美元。当作物遭受害虫侵害时,其外观形态和生理功能会发生改变,表现为叶片卷曲、变黄、枯萎等症状,作物冠层的形态和结构也会受到影响,进而影响作物的生长发育。目前,虫害检测主要依赖于人工经验和虫害特征,这种方法的检测结果依赖于人的感官,具有较高的主观性,且不适用于大规模、大范围的检测工作。此外,现行的常规生产中多采用化学防治措施,即喷洒农药,但这种方法往往缺乏针对性,盲目施用农药不仅会导致害虫产生抗药性,还会对环境造成污染,并可能造成作物农药残留,对人体健康构成威胁。因此,及时有效地监测作物虫害并采取相应的防治措施显得尤为重要。

随着现代农业技术的不断进步,机器视觉和光谱技术逐渐被应用于作物虫害检测,以弥补传统人工检测方法的不足。通过机器学习方法,从作物或害虫的图像和光谱信号中提取有效的数据特征,实现对作物虫害的分析。根据害虫侵害作物的特点,作物虫害检测主要分为害虫识别和虫害区域监测 2 个部分,无人机低空遥感技术为大面积作物虫害监测提供了技术支持。

5.4.2 作物害虫识别

及时地监测到害虫并有效地识别,有利于有针对性地对害虫采取防治措施。其中,地面虫害信息的获取和分析是应用无人机遥感监测作物虫害的基础,相比于光谱技术而言,机器视觉技术对于作物害虫的识别更为经济有效,因此在作物害虫识别方面,国内外学者大多基于机器视觉技术进行研究。Azis 和 Sharif(2019)对储粮害虫图像的 4 种形态结构进行形态计量学分析,基于 K-means 据类算法和层次凝聚聚类分析进行了害虫识别。张博等(2019)提出了一种基于空间金字塔池化的深度卷积神经网络农作物害虫种类识别算法,能够有效地检测到图片中体型较小的害虫特征,对 20 类害虫的识别精度均值达到 88.07%。

浙江大学何勇教授团队在机器视觉技术应用于害虫识别领域取得了突破性的进展。团队以农田中的典型害虫为研究对象,深入探讨了害虫图像的分割、特征提取、分类性能等方面。研究团队提出了一种用于农业害虫视觉定位和分类的方法,该方法基于全局对比区域计算图像显著性实现害虫目标的自动定位,并对害虫局部图像特征进行自学习,深度卷积神经网络,利用这些特征进行分类。通过优化关键参数,包括定位阈值、局部感受野的大小、数量以及卷积步幅和损失函数等,构建了最合适的判别模型。最终,该模型的害虫的定位精度达到了 90%,识别精度超过 95%,相较于同领域其他方法,性能显著提升(Liu 等,2016)。图 5.30 和图 5.31 显示了害虫识别和定位过程。同时围绕大田复杂的现场环境和非刚性害虫的姿态变化等问题,提出了一种基于目标检测算法(single shot multibox detector,SSD)的油菜害虫检测方法,适用 Inception V3 代替 SSD 算法的 VGG-16 作为基础网络,将 SSD 目标检测方法的平均精度均值从 0.641 1 提升至 0.681 2,采用了一种将 Soft NMS 和 Softer NMS 结合的策略,将漏检率从 9.44% 降低至 2.31%,对典型害虫的实时检测进行了探索(曾鸿,2019)。

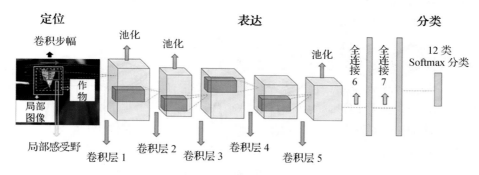

图 5.30 模型的总体架构

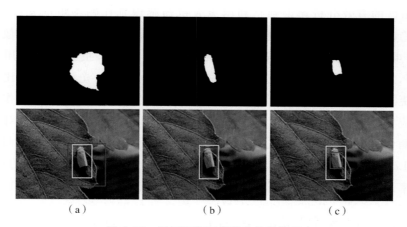

图 5.31 不同阈值下视觉定位的结果

(a)阈值=0.1;(b)阈值=0.3;(c)阈值=0.5;第 1 行为显著性映射图,第 2 行为原始图像中的地面真值框(黄色)和定位框(红色)

后续结合无线网络技术建立了基于物联网的害虫远程自主识别系统,该系统通过无线网络将相机采集到的图片传输到控制端进行害虫的识别(图 5.32)。同时,系统还设计了专家识别接口,允许专家通过该接口对系统识别的害虫图像进行观察和分析,确保识别结果的准确性。该系统根据害虫的形态、颜色、纹理等特征进行提取,并采用机器学习方法构建害虫识别模型。该模型基于自然光条件下且害虫姿态随机状态下获取的图像进行训练,具有较强的泛化能力,相较于使用标准样本图像构建的模型,具有更佳的推广和应用潜力。

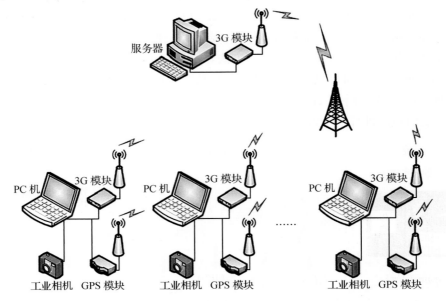

图 5.32　基于物联网的害虫远程自主识别系统结构图

地面图像的有效分析和识别是利用无人机遥感识别作物害虫的基础。然而,鉴于害虫的隐蔽性和迁移性,无人机获取的图像相较于地面采集的害虫图像存在分辨率较低、害虫识别困难等缺陷,导致利用无人机进行作物害虫识别的应用相对较少(周志艳等,2010)。在应用无人机遥感进行害虫识别方面,光谱技术相比于机器视觉技术则更具有优势,但更多的是集中于作物虫害发生情况进行识别。作物对不同害虫的响应各异,因此光谱响应特征也不相同,基于光谱差异可以实现对虫害发生情况的监测(郭伟等,2021)。将遥感影像中提取的土壤调节植被指数和归一化植被指数构建 Logistic 回归模型,可以实现棉花的棉蚜虫、棉红蜘蛛、棉铃虫的识别,测试样本准确率达到 90.5%(地力夏提·依马木等,2022)。Tan 和 Qin(2021)针对航拍图像的特点,设计了一种改进的 GoogLeNet 深度神经网络模型,增加了一个由前向传播组成的新网络模型来代替原来的支持向量机分类模块,对森林病虫害图像的平均识别准确率高达 95.44%。

5.4.3 作物虫害区域监测

有效地识别作物虫害区域是无人机遥感监测作物虫害的关键问题。和作物病害程度监测类似,受到虫害的作物和正常作物的光谱响应是存在差异的,相关的图像特征也不相同,基于这些特征结合机器学习算法实现作物虫情的监测。樊阳阳(2020)基于高光谱成像技术和化学计量学方法对钻蛀型害虫和隐蔽性害虫的早期侵害阶段进行了检测,针对隐蔽性强、虫体小的害虫,光谱特征相较于图像特征是更为有效的,结合 SVM 建立的模型最高检测准确率可以达到 86.21%。Gonzalez-Gonzalez 等(2021)在实验室条件下,利用彩色图像中的颜色特征和高光谱图像的光谱特征实现了柑橘叶片中螨虫的检测,识别率可以达到 92%。这些基于实验室条件下的作物虫情检测为无人机遥感技术提供了技术支撑。

目前,应用无人机遥感进行虫害监测较多针对于森林等大面积虫害的监测中,如刚竹毒蛾虫害程度检测(郑蓓君等,2021)、栗树虫害危害程度检测(马书英等,2021)、树木的害虫区域识别(张军国等,2018;Zhang 等,2020;Junttila 等,2022;Paczkowski 等,2021)等,基于害虫侵染后光谱响应或图像特征的变化,虫害区域可以成功地进行识别,这些成功的经验表明利用无人机遥感进行农作物的虫害监测具有相当的可行性。Huang 等(2018)利用无人机多光谱图像对棉花蜘蛛螨的侵染情况进行了监测,首先利用 SVM 对棉花进行分割,然后基于 Alexnet 对蜘蛛螨的侵害程度进行分类,总体精度达到 95.4%。通过对田间尺度的图像进行映射,可以实现大尺度的虫情分布图,为实现作物虫害的精准监测提供帮助(图 5.33)。基于无人机高光谱图像提取的植被指数建立蝗害损失估计模型,可以实现蝗虫造成的植被损失的定量评价,可以为大区域的预防和管理蝗灾提供帮助(Song 等,2020)。Marston 等(2020)对蚜虫胁迫下大豆冠层的无人机多光谱反射率的变化进行分析,发现近红外光谱反射率随蚜虫数量的增加而降低,说明利用无人机遥感监测田间作物隐蔽型害虫的发生情况是可行的。Ishengoma 等(2021)利用无人机遥感技术获取受秋黏虫(草地贪夜蛾)侵染的玉米冠层图像,基于卷积神经网络自动识别算法建立虫情识别模型,对于受侵染的叶片的识别率可以达到 93.08%以上。

作物虫害区域的精确识别有利于了解虫害的发展情况,这使人们可以有针对性地实施防治措施达到精准防控的目的,不断深入研究无人机遥感技术在作物虫害监测方面的应用,为大面积的虫情监测提供技术支撑。

5.4.4 研究展望

利用无人机遥感技术进行农田作物虫害监测还处于不断探索的阶段,当前对于作物虫害的监测多集中于害虫识别和虫害区域监测 2 个范围,虫害的早期诊断对于虫害的及时防治具有重要的意义,因此利用无人机遥感对作物虫害早期诊断有待于深入探究。此外,由于田间害虫具有隐蔽性和迁移性,田间实时监测作物害虫还存在一定的困难。下一

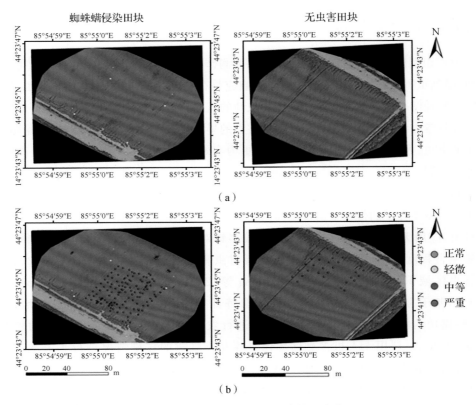

图 5.33　有螨虫和无螨虫的田块的感染水平
(a)地理参考正射影像；(b)虫情映射图

步将在已有的研究基础上深化研究作物虫害监测方法，建立和完善无人机遥感监测体系，进一步实现田间作物病害实时监测。

5.5　地空星融合监测

5.5.1　概述

精准农业可以定义为在时间和空间尺度上对作物异质性进行特定地点的管理，以提高农业投入的效率，从而提高产量、质量和生产的可持续性。其目的是在一定程度上揭示作物产量与品质的时空变化，以及这些变化是否与田间生产管理策略有关。精准农业借助多种技术，能够高精度地监测农田土壤、作物生长状况、病虫害信息以及环境和气候变化的影响（何勇和赵春江，2003）。传统的精准农业主要依赖于田间调查和破坏性取样，虽然能够高精度地监测农田信息，但其耗时耗力且效率低下，难以满足目前农田高通量信息的获取。通过在农业机械上装载传感器，农田信息的监测效率得到极大改善，并且实现了多任务协调工作，比如精准除草、喷药和施肥。高光谱技术和激光雷达技术的快速发展，优化了地面平台装备,实现了对农田光谱和结构信息的全方位获取。得益于传感器的可用性,地面平台能够获取全波段范围(400~2 500 nm)的光谱信息,包括可见光、近红外和短波红外,从而能够监测大部分农田信息。地面平台也为研究者提供了一个相对理想的研究环境,使他们能够在可控环境中研究作物与光谱之间的机制关系,并避免了复杂环境因子对高质量农田数据获取的干扰。然而,从地面平台获得的农田土壤和作物信息监测模型难以直接应用于大尺度,如无人机和卫星平台。此外,地面平台在大尺度范围内获取农田信息的能力仍然有限,并且容易对农田环境造成破坏,难以适用于不同区域和地形的农田信息监测。

卫星平台是目前大尺度农田信息监测的主流手段,比如 Sentinel 卫星能够用于监测全球范围的作物叶绿素含量,并获得了较高准确率。卫星遥感能够提供大规模、高频率、低成本和海量的信息,因此它逐渐被应用于大范围农田信息的获取,包括土壤有机质和作物养分监测。然而,尽管卫星平台的图像分辨率不断提升,但其仍难以用于田间小区尺度的农田信息监测。此外,卫星平台轨道固定、重访周期长、空间分辨率低且容易受到天气影响等因素,使其难以满足农田实时高精度信息监测的需求(Weiss 等,2020)。近年来,无人机技术逐渐成为农业生产研究和应用的热点。由于无人机更容易搭建平台、飞行灵活,并且能够采集高时空分辨率的农田影像,无人机遥感为快速监测农田信息提供了一种无损且低成本的技术。无人机遥感技术已广泛应用于精细农业,但目前的无人机技术还存在一些局限性,例如,无人机图像的覆盖范围和续航能力有限,因此不适合大规模应用;同时无人机载传感器的成像能力和分辨率不足,对农田信息的监测精度有进一步提升的空间。

综上所述,地空星多尺度农田信息监测平台各有其优劣,这些差异导致了"尺度提升"问题的产生。不同平台和技术的应用严格受限于研究的目的和空间尺度,这要求我们对不同遥感平台的技术、科学和经济性能进行优化评估,以确定它们的最佳应用场景。然而,考虑到实际生产应用,应当对比不同技术方案之间的成本和经济效益以及便利性,设计最佳的方案用于农田信息监测。此外,鉴于不同尺度平台的优势,融合地空星多尺度数据可能改善农田信息的监测频率、效率以及精度,例如,地面平台可以为无人机平台设计模型方法,而无人机平台则可以辅助卫星平台采集地面真实数据。

5.5.2　地空星融合在农田土壤信息监测中的应用

目前,国内外学者对地空星融合在农田土壤信息监测中的应用进行了深入研究,主要研究了不同尺度数据的差异以及多源数据融合对农田土壤信息监测的作用。

杨栋淏等(2022)以山原红壤的养分监测为研究目的,结合无人机多光谱成像技术和地面高光谱技术,对土壤主要养分含量的光谱特性进行了深入分析。该研究探讨了土壤主要养分含量的光谱特性,筛选出了各养分含量的特征波段,通过光谱波段变换以及植被指数计算,构建了土壤养分评估的光谱指数,与山原红壤主要养分含量进行了相关分析。研究发现,多光谱指数对土壤养分的评估效果不佳,仅钾元素与多光谱数据存在较高相关性,评估模型的 R^2 大于 0.50。对比多光谱,地面高光谱指数能够更好地评估土壤养分,

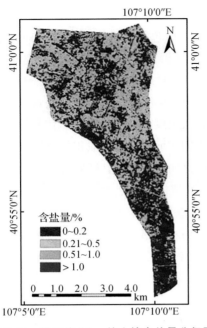

图 5.34 升尺度 16 m 的土壤含盐量分级图（陈俊英等，2019）

其中支持向量回归模型效果最佳，R^2 均大于 0.75，可用于农田土壤养分检测。陈俊英等（2019）采用大疆 M600 无人机搭载 Micro-MCA 多光谱相机（Tetracam，加利福尼亚，美国）和高分一号卫星获取河套灌区的土壤影像，并同时采集土壤含盐量。通过分析无人机、高分一号卫星图像光谱与实测的含盐量之间的关系，采用逐步回归、多元线性回归和岭回归构建了土壤含盐量监测模型，探究了 TsHARP 尺度转换方法对于无人机到卫星升尺度应用的可行性，并对升尺度结果进行了评估和验证。结果显示，无人机和卫星图像的蓝和近红外波段与土壤含盐量有较好的相关性，升尺度转换改进了卫星遥感对土壤含盐量的评估精度，R^2 增加了 0.37，RMSE 降低了 0.057%。最后采用最佳的升尺度模型对研究区域的土壤含盐量进行评估，结果如图 5.34 所示。

Chakhar 等（2021）探讨了无人机和卫星多源数据融合在半干旱环境土壤水分评估中的潜力。通过 C 波段合成孔径雷达获得的后向散射系数，结合 2 个散射模型，利用神经网络对这些模型进行反演，并通过在裸露土壤、谷物、豌豆和洋葱作物田间收集的 Sentinel 1 和 Sentinel 2 卫星数据对模型进行校准。为了反演土壤水分，这些散射模型需要精确测量土壤粗糙度表面参数、表面高度标准偏差和相关长度。该研究通过使用无人机搭载 ILCE-510 RGB 相机（Sony，东京，日本）获取土壤数字表面模型，从而可以获取这些土壤粗糙度参数。结果表明，应用改进的方法可以有效地估计裸地和耕作土壤的水分。对于裸土，评估的和实测的土壤水分之间高度相关，R^2 为 0.74；对于谷物田，评估的和实测的土壤水分的 R^2 为 0.71；在试验豌豆田中，评估的和实测的土壤水分之间的 R^2 均高于 0.72；对于洋葱试验，在主要生长时期，最高 R^2 为 0.5，但在生长后期，R^2 急剧下降至 0.08。最终，基于构建的最佳模型，可以得到研究区域的土壤水分分布，如图 5.35 所示。结果表明，结合无人机和卫星多源数据为土壤水分监测提供了一种更有潜力的方法。

Kavoosi 等（2020）利用无人机和卫星遥感技术对土壤残茬覆盖进行了定量评估研究，通过 Landsat 8 OLI 和无人机搭载 RGB 相机（Sony EXMOR，Sony，东京，日本）收集了研究区域的土壤残茬覆盖图像，并提取了 23 个指数用于识别土壤残茬覆盖。结果显示，对于卫星图像，归一化差异指数与土壤残茬覆盖有较高的相关性，R^2 为 0.96。对于无人机图像，从 10 m 高度获取的图像指数与土壤残茬覆盖有较高的相关性，R^2 为 0.84。与卫星图像相似，无人机图像能够用于计算土壤残茬覆盖。这项研究表明，在

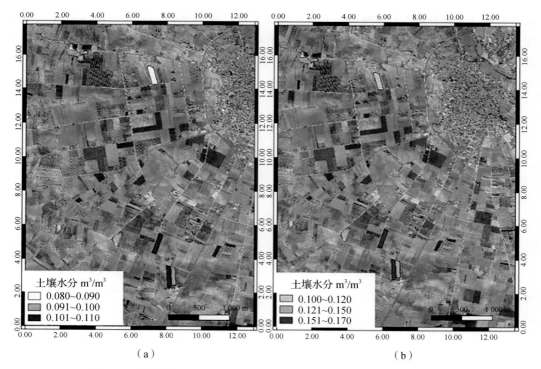

图 5.35　降水前(a)和降水后(b)的土壤水分分布图(Chakhar 等,2021)

估算土壤残茬覆盖方面,Landsat 8 OLI 图像的结果比无人机图像略为准确,但无人机图像具有费用较低、易于访问、对所需数据范围有更多控制以及更大的空间分辨率等优势。Lou 等(2021)综合了无人机 RGB(Sony EXMOR,Sony,东京,日本)图像和卫星遥感(GF-2)数据,创建了 2 个新的指数,通过无人机可以获取农田土壤地形参数,结合卫星图像光谱数据,以评估土壤氮磷含量。结果显示,无人机和卫星图片数据能够准确地反映土壤地形变化以及氮磷元素之间的关系。这些发现证实了地空星多源数据融合在农田信息监测中的潜力,为精准农业中农田土壤精准管理提供了新的方法和思路。

5.5.3　地空星融合在作物生长信息监测中的应用

除农田土壤信息监测外,目前国内外学者对地空星多源数据融合的研究主要集中在作物生长信息监测技术上。国内学者利用地空星多源数据融合技术围绕作物生长信息监测进行了大量研究。浙江大学何勇教授团队针对升尺度转换难度大的问题,深入探究了叶片和冠层结构变化对作物养分监测的影响(Wan 等,2021c)。结果显示,植物(如水稻和油菜)叶片正反面的不同结构导致了叶片反面在可见光和短波红外区域的反射率高于叶片正面,而在近红外区域具有与叶片正面接近的反射率。叶片正反面反射光谱在不同光谱区域的差异会引起植物冠层反射光谱的变化,从而影响基于近端反射图谱的叶片生化参数评估。此外,叶片结构差异进一步影响了冠层反射光谱对冠层结构参数变化的响应,竖直型叶倾角分布产生了最小的冠层反射率,如图 5.36 所示,叶倾角分布变化影响了基于近端反射图谱的叶面积指数评估。研究结果为地空星多尺度作物信息监测模型的升尺度转换奠定了理论基础。

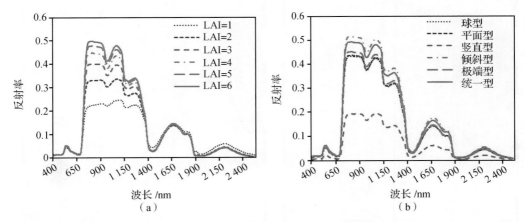

**图 5.36　PROSAIL 模型模拟的叶面积指数(LAI)(a)和
叶倾角分布变化(b)对冠层反射的影响**

　　Zhang 等(2019b)以黄河三角洲核心区为研究区,选择河口区具有代表性的地块作为核心试验区,选取了 140 个地面采样点,采集了地面数据、无人机多光谱和 Sentinel-2A 多光谱图像作为数据源。基于实测 SPAD 值和无人机多光谱图像,构建基于无人机的 SPAD 反演模型,并确定了最佳的反演模型。通过比较卫星和无人机图像,对卫星图像进行反射校正,并利用无人机反演模型和反射校正后的卫星影像,得到了多尺度 SPAD 值的反演结果。结果表明,绿、红、红边和近红外波段反射率与 SPAD 值显著相关,最佳反演模型的 R^2 和 RMSE 分别为 0.93 和 0.63,模型验证的 R^2 和 RMSE 分别为 0.93 和 0.78,并且反射校正后的 Sentinel-2A 影像具有明显的优势。基于最佳的反演模型,可得到研究区域的 SPAD 分布,如图 5.37 所示,研究区 SPAD 值集中在 40～60,呈现出由东海岸向西南、西部递增的趋势,空间差异明显。本研究综合了卫星、无人机和地面方法的优势,提出的地空星综合反演方法对于实时、快速、精确地采集多尺度 SPAD 值具有重要意义。Mengmeng 等(2017)通过采用无人机和 Rapideye 卫星从 2015 年 6 月初至 7 月底获取了冬小麦田间图像,分析了基于卫星图像的 NDVI 和基于无人机 RGB 图像的 VDVI 与实测谷物蛋白质含量之间的相关性。通过对无人机的多时相 RGB 图像进行精细的空间分辨率解译,可以直观、清晰地监测小麦冠层颜色的变化。基于卫星图像的 NDVI 与谷物蛋白质含量之间的相关性分析,NDVI 在 2015 年 6 月 7 日前后对成熟生长期之前的谷物蛋白质含量具有良好的预测能力,而基于卫星图像的 NDVI 预测谷物蛋白质含量的可靠性随着成熟期的临近而变差。基于无人机 RGB 图像的 VDVI 与基于卫星图像的 VDVI 以及 NDVI 之间的回归分析显示出良好的确定系数。结果表明,

图 5.37　基于地空星综合反演方法的 SPAD 值分布图(Zhang 等,2019b)

利用基于无人机 RGB 图像的植被指数监测小麦生长状况、绘制小尺度农田作物蛋白质含量空间变化图以及对卫星遥感进行时间补充是可行和实用的。

　　在国外,Matese 等(2015)比较了无人机、飞机和卫星在 NDVI 方面的性能,旨在评估这些平台在表征葡萄园内植被空间变异性方面的能力。研究中,通过机载多光谱传感器同时获取 2 个葡萄园的多光谱图像,并对其空间相似性进行评估。此外,研究还根据应用规模进行了成本分析,以评估每种技术的优劣。研究结果表明,在特征为粗植被梯度和大植被集群的葡萄园中,不同平台提供的结果具有可比性。然而,在异质性更高的葡萄园中,低分辨率图像无法充分反映葡萄园内部的某些变化。成本分析表明,无人机平台适用于小面积区域,且在 5 hm^2 以上存在盈亏平衡点,高于这一阈值,机载和卫星成像成本更低。Maimaitijiang 等(2020)探讨了利用卫星/无人机数据融合以及机器学习技术,将冠层光谱信息与冠层结构特征相结合,用于作物监测的潜力。在该研究中,无人机平台被用来获取大豆冠层的高分辨 RGB 图像,同时采集了 Worldview-2/3 卫星数据。研究者从 Worldview-2/3 卫星图像中提取了冠层光谱信息(植被指数),从无人机 RGB 图像中提取了冠层结构信息。通过偏最小二乘回归、随机森林回归、支持向量回归和极限学习回归,利用冠层光谱和结构信息及其组合来预测大豆叶面积指数、生物量和叶片氮含量。研究结果表明,无人机 RGB 图像衍生的高分辨率和详细的冠层结构特征、冠层高度和冠层覆盖率是作物生长监测的关键指标。通过机器学习融合卫星和无人机的光谱和结构特征,改善了大豆生物量、叶面积指数和叶片氮含量的评估。在光谱特征中加入冠层结构信息,在一定程度上减少了背景土壤效应和渐进饱和问题,提高了模型性能。在生物量和叶面积指数的预测中,具有新激活函数的极限学习回归模型略优于偏最小二乘回归、随机森林回归和支持向量回归,而随机森林回归为叶片氮含量的评估提供了最佳结果。该研究介绍了使用机器学习融合卫星/无人机数据在作物生长信息监测中的机会和局限性。

Khaliq 等(2019)对高分辨率卫星和低空无人机平台提供的葡萄园多光谱图像进行了详细的分析和比较。研究通过探讨归一化植被指数与作物活力之间的关联,评估了Sentinel 2 图像和高分辨率无人机航空图像的有效性。经过预处理后,通过计算 3 种不同的 NDVI 指数,将无人机数据与卫星图像进行比较,以准确分析葡萄园环境中不同元素的光谱贡献。研究结果表明,原始的卫星图像不能直接用于准确地描述葡萄园的变异性。事实上,行间表面对遥感数据集的贡献可能会影响 NDVI 计算,导致作物冠层特征出现偏差。相反,与卫星图像相比,根据无人机图像计算的作物冠层活力图(仅考虑代表作物冠层的像素)与田间真实评估的更相关。Sagan 等(2019)在美国密苏里州哥伦比亚市附近的试验区域,采用无人机平台搭载不同的传感器在生长季节收集 RGB、多光谱和热图像。WorldView-3 多光谱数据经过泛锐化、大气反射率校正,并与无人机数据相结合,用于早期生长胁迫的时间监测。在经过严格的地理参考和正射校正后,从无人机热成像和多光谱数据中计算得到冠层温度和反射率。研究结果表明,利用多时相、多尺度无人机和卫星观测可以有效地探测作物早期生长胁迫,如图 5.38 所示。卫星遥感数据在田间作物监测中的局限性可以通过使用低空无人机遥感来克服,这不仅可以解决混合像素问题,还可以填补卫星数据可用性的时间缺口,从而捕获作物早期生长胁迫。该研究提出的概念

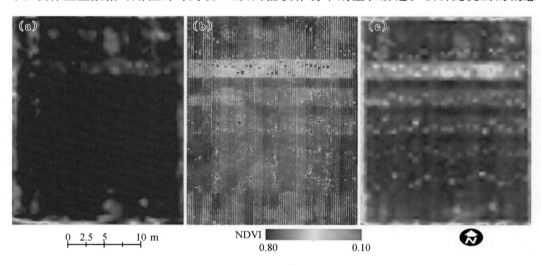

图 5.38　NDVI 的时空变化
(a)基于 2017 年 7 月 16 日的 WorldView-3 图像;
(b)基于 2017 年 7 月 16 日的无人机图像(Sagan 等,2019);
(c)基于 2017 年 7 月 22 日的 WorldView-3 图像

为准确、稳健地评估植物性状和粮食产量提供了框架,并为高通量表型分析和农田管理中的高空间精度提供了有价值的见解。

5.5.4 地空星融合在作物病虫害监测中的应用

卫星遥感是航天遥感中应用最广泛的技术,具有视点高、视域广,且能进行连续观测等诸多特点,在大尺度区域病虫害监测中具备优势。但是,卫星遥感数据的质量易受到气候条件的制约且分辨率相对较低,因此需要融合更具机动性、有更高时空分辨率的无人机遥感技术以更好应用在作物的病虫害监测领域。

Otsu 等(2018)从陆地卫星 8 号获取了森林的植被指数差异用作变化监测指标,并使用无人机图像进行进一步校准,以评估西班牙东北部地区松树游行蛾造成的危害,其模型的总体准确度达到了 72%,不同区域的虫害程度等级划分如图 5.39 所示。

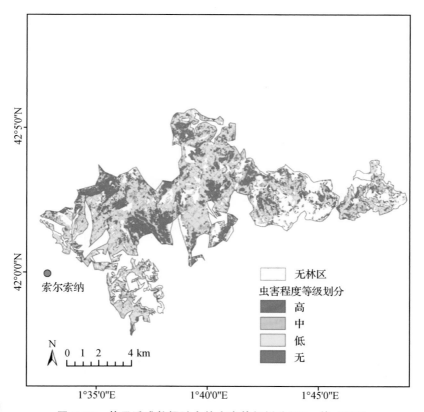

图 5.39　基于遥感数据融合的虫害等级划分(Otsu 等,2018)

Dash 等(2018)选取新西兰的锦丽丝森林作为研究地域,收集了无人机和卫星的多光谱图像,以比较这 2 种数据源在树木受到生理胁迫方面的敏感性。研究结果显示,无人机和卫星数据源均适用于监测树木的生理胁迫。相比而言,无人机数据源在监测单株树木的生理状态方面表现出更高的敏感性;而卫星数据源则适用于监测由 4 棵或更多树木所组成集群中的生理胁迫。通过对比 2 个数据集中不同光谱指数的时间序列，如图 5.40 所示，可以确认这 2 种数据源是相互兼容的，能够结合使用以增强对不同尺度下树木生理胁迫的检测能力，从而充分发挥无人机数据高分辨率及卫星数据的大范围覆盖优势。

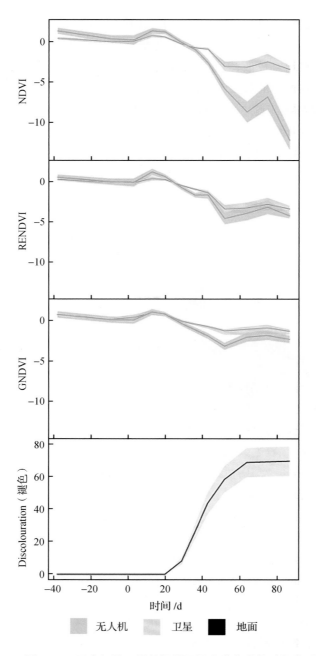

图 5.40　无人机及卫星数据源不同光谱指数的时间序列

目前,地空星融合技术在作物病虫害的监测中应用较少,更多的研究者只是对比分析了无人机遥感数据与卫星遥感数据的优劣区别,却难以将 2 种数据以及包含地面数据在内有效地融合在一起,以共同发挥出各个数据源的优势所在,这也将是未来作物病虫害监测的重要研究方向。

5.5.5　研究展望

国内外学者已经对地空星多尺度数据的应用进行了研究,并取得了一些成果。然而,基于地空星多源数据融合的农田信息监测中还存在许多问题。如何耦合不同尺度数据、设计可靠的多源图谱数据配准融合模型以及构建鲁棒的农田信息监测模型和方法还需要进一步深入研究。

多源信息融合的云平台

曹峰,2019. 基于多源数据的油菜病害快速诊断方法与物联网监测系统[D]. 杭州:浙江大学.

陈俊英,王新涛,张智韬,等,2019. 基于无人机-卫星遥感升尺度的土壤盐渍化监测方法[J]. 农业机械学报,50(12):161-169.

陈欣欣,2017. 基于低空遥感成像技术的油菜菌核病检测研究[D]. 杭州:浙江大学.

陈欣欣,刘子毅,吕美巧,等,2019. 基于热红外成像技术的油菜菌核病早期检测研究[J]. 光谱学与光谱分析,39(3):730-737.

地力夏提·依马木,周建平,许燕,等,2022. 基于 Logistic 算法与遥感影像的棉花虫害监测研究[J]. 华南农业大学学报,43(2):87-95.

樊阳阳,2020. 基于高光谱成像和机器视觉的早期作物虫害检测方法研究[D]. 杭州:浙江大学.

冯珊珊,梁雪映,樊风雷,等,2020. 基于无人机多光谱数据的农田土壤水分遥感监测[J]. 华南师范大学学报(自然科学版),52(6):74.

冯帅,许童羽,于丰华,等,2019. 基于无人机高光谱遥感的东北粳稻冠层叶片氮素含量反演方法研究[J]. 光谱学与光谱分析,39(10):3281.

郭伟,乔红波,赵恒谦,等,2021. 基于比值导数法的棉花蚜害无人机成像光谱监测模型研究[J]. 光谱学与光谱分析,41(5):1543-1550.

郭伟,朱耀辉,王慧芳,等,2019. 基于无人机高光谱影像的冬小麦全蚀病监测模型研究[J]. 农业机械学报,50(9):162-169.

何东健,杨成海,杨青,等,2012. 面向精准农业的农田土壤成分实时测定研究进展[J]. 农业工程学报,28(7):78-85.

何勇,赵春江,2003. 精细农业[M]. 杭州:浙江大学出版社.

兰玉彬,朱梓豪,邓小玲,等,2019. 基于无人机高光谱遥感的柑橘黄龙病植株的监测与分类[J]. 农业工程学报,35(3):92-100.

李真,2015. 红外热成像技术在作物病害早期检测方面的应用研究[D]. 保定:河北农业大学.

梁辉,何敬,雷俊杰,2020. 无人机高光谱的玉米冠层大斑病监测[J]. 光谱学与光谱分析,40(6):1965-1972.

陆龙妹,张平,卢宏亮,等,2019. 淮北平原土壤高光谱特征及有机质含量预测[J]. 土壤,51(2):374-380.

马书英,郭增长,王双亭,等,2021. 板栗树红蜘蛛虫害无人机高光谱遥感监测研究[J]. 农业机械学报,52(4):171-180.

孙圣,张劲松,孟平,等,2018. 基于无人机热红外图像的核桃园土壤水分预测模型建立与应用[J]. 农业工程学报,34(16):7.

万亮,岑海燕,朱姜蓬,等,2020. 基于纹理特征与植被指数融合的水稻含水量无人机遥感监测[J]. 智慧农业,2(1):58.

王曦,李玉环,王瑞燕,等,2020. 基于无人机的冬小麦拔节期表层土壤有机质含量遥感反演[J]. 应用生态学报,31(7):2399-2406.

王玉娜,李粉玲,王伟东,等,2020. 基于无人机高光谱的冬小麦氮素营养监测[J]. 农业工程学报,36(22):31-39.

杨栋淏,李亚强,刀剑,等,2022. 基于无人机多光谱与地面高光谱遥感的土壤主要养分含量估测[J]. 江苏农业科学,50(2):178-186.

杨国峰,何勇,冯旭萍,等,2022. 无人机遥感监测作物病虫害胁迫方法与最新研究进展[J]. 智慧农业,4(1):1-16.

杨涛,2021. 基于多源数据的水稻细条病监测方法研究[D]. 徐州:中国矿业大学.

杨晓宇,包妮沙,曹粤,等,2021. 基于无人机成像光谱技术的农田土壤养分估测及制图[J]. 地理与地理信息科学,37(5):38-45.

殷文鑫,2018. 基于多旋翼无人机的多光谱成像遥感系统开发及应用[D]. 杭州:浙江大学.

余克强,2016. 基于激光诱导击穿光谱技术的土壤理化信息检测方法研究[D]. 杭州:浙江大学.

曾鸿,2019. 基于深度学习的油菜典型害虫快速检测研究[D]. 杭州:浙江大学.

张博,张苗辉,陈运忠,2019. 基于空间金字塔池化和深度卷积神经网络的作物害虫识别[J]. 农业工程学报,35(19):209-215.

张军国,韩欢庆,胡春鹤,等,2018. 基于无人机多光谱图像的云南松虫害区域识别方法[J]. 农业机械学报,49(5):249-255.

章海亮,2015. 基于光谱和高光谱成像技术的土壤养分及类型检测与仪器开发[D]. 杭州:浙江大学.

郑蓓君,陈芸芝,李凯,等,2021. 高光谱数据的刚竹毒蛾虫害程度检测[J]. 光谱学与光谱分析,41(10):3200-3207.

郑良永,曹启民,夏炜林,等,2005. 精准农业发展趋势及其在我国的应用[J]. 华南热带农业大学学报,11(1):40-44.

周瑞清,2020. 基于光谱成像技术的大麦病害早期检测及其可视化研究[D]. 杭州:浙江大学.

周志艳,罗锡文,张扬,等,2010. 农作物虫害的机器检测与监测技术研究进展[J]. 昆虫学报,53(1):98-109.

朱姜蓬,岑海燕,何立文,等,2019. 农情监测多旋翼无人机系统开发及性能评估[J]. 智慧农业,1(1):43-52.

朱素素,2020. 基于高光谱成像技术的水稻主要病害早期检测及其模型构建[D]. 杭州:浙江大学.

Abdulridha J,Ampatzidis Y,Roberts P,et al.,2020. Detecting powdery mildew disease in squash at different stages using UAV-based hyperspectral imaging and artificial intelligence[J]. Biosystems Engineering,197:135-148.

Azis T M F B,Sharif S,2019. Clustering analysis of Coleopteran stored product pest based on morphometric structure[C]. AIP Conference Proceedings. AIP Publishing,2138(1).

Babaeian E,Sadeghi M,Jones S B,et al.,2019. Ground,proximal,and satellite remote sensing of soil moisture[J]. Reviews of Geophysics,57(2):530-616.

Bhandari M,Ibrahim A M H,Xue Q,et al.,2020. Assessing winter wheat foliage disease severity using aerial imagery acquired from small Unmanned Aerial Vehicle (UAV)[J]. Computers and Electronics in Agriculture,176:105665-105673.

Bock C H,Barbedo J G A,Del Ponte E M,et al.,2020. From visual estimates to fully automated sensor-based measurements of plant disease severity:status and challenges for improving accuracy[J]. Phytopathology Research,2(1):9.

Calderón R,Navas-Cortés J A,Lucena C,et al.,2013. High-resolution airborne hyperspectral and thermal imagery for early detection of Verticillium wilt of olive using fluorescence,temperature and narrow-band spectral indices[J]. Remote Sensing of Environment,139:231-245.

Cen H,Wan L,Zhu J,et al.,2019. Dynamic monitoring of biomass of rice under different nitrogen treatments using a lightweight UAV with dual image-frame snapshot cameras[J]. Plant Methods,15(1):32.

Chakhar A,Hernández-López D,Ballesteros R,et al.,2021. Improvement of the Soil Moisture Retrieval Procedure Based on the Integration of UAV Photogrammetry and Satellite Remote Sensing Information[J]. Remote Sensing,13(24):4968.

Cheng M,Jiao X,Liu Y,et al.,2022. Estimation of soil moisture content under high maize canopy coverage from UAV multimodal data and machine learning[J]. Agr Water Manage,264:107530.

Costa L, Kunwar S, Ampatzidis Y, et al. ,2022. Determining leaf nutrient concentrations in citrus trees using UAV imagery and machine learning[J]. Precision Agriculture,23(3):854-875.

Dash J, Pearse G, Watt M,2018. UAV Multispectral Imagery Can Complement Satellite Data for Monitoring Forest Health[J]. Remote Sensing,10(8):1216.

Du X, Wan L, Cen H, et al. ,2020. Multi-temporal monitoring of leaf area index of rice under different nitrogen treatments using UAV images[J]. International Journal of Precision Agricultural Aviation,3(1):7-12.

Franceschini M H D, Bartholomeus H, van Apeldoorn D F, et al. ,2019. Feasibility of Unmanned Aerial Vehicle Optical Imagery for Early Detection and Severity Assessment of Late Blight in Potato[J]. Remote Sensing,11(3):224-271.

Francesconi S, Harfouche A, Maesano M, et al. ,2021. UAV-Based Thermal, RGB Imaging and Gene Expression Analysis Allowed Detection of Fusarium Head Blight and Gave New Insights Into the Physiological Responses to the Disease in Durum Wheat[J]. Front Plant Sci,12:628575.

Ganesh Babu R, Chellaswamy C,2022. Different stages of disease detection in squash plant based on machine learning[J]. Journal of Biosciences,47(1):9.

Gonzalez-Gonzalez M G, Blasco J, Cubero S, et al. ,2021. Automated Detection of Tetranychus urticae Koch in Citrus Leaves Based on Colour and VIS/NIR Hyperspectral Imaging[J]. Agronomy,11(5):1002.

Huang H, Deng J, Lan Y, et al. ,2018. A two-stage classification approach for the detection of spider mite- infested cotton using UAV multispectral imagery[J]. Remote Sensing Letters,9(10):933-941.

Ishengoma F S, Rai I A, Said R N,2021. Identification of maize leaves infected by fall armyworms using UAV-based imagery and convolutional neural networks[J]. Computers and Electronics in Agriculture,184:106124.

Jay S, Baret F, Dutartre D, et al. ,2019. Exploiting the centimeter resolution of UAV multispectral imagery to improve remote-sensing estimates of canopy structure and biochemistry in sugar beet crops[J]. Remote Sensing of Environment,231:110898.

Junttila S, Näsi R, Koivumäki N, et al. ,2022. Multispectral Imagery Provides Benefits for Mapping Spruce Tree Decline Due to Bark Beetle Infestation When Acquired Late in the Season[J]. Remote Sensing,14(4):909.

Kavoosi Z, Raoufat M H, Dehghani M, et al. ,2020. Feasibility of satellite and drone images for monitoring soil residue cover[J]. Journal of the Saudi Society of Agricultural Sciences,19(1):56-64.

Khaliq A,Comba L,Biglia A,et al.,2019. Comparison of satellite and UAV-based multispectral imagery for vineyard variability assessment[J]. Remote Sensing,11(4):436.

Liu L,Dong Y,Huang W,et al.,2020. Monitoring Wheat Fusarium Head Blight Using Unmanned Aerial Vehicle Hyperspectral Imagery [J]. Remote Sensing, 12(22):3811.

Liu Z,Gao J,Yang G,et al.,2016. Localization and Classification of Paddy Field Pests using a Saliency Map and Deep Convolutional Neural Network[J]. Sci Rep,6:20410.

Lou H,Ren X,Yang S,et al.,2021. Relations between Microtopography and Soil N and P Observed by an Unmanned Aerial Vehicle and Satellite Remote Sensing (GF-2)[J]. Polish Journal of Environmental Studies,30(1):257-271.

Maimaitijiang M,Ghulam A,Sidike P,et al.,2017. Unmanned Aerial System (UAS)-based phenotyping of soybean using multi-sensor data fusion and extreme learning machine[J]. Isprs Journal of Photogrammetry & Remote Sensing,134:43-58.

Maimaitijiang M,Sagan V,Sidike P,et al.,2020. Crop monitoring using satellite/UAV data fusion and machine learning[J]. Remote Sensing,12(9):1357.

Maresma Á,Ariza M,Martínez E,et al.,2016. Analysis of vegetation indices to determine nitrogen application and yield prediction in maize (Zea mays L.) from a standard UAV service[J]. Remote Sensing,8(12):973.

Marston Z P D,Cira T M,Hodgson E W,et al.,2020. Detection of Stress Induced by Soybean Aphid (Hemiptera: Aphididae) Using Multispectral Imagery from Unmanned Aerial Vehicles[J]. J Econ Entomol,113(2):779-786.

Matese A,Toscano P,Di Gennaro S F,et al.,2015. Intercomparison of UAV,aircraft and satellite remote sensing platforms for precision viticulture[J]. Remote Sensing, 7(3):2971-2990.

Mengmeng D,Noboru N,Atsushi I,et al.,2017. Multi-temporal monitoring of wheat growth by using images from satellite and unmanned aerial vehicle[J]. international journal of agricultural and biological engineering,10(5):1-13.

Narmilan A,Gonzalez F,Salgadoe A S A,et al.,2022. Predicting Canopy Chlorophyll Content in Sugarcane Crops Using Machine Learning Algorithms and Spectral Vegetation Indices Derived from UAV Multispectral Imagery[J]. Remote Sensing,14(5):1140.

Otsu K,Pla M,Vayreda J,et al.,2018. Calibrating the Severity of Forest Defoliation by Pine Processionary Moth with Landsat and UAV Imagery[J]. Sensors (Basel), 18(10):3278.

Paczkowski S,Datta P,Irion H,et al.,2021. Evaluation of Early Bark Beetle Infestation Localization by Drone-Based Monoterpene Detection[J]. Forests,12(2):228.

Pan Q, Gao M, Wu P, et al. ,2021. A Deep-Learning-Based Approach for Wheat Yellow Rust Disease Recognition from Unmanned Aerial Vehicle Images[J]. Sensors (Basel),21(19):6540.

Pádua L, Marques P, Martins L, et al. ,2020. Monitoring of Chestnut Trees Using Machine Learning Techniques Applied to UAV-Based Multispectral Data[J]. Remote Sensing,12(18):3032.

Sagan V, Maimaitijiang M, Sidike P, et al. ,2019. UAV/satellite multiscale data fusion for crop monitoring and early stress detection[J]. The International Archives of the Photogrammetry, Remote Sensing and Spatial Information Sciences, XLII-2/W13: 715-722.

Song P, Zheng X, Li Y, et al. ,2020. Estimating reed loss caused by Locusta migratoria manilensis using UAV-based hyperspectral data[J]. Sci Total Environ,719:137519.

Su J, Liu C, Coombes M, et al. ,2018. Wheat yellow rust monitoring by learning from multispectral UAV aerial imagery[J]. Computers and Electronics in Agriculture, 155:157-166.

Su J, Yi D, Su B, et al. ,2021. Aerial Visual Perception in Smart Farming: Field Study of Wheat Yellow Rust Monitoring[J]. IEEE Transactions on Industrial Informatics, 17(3):2242-2249.

Tahir M N, Naqvi S Z A, Lan Y, et al. ,2018. Real time estimation of chlorophyll content based on vegetation indices derived from multispectral UAV in the kinnow orchard[J]. International Journal of Precision Agricultural Aviation,1(1):24-31.

Tan Y J, Qin J, 2021. Pest recogintion for forest aerial images using improved GoogLeNet network based on transfer learning[J]. Forest Environmental Bulletin, 30(4):3469-3477.

Wan L, Cen H, Zhu J, et al. ,2020. Grain yield prediction of rice using multi-temporal UAV-based RGB and multispectral images and model transfer - a case study of small farmlands in the South of China [J]. Agricultural and Forest Meteorology, 291:108096.

Wan L, Li Y, Cen H, et al. ,2018. Combining UAV-Based Vegetation Indices and Image Classification to Estimate Flower Number in Oilseed Rape[J]. Remote Sensing, 10(9):1484.

Wan L, Tang Z, Zhang J, et al. ,2021a. Upscaling from leaf to canopy: Improved spectral indices for leaf biochemical traits estimation by minimizing the difference between leaf adaxial and abaxial surfaces[J]. Field Crops Research,274:108330.

Wan L, Zhang J, Dong X, et al. ,2021b. Unmanned aerial vehicle-based field phenotyping of crop biomass using growth traits retrieved from PROSAIL model[J]. Computers and Electronics in Agriculture,187:106304.

Wan L, Zhang J, Xu Y, et al. ,2021c. PROSDM: Applicability of PROSPECT model coupled with spectral derivatives and similarity metrics to retrieve leaf biochemical traits from bidirectional reflectance[J]. Remote Sensing of Environment, 267:112761.

Wan L, Zhou W, He Y, et al. ,2022. Combining transfer learning and hyperspectral reflectance analysis to assess leaf nitrogen concentration across different plant species datasets[J]. Remote Sensing of Environment,269:112826.

Wan L, Zhu J, Du X, et al. ,2021d. A model for phenotyping crop fractional vegetation cover using imagery from unmanned aerial vehicles[J]. Journal of Experimental Botany,72(13):4691-4707.

Webb H, Barnes N, Powell S, et al. ,2021. Does drone remote sensing accurately estimate soil pH in a spring wheat field in southwest Montana? [J]. Precision Agriculture,22(6):1803-1815.

Wehrhan M, Sommer M,2021. A Parsimonious Approach to Estimate Soil Organic Carbon Applying Unmanned Aerial System (UAS) Multispectral Imagery and the Topographic Position Index in a Heterogeneous Soil Landscape[J]. Remote Sensing, 13(18):3557.

Weiss M, Jacob F, Duveiller G,2020. Remote sensing for agricultural applications: A meta-review[J]. Remote Sensing of Environment,236:111402.

Wiesner-Hanks T, Wu H, Stewart E, et al. ,2019. Millimeter-Level Plant Disease Detection From Aerial Photographs via Deep Learning and Crowdsourced Data[J]. Front Plant Sci,10:1550-1561.

Xavier T W F, Souto R N V, Statella T, et al. ,2019. Identification of Ramularia Leaf Blight Cotton Disease Infection Levels by Multispectral, Multiscale UAV Imagery [J]. Drones,3(2):33.

Xie C, Yang C. ,2020. A review on plant high-throughput phenotyping traits using UAV-based sensors[J]. Computers and Electronics in Agriculture, 178: 105731-105745.

Xu X Q, Lu J S, Zhang N, et al. ,2019. Inversion of rice canopy chlorophyll content and leaf area index based on coupling of radiative transfer and Bayesian network models[J]. ISPRS Journal of Photogrammetry and Remote Sensing,150:185-196.

Yang G, Liu J, Zhao C, et al. ,2017. Unmanned Aerial Vehicle Remote Sensing for Field-Based Crop Phenotyping: Current Status and Perspectives[J]. Frontiers in Plant Science,8:1111.

Zhang H, Shi P, Crucil G, et al. ,2021a. Evaluating the capability of a UAV - borne spectrometer for soil organic carbon mapping in bare croplands[J]. Land Degradation & Development,32(15):4375-4389.

Zhang J，Feng X，Wu Q，et al.，2022. Rice bacterial blight resistant cultivar selection based on visible/near-infrared spectrum and deep learning［J］. Plant Methods，18(1):49.

Zhang N，Wang Y，Zhang X,2020. Extraction of tree crowns damaged by Dendrolimus tabulaeformis Tsai et Liu via spectral-spatial classification using UAV-based hyperspectral images[J]. Plant Methods,16:135.

Zhang S，Zhao G，Lang K，et al.，2019a. Integrated satellite，unmanned aerial vehicle (UAV) and ground inversion of the SPAD of winter wheat in the reviving stage[J]. Sensors,19(7):1485.

Zhang X，Han L，Dong Y，et al.，2019b. A Deep Learning-Based Approach for Automated Yellow Rust Disease Detection from High-Resolution Hyperspectral UAV Images ［J］. Remote Sensing,11(13):1554.

Zhang Y，Hui J，Qin Q，et al.，2021b. Transfer-learning-based approach for leaf chlorophyll content estimation of winter wheat from hyperspectral data[J]. Remote Sensing of Environment,267:112724.

第6章

农用无人机植保应用

6.1 无人机植保作业的历史与现状

我国是一个粮食生产大国,农业发展是国家进步的基础,也是人民富足的前提。王昌陵等(2016)指出我国农作物品种繁多、体系复杂,使得农作物病虫害也呈现出种类多、程度重、频次高、区域广、危害大等显著特征。我国最重要的粮食作物玉米、水稻和小麦的毁灭性害虫占全部农业生产损失的 65% 以上,如何实时有效地控制农作物病虫害一直是人们普遍关注的问题(玄子玉等,2012)。自 20 世纪 70 年代以来,化学农药在我国农作物病虫害防治方面得到了广泛应用,我国的害虫防治取得了长足的发展,保证了我国粮食作物的连年丰收(萧玉涛等,2019)。不合理、不精确的农药使用造成了环境污染、人员中毒、害虫抗药性的演变以及生物多样性下降等诸多问题。相关资料显示,我国农药有效利用率仅为 30% 左右,远低于发达国家 60%~70% 的水平,严重制约了我国农业现代化发展,并降低了我国农作物生产抵御未来气候变化的能力。为了应对以上挑战,并进一步贯彻落实我国"两减"(农药、化肥减量增效)目标,农业部在 2015 年印发了《到 2020 年化肥使用量零增长行动方案》和《到 2020 年农药使用量零增长行动方案》,为我国的农作物病虫害精准、有效防治指明了方向。

6.1.1 植保机械的历史演变

为了更加及时、高效地开展植物保护作业,我们需要积极采用各种手段,将众多对作物生长不利的生物因素控制在成灾之前,以达到预防灾害发生的目标;特别是在灾害暴发后,我们应做到及时发现,尽早治理,从而对各种程度的病虫害进行科学防治。在社会需求和技术进步的双重推动下,植物保护机械已经在农作物病虫害防治领域得到了广泛的应用。纵观植物保护的发展史,其动力来源已从最初的人力、畜力,逐步演变为现代化机械,如动力喷雾机和拖拉机等。这些现代化植保设备的出现大幅度提高了我国农作物病虫害防治的成效。然而,随着我国老龄化进程的不断推进,劳动力不足、成本高昂等诸多问题日渐凸显。自动化、无人化航空植保技术的快速发展为缓解劳动力短缺、农药滥用等问题提供了新的解决方案,有力地推动了农村综合体系的建设和全面发展。航空植保技术作业效率高、适应性广、应对突变灾害能力强,已在世界上得到了大量应用,然而,目前我国航空植保的使用率仅为2%,远低于世界平均水平,我国的航空植保,尤其是农用无人机领域亟待升级和发展(张菡,2017)。农用无人机具有成本低、效率高、机动性强等特点,可以实现精准的农田管理,极大地符合我国国情和社会需求(He等,2017;Huang等,2009)。农用无人机可以搭载喷药装置,在控制系统和传感器的配合之下,实现对作物的定量精准喷药。它具有田间适应性强、飞行参数可控的特点,可以克服地面喷雾机人工作业效率低、传统植保机械破坏性强的难题,从而适用于不同作物种植区,使得精准化的植保作业成为了可能(娄尚易等,2017;Zhang等,2017)。

可进行植物保护的方法众多,最为常用的方法有:①农技防治,此途径主要运用抗病虫害作物选育、化肥合理施用、科学轮作、栽培方法改进等方法消除病虫害;②生物防治,此途径主要通过引入害虫天敌的做法来实现病虫害防治;③物理防治,此途径通过引入射线、热、温度等物理手段对植物生长环境中的病菌、害虫进行灭杀的形式来实现;④化学防治,此途径依托各种喷施机械,对农田进行大面积化学药剂喷洒,以达到及时灭杀植物病菌、害虫的目的。以上途径各具特色,但是考虑到化学防治具有效率高、时效性好等诸多优点,其仍在广泛应用。传统的手动喷雾器、背负式电动(或机动)喷雾器、担架式(或手推车式)动力喷雾机、风送式喷雾机、烟雾喷药机、喷杆式喷雾机及植保飞行器伴随着我国农业集约化、规模化的进程先后在我国出现,为我国农业现代化的转型提供了强大的助力,以上设备的细节如下文所述,它们的特点如表6.1所示。

表 6.1　无人机植保和常用植保作业方式的特点对比

性能特点	喷洒方式与平台			
	无人机喷洒 (农用航空喷洒)	有人机喷洒 (农用航空喷洒)	田间车辆喷洒 (喷杆式喷雾机)	背负式喷雾器喷洒 (人工喷洒)
地形适应度	受地形影响极小	受地形影响很大	需要平坦的地面,对土质有要求	不受地形影响
人工投入与需求	人力投入少,培训成本高,培训速度快	人力投入少,培训成本极高,培训速度慢,人力投入多	人力投入少,培训成本低,培训速度快	无须培训,对人的体质有要求
喷洒成本	成本低	成本极高	成本较低	成本一般
喷洒速度	快	快	较快	慢
对人体危害性	小	小	小	大
对农田环境的影响	影响小	影响小,需要专门的机场	影响大,轮胎压实土壤	影响小
对田间作物的损害	小	小	有一定损害	有一定损害

（1）传统的手动喷雾器　手动喷雾器是我国应用极为广泛的一种植保器具，此类器具以 SX-LK16G 16L 背负式手动喷雾器等为代表，小型田块为它们的主要应用场景（图 6.1）。此设备结构简单、技术含量低，优势非常明显。然而由于田间环境恶劣，该设备在使用时其安全性与可靠性等方面均存在诸多问题，药液跑、冒、滴、洒、漏的情况特别严重，加之该设备防渗性能差，所以在使用该设备时易对使用者造成危害，并严重污染农业生产环境。

（2）背负式电动（或机动）喷雾器　与手动喷雾器不同，背负式电动（或机动）喷雾器的加压模式为电力或者小型内燃机驱动，通过这些辅助动力将外部气体压入气室（图 6.2）。在这样的工作模式下，喷雾器的作业效率有了明显的提升，满足了中等大小田块的植保需求，然而由于普通农户缺乏电器部件的养护常识，此种设备常出现人为故障。与此同时，背负式喷雾器笨重、噪声大，也暴露出不利于留守妇女和老人使用等诸多弊端。

图 6.1　SX-LK16G 16L
背负式手动喷雾器

图 6.2　背负式机动喷雾器

（3）担架式（或手推车式）动力喷雾机　担架式（或手推车式）喷雾机（图 6.3）是背负式机动喷雾器的进阶版本，该设备的药箱容量、动力装置大小相较于后者有了显著提升，很好地满足了较大田块的病虫害防治需求，但因为该装备具有射程相对有限、田间转移不便等诸多弊端，所以在使用时仍存在诸多不便。

（4）风送式喷雾机　风送式喷雾机是一种适用于大中型果园施药的植保机具（图 6.4）。它依靠液泵提供的强大压力使药液雾化，并在风机强大气流的作用下将雾滴吹送至作物的各个部位。风机的高速气流不仅扩大了药液的覆盖面积，而且可以促进叶片翻动，大幅度提高了药液的附着率，在一定程度上提高了药效。但是，该设备的转运需要较为平整的道路系统，制约了其在丘陵山区的大范围应用，对设备的推广非常不利。

图 6.3　担架式动力喷雾机　　　　　　　　图 6.4　风送式喷雾机

（5）烟雾喷药机　烟雾喷药机以烟雾剂为媒介进行药物的喷洒（图 6.5）。该设备具有雾化颗粒小、烟雾穿透性和弥漫性较好、药滴附着性强等特点，使它具有喷洒效率高、防护效果好的不俗性能，该设备已经成为大型田块病虫害快速防治中的利器。但是，该设备在进行农药雾化时通常会伴随着高温的环境，严苛的外界环境对药剂的稳定性提出了较高的要求。

图 6.5　烟雾喷药机

（6）喷杆式喷雾机　喷杆式喷雾机是一种将喷头装在喷杆上的机动喷雾机（图 6.6），它常被安装在各种自走式农机上，开展规模化田块的植保作业。此系统具有喷洒质量好、作业效率高、喷洒均匀等优点，非常适合各种农药、肥料、植物激素等液态药剂的大面积喷洒。由于拖拉机行走过程中不可避免的抓地力，使得该设备在工作时会对作业区域的部分土壤和作物造成一定的损害，这种情况在泥泞的水田中体现得尤为显著。

（7）植保飞行器　植保飞行器是随着航空航天技术的迅猛发展而出现的一种现代化

病虫害防治手段,该系统的显著标志为药箱、喷雾装置与飞行器的紧密结合(图 6.7)。通过植保飞行器非接触式的低空药物喷洒,我们可以在短时间内对相当数量的农田进行植保作业。因为该系统采用非接触的作业模式,所以它具有高效安全、人药分离的显著特点。根据飞行器种类的不同,植保飞行器可分为有人航空植保机和无人航空植保机 2 种。有人航空植保机应用历史较为悠久,技术成熟度高,药剂喷洒高效,且能够搭载大容量药箱进行大范围作业,优势非常明显。但需要注意的是,该设备的使用需依托完善的基础设施和充足

图 6.6　喷杆式喷雾机

的物质保障,加之相关法规的约束,使得该系统在我国受到诸多限制且成本异常高昂。无人航空植保机准入门槛低,使用灵活,可应对不同工作环境和工作场景,且自身具备飞行成本低的先天优势,使得该种设备一经推出便受到众多国家的广泛关注,行业发展蒸蒸日上、一日千里。虽然随着农业现代化转型的不断深入,我国农用航空植保装备行业取得了长足的发展,但是我们也应清楚地认识到,目前我国农用航空植保作业仍处于较为初始的阶段,设备成本较高、使用步骤烦琐等因素仍然阻碍着该类设备的大规模应用。

图 6.7　无人植保飞行器

6.1.2　国内外植保无人机的发展历程与典型案例分析

农用无人机是随着航空航天技术的迅猛发展而出现的一种现代化平台,具有高效、安全、便利和不受地形限制的特点,在农业植保领域备受关注。植保无人机喷施农药效率很

高,是传统人工作业的 30 倍;且该设备的喷药多为低量和超低量喷洒,作业方式为远距离操控,显著提高了植保作业的安全性。

在发达国家,农业航空施药技术发展较快,其中以美国和日本最具代表性。美国农业航空发展已有上百年的历史。美国具备完善的农业航空服务组织体系及航空施药作业规范,施药部件系列齐全,能满足不同的作业需求。他们掌握的多种精准农业技术手段,如施药自动控制系统、GPS 自动导航及各种作业模型都已经进入实用阶段,农业航空的高度自动化使其实现了精准、高效且更加环保的喷洒作业。

美国主要采用有人固定翼飞机进行植保作业,其作业面积达 320 000 km²(1 km² = 100 hm²),占美国耕地总面积的一半;该国家 65% 的化学农药都是采用飞机来完成喷洒的。美国航空植保产业的壮大与该国的农业航空政策及产业体系的强力支持密不可分,自 2002 年以来,已有大约 700 万美元被投入农业航空的技术研发。民用无人机市场在美国与欧盟等地仍处于管制阶段,需要经过许可才可以飞行,高等院校的科研活动及非营利性的遥感探测可采用无人机飞行。但是,美国与欧盟拥有的飞行器设计技术、无人机飞行控制技术与导航技术仍处于世界领先地位。

2015 年,美国联邦航空管理局(Federal Aviation Administration,FAA)批准了多个植保无人机的豁免项目,在政策层面上逐步开放对于植保无人机的使用。近年来,越来越多美国企业进军农业无人机领域。其中,Guardian Agriculture(以下简称"Guardian")是一个值得关注的案例。Guardian 是一家专注于农业无人机解决方案的提供商,致力于为每一位种植者提供安全、有效和精确的空中应用。作为电动垂直起降(electric vertical take-off and landing,eVTOL)系统的领先开发商,Guardian 成功获得美国联邦航空管理局的批准,成为美国第一批商业授权的 eVTOL 运营公司。在获批 2 个月后,Guardian 就已拥有超 1 亿美元的预订单。2017 年,Guardian 成功研发出一款全电动、有效荷载高的飞行器 Alpha craft。2020 年,Guardian 在 Eva 的基础上成功研制出第三代无人机 SC1(图 6.8),与 Eva 相比,SC1 在可靠性、安全性及作业性能方面均有提升。相关资料显示,SC1 宽约 4.5 m,满载时重约 270 kg,由一组重约 45 kg 的电池组供电,可携带高达 45 kg 的液体负载。其飞行速度每小时可达 64 km,每小时可作业约 45 英亩(1 英亩≈0.4 hm²)的土地。SC1 采用了先进的传感器、控制器技术,其定位精度可达厘米级,可以自主完成复杂的飞防任务。此外,SC1 还装有自动化的配药、灌装和充电系统,以减少种植者和化学药品的接触,安全性能高。同时,SC1 无人机配备了地面增压装置和软件,帮助农民记录与跟踪施肥情况。总体来说,SC1 无人机比传统喷洒机更轻便、更灵活、更高效且更安全。

无人驾驶的农用轻型直升机因机动性和可操作性强、作业效率高以及农药飘移量少等特点,被很好地适用于人口多、耕地少,农业经营规模较小的国家(张菡,2017;刘开新,2015)。日本人口老龄化严重、田块面积小且分布破碎,较大的农业劳动力缺口为无人装备的发展提供了现实需求。日本是世界上最早将无人驾驶直升机喷洒技术应用于农业实际生产的国家,也是该技术最成熟的国家之一。1983 年,日本农林水产省着眼于本国现状,决定将无人直升机引入航空植保,委托雅马哈公司研发、生产单旋翼无人直升机,最早

图 6.8　Guardian Agriculture SC1 无人植保飞行器

的植保无人机由此诞生。1990 年,日本山叶公司推出世界第一架专门用于喷洒农药的无人机,拉开了该国无人航空植保作业的序幕。此后 20 年间,日本植保无人机产业迅速发展,市场覆盖率持续上升,先后有 11 个单位成为日本农用无人机航空协会(Japan Unmanned Aerial Vehicle Association,JUAV)会员单位。至 2003 年,无人机在水稻防治上的应用率首次超过了有人直升机;至 2015 年,日本无人直升机达到 2 668 架,无人机驾驶员约 14 000 人,作业面积 96.3 万 hm²,占总施药面积的 50％以上(尹选春等,2018)。

　　日本植保无人机产品众多,主要包括雅马哈 R-50、RMAX、FAZER、YMR-08(图 6.9)、洋马 YH300、AYH-3,富士重工 RPH2 等机型;其生产厂家分别为富士重工、洋马农机株式会社及雅马哈公司。在其中,雅马哈(YAMAHA)公司最具代表性。该企业凭借着雄厚的技术积累,始终处于行业霸主地位。它始终将无人直升机作为企业的拳头产品,相较于多旋翼机型,直升机风场更加稳定,向下风场大,导致药物穿透力更强;除此之外,该公

图 6.9　雅马哈 YMR-08 多旋翼植保无人机

司还拥有全球最好的喷嘴和药剂。在日本农林水产省的强力支持下,该企业已经成为世界上出货量最大,市场份额最高的植保无人机生产企业。2018 年 3 月,雅马哈公司宣布将开始有限地销售 YMR-08 工业多转子无人机,这标志着该国的植保无人机研制进入了一个新的阶段。YMR-08 无人机最大起飞重量高达 24.9 kg,最大药箱容量为 10 L,具有轻量级碳机身,可以提供媲美无人直升机的喷洒质量。该无人机是根据在 15 min 飞行时间内完成连续对 1 hm² 农田进行喷洒的要求而研制的,为实现以上目的,雅马哈公司开发了专用电池和马达,以确保可控性、可操作性和安全性,提供满足专业农业使用者的性能。

除美国与日本之外,还有很多国家也开始重视航空技术在无人机植保作业中的研究应用。如俄罗斯、加拿大、巴西等国家均着手于启动无人机研制计划,推动了本国航空植保产业的快速发展。

我国航空植保作业的发展与日本基本同步。1951 年 5 月,民航广州管理处在广州市上空执行了航空灭蚊蝇任务,标志着我国航空植保作业的开端,自此开始了较为快速的发展。我国地形复杂(高山、高原和丘陵占全国总面积的 69%)、农田规模小(中国平均田块面积:0.67 hm²,美国平均田块面积:178.35 hm²)、飞行器的可用性和可达性差(大多数农场位于山区和丘陵地带),使得早期的航空植保应用多集中于东北、西北农垦地区的国有农场。这些地区一般在行政部门的监督指导下进行空中喷洒和大规模的病虫害防治作业(张东彦等,2014)。

随着近 20 年无人植保机械的快速发展,以上的情况才开始慢慢地改变,土地租赁和承包经营促进了农场规模的扩大;劳动力短缺导致农作物种植者开始求助于农用航空作业。中国农业航空作业量不断增加,无人植保作业技术也取得了重要进展。据农业农村部统计,截至 2018 年,飞防总作业面积突破 3 亿亩次(1 亩 ≈ 667 m²);2019 年底,作业面积超过 8.5 亿亩次;2021 年,国内植保无人机作业面积接近 10 亿亩次;2022 年,全国植保无人机保有量 12.1 万架,年作业 10.7 亿亩次。我国常用的植保无人机主要包括大疆"MG-1"、珠海羽人 YR-H-15、无锡汉和 CD-10、北方天途 RH-2、RH-3、深圳高科兴农 HY-B-15L 等机型。但是,目前我国植保无人机与发达国家仍然存在差距,主要表现为:农用无人机配套施药设备和核心技术的相关研究还处在起步阶段、施药喷头排列间距大、飞行速度快、受外界影响因素大且药液沉积效果难以控制(张东彦等,2014)(表 6.2)。变量喷药技术的核心是采用 GPS、GIS 以及传感器技术实时获取农田小区域内病虫草害分布的差异性信息,采用压力控制方式、流量控制方式或药液浓度调节控制方式控制喷药量,使其按照农田病虫害分布的差异性,精确、快速地进行喷药作业(王利霞,2010)。变量喷药控制可根据其依据分为 2 种类型,分别为精准对靶喷药和基于处方图的变量喷药。精准对靶喷药的关键在于靶标传感,杂草可以通过光学、超声波等传感器进行准确定位。基于处方图的变量喷药是以"3S"技术测得的农田病虫草害分布差异性信息为标准,指导变量喷药执行机构动作完成变量喷药作业(杨青等,2006)。

表 6.2　国内外航空施药飞机的应用(截至 2021 年底)

国家	数量/架	类型	作业面积比例/%	备注
美国	4 000	AT-402,510G	40	农用飞机,无人机
俄罗斯	11 000	M-18	35	农用飞机
巴西	1 050	AT-402,510G	20	农用飞机
中国	98 000	Y-5,Y12,M-18,510G	20	农用飞机
		RH-2,RH-3,YR-H-15		无人机
日本	2 346	YAMAHA RMAX	30	无人机
韩国	500	Roll-balancedhelicopter	20	无人机

综上所述,经过近几年的快速发展,我国航空植保作业市场规模不断扩大,在小型无人机方面的市场需求日益倍增,依托国家土地和农机政策支持,植保无人机的生产制造经历了井喷式发展,并在实践中沉淀了多个经受住市场考验的机型。在未来几年,我国应立足国内实际生产需求,提升喷洒技术,提高精细化作业水平,借鉴发达国家的生产服务体系,建立健全相关行业标准和法律法规。

无人机操作合格证
考试中心证书

6.2　无人机植保作业的特点

我国农业集约化程度低,农田分布形态主要以小型田块为主,且分布破碎(Fritz 等,2015;Lesiv 等,2019)。以上客观现实决定了灵活的小型农机在我国农业生产中占据着重要的地位。植保无人机灵活、高效,适合我国农业的基本情况,在我国拥有巨大的发展潜力,应用前景广阔。因植保无人机自身所具有的独特优势,此类设备一经推出便受到各级政府部门、农业机械企业、各大农业院校及科研院所的广泛关注,相关行业在短时间内得到了飞速发展,对我国的农业现代化的转型形成了巨大的助力。目前我国农业现代化转型已进入"深水区",进一步发展精准农业的呼声日益高涨。为了应对这一变化,科技部、农业农村部及相关部委相继推出极具针对性的科研攻关计划,"十二五"规划中的"微小型无人机遥感信息获取与作物养分管理技术""十三五"规划中的"基于低空遥感的作物追肥变量管理技术与装备"及"无人机变量喷药控制分析平台的研发"等项目先后立项,为我国无人机植保领域的进一步发展奠定了坚实的基础。截至目前,数以万计的植保无人机已活跃于全国各地,高浓度、低容量的低空植保无人机施药技术已经成为我国农业植保领域的新生力量,以上变革为我国"农业 4.0"时代的到来提供了强有力的技术和装备支撑。无人机植保作业之所以大受欢迎,究其原因是它具有适应能力强、节本增效、人力成本低、资源利用率高、人身和环境损害小等特点。

6.2.1 适应能力强

农业生产涉及区域广,农作物结构复杂,作物种植区地形起伏多变,以多旋翼植保无人机为代表的无人机植保系统体积较小,可在不同的工作场景中迅速地展开并高效地工作,这使得该设备在作物生产领域具有极强的适应性。植保无人机以空中喷洒的方式进行植保作业,这种作业方式决定了它们具有对基础设施(特别是作业区域的道路状况)和地形地貌要求极低的独特优势,同时也保障了它们在崎岖山林、深山沟壑等场景的平稳运行。相较于传统的地面机械田间作业,无人机植保涉及更多的现代高新技术,如 GPS 定位系统赋予了它路径导航的能力,雷达或超声波技术的普及使其可以完成避障作业和仿地飞行,这些技术都在悄然间改变农业植保的传统面貌,使山地、林区和高原等特殊场景的机械化、智能化病虫害防治成为了可能。无人机植保正在以自有的方式影响着整个农业植保领域的深刻变革。

6.2.2 节本增效

农业是传统的劳动密集型产业,利用有限的资源尽可能多地创造效益一直是该行业所面临的一大难题。植保无人机具有极高的作业效率,同时还可以最大程度避免不必要的田间作物损失,在节本增效方面具有无限潜力。据美国 Sky Tractor 农业航空服务公司的研究数据显示:每英亩的作业面积上,航空作业与传统地面机械作业相比,可减少作物损伤成本及其他支出共计约 40 美元。2013 年,罗锡文院士在《无人机系统新兴应用市场分析报告》中指出,根据生产实践中的第一手资料推算,在进行航空喷施作业过程中,当以年度收益为主要评价指标时,有效载荷为 25 kg 的单旋翼油动无人直升机和有效载荷为 15 kg 的单旋翼电动无人直升机分别是机动喷雾机的 33 倍和 25 倍;在不考虑人工成本时,二者的年度收益分别是人工手动喷雾器的 133 倍和 93 倍,如上所述,无人机植保可以大幅度降低各项成本。无人机植保不仅可以使各项投入减少,而且还可以改善病虫害的防治效果。飞机飞行时所产生的下洗气流分别增加了雾滴在冠层内的渗透性和雾滴在植物叶片上的沉积压力,有助于叶片对雾滴的吸收;无人机旋翼产生的涡流会吹动叶片,使叶片的正、反面均能接触到药液,大大增加了作物各部位与药剂的接触概率。相关统计显示,与机械和人工喷洒系统相比,旋翼无人机可以使作物病虫害的防治效果提高 15%~35%。

6.2.3 人力成本低

农业是国家发展的基础,也是人类赖以生存的根基。随着城镇化和工业化进程的不断加快,农业生产正在遭受前所未有的冲击。种植业的从业人口迅速减少是引起传统农业生产模式发生巨大改变的一个重要原因。在政策和劳动收益的双重驱动下,大量的劳动力开始由第一产业向第二、三产业转移,传统种植业中劳动力不足的问题日渐凸显;加之,目前多个国家都面临着较为严重的人口老龄化问题,使得农业生产过程中的人力成本迅速增加。植保无人机涉及导航、避障、路径规划、仿地飞行等众多高新技术,自动化程度高;由 2~3 人组成的植保机组可以在短时间实现成百上千亩农田的病虫害防治工作,人力成本极低;这种工作极大地解放了剩余劳动力,对缓解目前农村劳动力不足的问题具有深远的意义;同时还具有大幅度降低农业生产中的人力成本、增加农业从业者的劳动收益的巨大潜力。

6.2.4 资源利用率高

常用植保无人机均拥有紧凑的机械结构,体积较小,小型发动机或电机即可为其提供充足的动力。这些设计使得该种设备具有能量消耗少、资源利用率高的特点,大大节约了宝贵的石油和电力资源。植保无人机的高资源利用率不仅体现在能源消耗上,更体现在药剂的施用等诸多方面。植保无人机采用专用药剂进行植保作业,其单位面积的施液量为 $1\sim2\,L/hm^2$,仅占传统喷洒机械喷洒单位面积的施液量的 $2\%\sim4\%$,大幅度提高了农药的利用率(Xue 等,2016)。这些成绩的取得得益于脉冲宽度调制(pulse-width modulation,PWM)等变量喷洒技术的应用。通过 PWM 变量喷洒技术,施药者可以针对不同作业参数,如作业高度、飞行速度、农田作物长势空间分布等情况,改变脉冲的宽度或占空比,以期实现减少喷洒量和精准喷洒的最终目的。

6.2.5 人身和环境损害小

低空作业、远程操控是植保无人机的工作的基本场景,远距离的喷洒作业避免了操作员与药剂的直接接触,减少了操作员在药雾中的暴露时间,进而大幅度降低了植保作业时农药对施药者的直接伤害。不可否认,在进行植保作业时保护施药者的人身安全至关重要,但过量施药所引发的环境污染问题也必须引起我们的足够重视。通过农药的喷洒,一些有毒化学物质会通过气流飘移到空中,造成空气污染;还有一些农药则会经过雨水冲刷等过程浸入土壤,造成土壤污染;进入土壤的农药甚至经过一系列的迁移,进入水体,最终造成水体污染(Sun 等,2018)。相关数据显示,我国目前受农药污染的耕地面积已高达 $130\,000\sim160\,000\ km^2$,改变传统的施药模式,减少其对环境的污染已刻不容缓(李丽等,2012)。植保无人机多采用变量喷施系统,并搭载 GPS 等设备,可以对作业区进行精准、变量的药剂喷洒,减少了雾滴在目标区以外的飘移,大幅度降低了农药对农田环境和周边水域的污染,这对缓解过量施药所引发的环境污染问题大有裨益。

6.3 典型植保无人机

随着农业现代化转型的不断深入,一大批以高新技术为依托的新型装备开始在农业生产的各个环节得到广泛应用,植保无人机就是其中最具代表性的一种。这种设备具有灵活、高效的特点,可以满足新的历史背景下现代化农作物病虫害防治的各种需求,所以一经推出便受到众多科研机构和相关企业的广泛关注。在社会需求和技术进步的双重推动之下,大量的人力、物力和财力被投入新型植保无人机的研发和推广中,众多性能优异、成本低廉的植保无人机如雨后春笋般不断涌现,逐渐成为农作物病虫害防治中的利器,并在悄然间改变农作物病虫害防治的传统形态。在目前投入市场的众多型号的植保无人机中,属浙江大学研发的 ZJU 系列、大疆公司研发的 T30、启飞公司研发的 A22 RTK 版、天途公司研发的 M8A PRO、极飞公司研发的 P100 等无人机最具代表性。

浙大植保无人机如图 6.10 所示。

浙大农用植保
直升机展示

图 6.10　浙大植保无人机

大疆 T30 植保无人机是深圳市大疆创新科技有限公司(DJ-Innovations,DJI)于 2020 推出的专用植保无人机(图 6.11)。此款设备搭载 30 L 的作业药箱,最大载重高达 40 kg,使得植保效率大大提高。值得一提的是,该无人机采用先进的"枝向对靶技术",即机臂角度可根据树枝朝向自动调整,通过斜角喷洒可以使药雾穿透厚冠层,确保药液上下均匀附着,雾滴数量提升 100%。另外,它还采用全新的 16 喷头布局,使得雾滴的沉降效果进一步提升。除此之外,全新球形雷达系统和双 FPV 摄像头,使 T30 可以在全环境、全天候、全视角感知障碍物及周围环境,并具备自动绕障及仿地飞行功能,充分保障了作业的安全。

启飞 A22 RTK 植保无人机是杭州启飞智能科技有限公司推出的一款拳头产品(图 6.12)。它配备了全新布局 T 型压力免泄压喷头,可提供 8 L/min 超大流量,喷洒校准过程缩短,喷幅增加了 30%,大大提升了其作业效率。该设备的最大特点在于采用了自主研发的主板式设计 AG3 飞行控制系统,其飞控和外设通过主板连接,该设计为飞控的改装提升奠定了非常好的基础。除此之外,A22 RTK 还可以搭配 AGstation 北极星基站,北极星基站可以为 RTK 或网络信号不佳地区客户如西北部地区、部分山区,以及海外客户提供 RTK 定位支持。相较于该企业之前的相关产品,A22 RTK 全机身大量采用复合材料,复合材料占全机身的 90%,极大地降低了成本和重量,用户日后维护维修成本大大下降,让每一位启飞智能用户,都能用最优的价格,创造最大的农业效益,带领更多农业生产者进入农业科技领域。

图 6.11 大疆 T30 植保无人机

图 6.12 启飞 A22 RTK 植保无人机

天途 M8A PRO 植保无人机是北方天途航空开发的一款八旋翼专用植保无人机(图 6.13)。该款设备的药箱为 20 L,拥有较大的容量,但是因为它采用了折叠的设计,从而使整机拥有了较小的体积,运输非常方便。该款装备的特色在于整机的模块化设计,使得各种组件可快速更换,方便客户田间自行维保。另外,该设备还配备了工业级的 IMU 和外置罗盘,有助于内部防震,可以使姿态修正稳定迅速。除此之外,它还采用 RTK 厘米级精确定位,在实时 GPS、北斗、GLONASS 多系统协同定位的配合下确保作业安全。该设备性价比较高,拥有碳纤维外加航空铝材质机身,操作简便,是病虫害防治过程中的一款利器。

极飞 P100 植保无人机是广州极飞科技股份有限公司于 2022 年推出的最新产品(图 6.14)。该款无人机采用双 4G 模块,且其 ACS3 单手控可以作为信号中转的基站,使得它拥有极强的通信能力,保证了它在弱网环境下的自主飞行能力。需要强调的是,即使在无网环境下,用户也可以利用局域网基站,让其实现全自动作业。此款设备的特色还在于采用了添加了垂直维度探测的 4D 毫米波雷达和仿地雷达,使其可以全向细腻感知障碍物及周围环境,准确预判障碍物的位置、距离、运动方向和速度,实现快速精准绕障,保护无人机安全飞行。除此之外,P100/V50 2022 款农业无人机,也在结构和操作系统上进行了升级优化。分体平台的结构设计,把飞行平台和作业系统完全分离,便于农业无人机换装、转场、运输和维养,还可以快速地在植保、播撒、测绘间灵活切换。

图 6.13 天途 M8A PRO 植保无人机

图 6.14 极飞 P100 植保无人机

多旋翼植保无人机作业

植保无人直升机作业

6.4 机载植保装备

6.4.1 变量喷施系统

喷洒系统是农用植保无人机的核心,它包含复杂的管路和若干喷嘴,这些结构与农药药液紧密接触,因此它们必须具备抗腐蚀的特性。另外喷头、泄压阀等常与药液接触的部件也必须具有类似的特性。喷嘴是药液喷洒的关键部件,它在控制雾滴特性和质量等方面发挥着举足轻重的作用。目前,我国已处于"农业 3.0"时代向"农业 4.0"时代转型的关键时期,精准和稳定的田间植保活动要求植保无人机喷洒出的液滴具备高浓度、低容量的特性,因此,喷嘴的材料和结构设计要符合航空植保作业精细雾滴的要求,从而为精准施药打下坚实的基础。

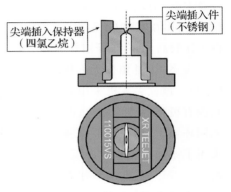

图 6.15 TEEJET XR110015VS 喷嘴截面图与俯视图

为了实现植保无人机精准喷施的需求,浙江大学数字农业与农业物联网创新团队利用自身多年来所积累的技术优势,设计并搭建了具有完全知识产权的农用无人机变量喷施控制系统。该系统应用单片机 Arduino UNO R3 作为系统控制器,优选 TEEJET XR110015VS 喷嘴作为系统测试喷嘴(图 6.15),通过脉冲宽度调制(PWM)信号实现变量喷施控制;系统对比分析并标定了 PWM 信号占空比和压力、流量之间的量化关系,确定了系统在压力 0.2 MPa、3 个喷嘴高度下不同水平位置雾滴粒径的变化规律和量效关系。

典型的变量作业处方图

测量得到的 PWM 信号占空比、压力和流量之间的关系,结果如表 6.3 所示,几个变量之间的关系如图 6.16 所示。通过系统的 PWM 信号占空比和系统的压力关系图可以得到,系统的 PWM 信号占空比和系统的压力呈现非常好的线性关系,近泵处和远泵处测量结果决定系数 R^2 均大于 0.98,2 条线性拟合曲线基本重合,可以通过得到的线性公式作为 PWM 信号占空比和系统压力关系的标定公式。

表 6.3 系统 PWM 占空比、压力与流量之间关系测量结果

PWM 占空比/%	近泵处		远泵处	
	压力/MPa	流量/(L/min)	压力/MPa	流量/(L/min)
19.27	0.010	0.45	0.010	0.23
20.18	0.040	0.46	0.025	0.21

续表6.3

PWM 占空比/%	近泵处		远泵处	
	压力/MPa	流量/(L/min)	压力/MPa	流量/(L/min)
21.10	0.075	0.78	0.068	0.25
22.02	0.100	0.82	0.100	0.30
22.94	0.140	0.86	0.130	0.33
23.85	0.180	0.96	0.160	0.38
24.77	0.210	1.05	0.180	0.47
25.69	0.230	1.09	0.245	0.50

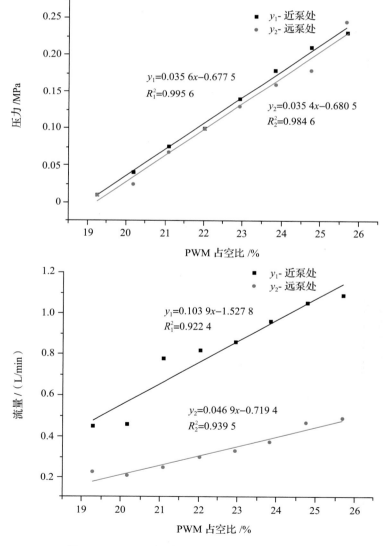

图 6.16　PWM 信号占空比和压力及流量的关系

通过系统的 PWM 信号占空比与流量关系图可以发现,系统的 PWM 信号占空比与流量呈现较好的线性关系,决定系数 R^2 均在 0.9 以上,可以看到近泵处 PWM 信号占空比与流量的关系存在偏差,原因可能是在流量计测量数据读取过程中,数据在接近量程范围最小值时存在一定程度上的波动。另外,对比近泵处和远泵处的结果可以发现,近泵处得到的拟合方程斜率值大约为远泵处的 2 倍（$k_1 = 0.1039$，$k_2 = 0.0469$），说明通过单侧 2 个喷嘴的流量相等,为实现系统的均匀喷洒提供了保障,2 个线性公式也可作为 PWM 信号占空比和系统流量关系的标定公式。

通过系统的雾滴粒径测量实验,得到了系统在 0.2 MPa 压力下不同喷嘴高度和水平位置下的雾滴体积中径（VMD）分布图（图 6.17）。通过分布图可以发现,同一喷嘴高度的测量点在水平方向上存在非常明显的雾滴粒径变化,系统 4 个喷嘴下方对应水平位置（45 cm、95 cm、145 cm 和 195 cm）的雾滴体积中径较大,两喷嘴中间位置（75 cm、125 cm、175 cm 和 225 cm）的雾滴体积中径较小。其中,中间两喷嘴下方的测量点雾滴体积中径最大。

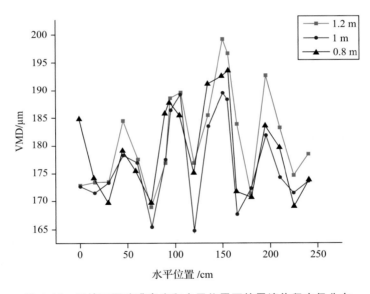

图 6.17　系统不同喷嘴高度和水平位置下的雾滴体积中径分布

通过相关研究发现,多喷嘴扇面叠加情况下的雾滴平均粒径会由于雾滴碰撞而增加,粒径的分布情况也会发生相应的变化（Shin 等,2000）。通过对不同高度和水平位置测量得到的雾滴体积中径数据进行显著性分析可以得到表 6.4,从表中可以看到,同一高度下,中间两喷嘴下方、两侧喷嘴下方的雾滴粒径大于喷嘴中间下方的雾滴粒径,说明喷嘴下方的雾滴碰撞更加明显;三喷嘴喷雾扇面重叠的中间两喷嘴下方雾滴粒径大于两喷嘴喷雾两侧喷嘴,说明扇面重叠数量越多雾滴碰撞也越明显。另外,通过比较不同高度下的雾滴粒径可以发现,喷嘴高度对雾滴粒径的影响在喷嘴中间下方的水平位置最明显,可以发现 1.2 m 喷嘴高度的雾滴粒径大于其他 2 个高度的雾滴粒径,雾滴粒径随着高度呈现增加的趋势。

表 6.4   不同喷嘴高度和水平位置下的雾滴体积中径平均值、标准差和显著性差异   μm

水平位置	喷嘴高度/m		
	0.8	1	1.2
两侧喷嘴下方	176.22±5.42[b]	176.11±3.53[b]	180.24±8.04[b]
中间两喷嘴下方	189.29±3.49[a]	185.59±4.69[a]	189.25±7.97[a]
喷嘴中间下方	171.72±2.69[b]	168.12±3.24[b]	175.42±4.83[a]

说明:数据类型为均值±标准差;同样字母说明在 $p=0.05$ 显著水平上无显著性差异,不同字母说明在 $p=0.05$ 显著水平上有显著性差异。

在搭建了变量喷施系统之后,为了探究无人机变量喷施系统在实际工作中的性能,验证变量喷施的实际效果,该团队还借助无人机仿真平台和单旋翼植保无人机分别搭载该系统并进行了作业测试。针对无人机仿真平台搭载测试试验,探究了 3 个高度下以及 9 个水平位置的雾滴分布情况和系统性能;针对田间飞行测试验证,主要探究基于处方图的系统变量喷施实际效果,验证系统的控制性能和实际作业可行性。

如图 6.18 所示,无人机变量喷施系统搭载在无人机仿真平台上。无人机仿真平台由浙江大学生物系统工程与食品科学学院农业信息技术研究所研制,能够模拟无人机在农田中的飞行状态。仿真平台包含水平与垂直方向 2 个导轨,可以实现对飞行速度、垂直作业高度的控制。垂直导轨可在 1.2~1.7 m 的高度范围内上下移动,垂直运动速度范围为 0~0.1 m/s;水平导轨的长度为 12 m,水平运动速度范围为 0~1 m/s。

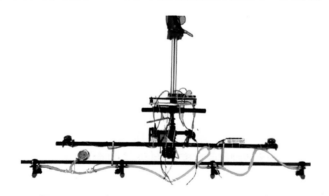

图 6.18   无人机仿真平台和无人机变量喷施系统

使用水敏纸对无人机变量喷施系统模拟作业的雾滴分布进行评价,水敏纸的布置如图 6.19 所示。试验在系统压力为 0.2 MPa 的条件下进行,系统 4 个喷嘴的喷嘴间距均为 0.5 m,飞行速度设置为 1 m/s,共设置 3 个飞行高度(水敏纸中心至喷嘴的垂直距离),分别为 0.8 m、1 m 和 1.2 m,环境温度为(25±2)℃,环境湿度为 55%±5%,用纯水代替药液进行试验。在每个飞行高度下,以系统的下方为中心和零点,两边各距离 0.3 m 放置水敏纸,共放置 9 张,覆盖范围 2.4 m,每个飞行高度下各测试 3 次,得到的雾滴特性结果取平均值。

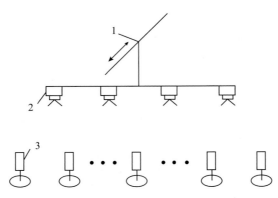

图 6.19 无人机仿真平台试验水敏纸摆放示意图
1. 导轨；2. 无人机变量喷施系统；3. 水敏纸

　　该研究采用单旋翼无人机为高新 S40-E 全智能农业无人直升机(高科新农,中国,深圳,S40-E)搭载无人机变量喷施控制系统。试验于 2019 年 10 月 23 日在南京农业机械化研究所白马试验基地进行,作业温度为 20～25 ℃,相对湿度为 45%～55%,自然风速小于 1 m/s,喷施过程中采用纯水代替药液进行试验。单旋翼无人机作业的飞行速度为 2 m/s,距离地平面的飞行高度为 3 m,系统喷嘴间距为 0.5 m,0.9 m 和 0.5 m,根据有效沉积量判定法测量得到系统的喷幅为 3.5 m,根据设计好的处方图进行无人机变量喷施控制系统的变量喷施。

　　如图 6.20 所示,为了验证无人机变量喷施控制系统的喷施效果,将田块分割为 8 个小田块(字母 A～H),将药量梯度设置为 3 个(0 L/亩、1.5 L/亩、3 L/亩),每 2 个小田块(A 和 H、B 和 G、C 和 F、D 和 E)对应 1 个药量。随后,可以通过药量、喷幅以及飞行速度换算得到系统所需要的流量分别为 0 L/min、0.95 L/min 以及 1.89 L/min。

　　根据单旋翼无人机的飞行速度、系统的喷幅使用 GPS 模块(NEO-M8N,U-BLOX)读取目标田块轮廓点(圆形点)和航迹点(叉形标记)的 GPS 位置信息,确定田块的面积为 (11.29×71.01)m²,形状为长方形,每个小田块的宽度都略大于系统的喷幅。将航迹点的信息导入单旋翼无人机的飞行控制系统,形成航线。

　　提前设置飞行控制系统触发脉冲宽度调制信号的命令,将进入每个小田块(A～H)第 1 个航迹点的位置信息以及相应田块药量对应的 PWM 信号占空比导入飞行控制系统。在使用进行田间飞行作业时,飞行控制系统到达该航迹点就会通过输出 PWM 信号控制系统的水泵产生相对应的喷药量,实现基于处方图的田间变量喷施。

　　田间飞行试验的雾滴测试点位置如图 6.20 所示(三角形点),是每个小田块的中心点。测试点的水敏纸布置如图 6.21 所示,在每个测试点高度为 0.4 m、0.8 m 和 1.2 m 的位置放置水敏纸,用黄色双头万向夹将水敏纸固定在红色塑料板上,3 张水敏纸互不遮挡,黄色双头万向夹的另一端与铁杆连接,铁杆垂直地插入对应的测试点。不同变量田块测量点上层通过水敏纸测得的雾滴效果如图 6.22 所示。

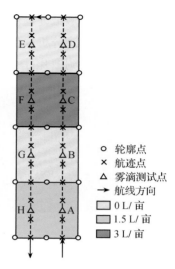

○ 轮廓点
× 航迹点
△ 雾滴测试点
→ 航线方向
0 L/亩
1.5 L/亩
3 L/亩

图 6.20　田间飞行试验过程实际作业图和示意图

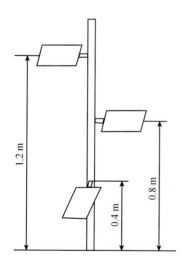
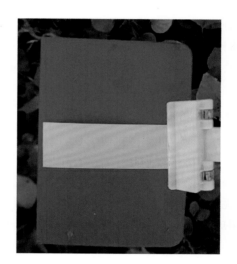

图 6.21　水敏纸布置示意图和实物图

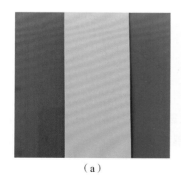
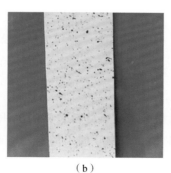
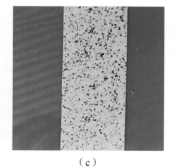

（a）　　　　　　　　　（b）　　　　　　　　　（c）

图 6.22　不同变量田块测量点上层水敏纸雾滴效果对比图

（a）0 L/亩；（b）1.5 L/亩；（c）3 L/亩

研究中的水敏纸处理使用的是厂家提供的水敏纸图像处理软件（重庆六六山下植保科技有限公司雾滴分析软件），厂家有软件著作权。将试验采集到的水敏纸晾干，使用扫描仪进行扫描得到图片（图 6.23），清晰度为 600 dpi，随后使用软件处理图片。

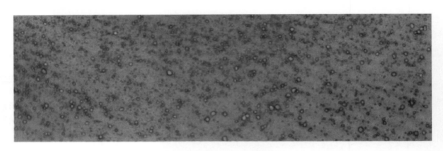

图 6.23　水敏纸图样

雾滴沉积覆盖率为单位面积雾滴沉积材料上所有雾滴颗粒占有体积，雾滴沉积覆盖率可以表征植物表面雾滴分布以及铺展的情况，雾滴沉积覆盖率越大说明药液与植物表面的接触面积越大，药效更加显著（周莉萍，2017）。本研究使用的雾滴沉积材料为水敏纸，具体计算公式如下：

$$C = \frac{S}{A} \tag{6-1}$$

式中　C——雾滴沉积覆盖率；

　　　S——雾滴沉积颗粒面积；

　　　A——水敏纸面积。

雾滴沉积量是无人机喷施过程中重要的雾滴特性表征手段，研究者使用了很多方法来进行无人机喷施过程中的雾滴沉积量测量。本研究使用软件根据图像中每个液滴的直径，使用球体计算公式得到液滴体积，进一步得到雾滴沉积量 β_{dep}，具体计算公式如下：

$$\beta_{dep} = \frac{\frac{1}{6} \sum_{i=1}^{n} \pi d_i^3}{A} \tag{6-2}$$

式中　i——液滴的编号；

　　　n——液滴的总数；

　　　d_i——第 i 个液滴的直径，mm；

　　　A——整个图像的面积，cm^2。

雾滴沉积密度表示单位面积雾滴收集材料表面的沉积雾滴个数，本研究将水敏纸作为收集材料。雾滴沉积密度越大，在植物叶面上的作用点越多，说明药液的分布越广泛，计算公式如下（周莉萍，2017）：

$$D = \frac{n}{A} \tag{6-3}$$

式中　　D——雾滴沉积密度；

　　　　n——雾滴沉积数量；

　　　　A——水敏纸面积。

无人机仿真平台搭载试验数据以及方差分析结果如表 6.5 所示，根据水平位置将测量点分为喷嘴下方附近的测量点(±0.3 m、±0.9 m)以及其他位置测量点(0 m、±0.6 m、±1.2 m)并分别进行雾滴参数的分析。从结果可以得到，喷嘴下方附近和其他位置测量点的雾滴沉积覆盖率结果具有显著性差异，雾滴沉积量和雾滴密度的结果没有显著性差异。另外，随着飞行高度的增加，雾滴沉积量和雾滴密度在逐渐减小，雾滴沉积覆盖率的变化不明显。

表 6.5　无人机仿真平台搭载试验结果平均值、标准差和显著性差异

雾滴参数	水平位置	飞行高度/m		
		0.8	1	1.2
雾滴沉积覆盖率	喷嘴下方附近	$16.26\%\pm6.28\%^{b}$	$11.07\%\pm3.80\%^{b}$	$8.64\%\pm1.47\%^{b}$
	其他位置	$18.09\%\pm8.84\%^{a}$	$14.47\%\pm5.92\%^{b}$	$18.93\%\pm5.79\%^{a}$
雾滴沉积量	喷嘴下方附近	$(0.463\ 4\pm0.214\ 9)$ $\mu L/cm^{2\ b}$	$(0.299\ 8\pm0.117\ 3)$ $\mu L/cm^{2\ b}$	$(0.229\ 3\pm0.056\ 3)$ $\mu L/cm^{2\ b}$
	其他位置	$(0.604\ 5\pm0.427\ 6)$ $\mu L/cm^{2\ a}$	$(0.403\ 1\pm0.194\ 6)$ $\mu L/cm^{2\ b}$	$(0.544\ 3\pm0.189\ 2)$ $\mu L/cm^{2\ b}$
雾滴密度	喷嘴下方附近	(213 ± 53)个$/cm^{2\ a}$	(211 ± 48)个$/cm^{2\ a}$	(183 ± 66)个$/cm^{2\ a}$
	其他位置	(236 ± 77)个$/cm^{2\ a}$	(213 ± 18)个$/cm^{2\ a}$	(212 ± 31)个$/cm^{2\ a}$

说明：数据类型为均值±标准差；同样字母说明在 $p=0.05$ 显著水平上无显著性差异，不同字母说明在 $p=0.05$ 显著水平上有显著性差异。

对于不同水平位置的测量点，喷嘴下方附近的雾滴沉积覆盖率和雾滴沉积量都明显小于其他位置，雾滴密度稍小于其他位置，这是因为喷雾扇面重合过程中雾滴碰撞导致包括雾滴粒径等雾滴参数的变化。从总体上看，雾滴密度达到了 200 个$/cm^2$，平均覆盖率达到了 15%，无人机变量喷施控制系统在试验中实现了较好的喷施覆盖效果。

首先，将每个雾滴测试点不同的高度位置(0.4 m、0.8 m 和 1.2 m)定义为下层、中层和上层，并对结果进行分析，雾滴沉积覆盖率的结果如图 6.24 所示。根据得到的结果，雾滴测试点上层的覆盖率明显大于中层和下层的覆盖率，中层的覆盖率略大于下层，差异不明显。针对不同的田块，用药量为 3 L/亩的田块 A 和田块 H 的总体覆盖率明显高于用药量为 1.5 L/亩的田块 C 和田块 F。用药量为 0 L/亩的田块 B、D、E 和 G 的雾滴沉积覆盖率在 1% 以下，说明无人机变量控制系统的变量控制效果较好，但有少量的雾滴由于飘移到达了这 4 个田块。

另外，从图中还可以看出，作为设置药量相同的田块 C 和田块 F，田块 C 的雾滴沉积覆盖率明显小于田块 F，是由于单旋翼无人机航线的偏离和雾滴飘移导致的覆盖率减小。田块 H 中层的雾滴沉积覆盖率明显小于下层和上层，说明水敏纸不同的水平角度可能会

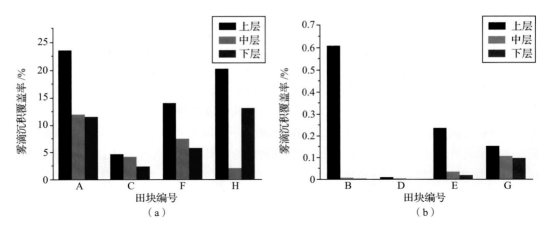

图 6.24　田间飞行试验雾滴沉积覆盖率结果

对采集到的雾滴造成较大的影响。

雾滴测试点的雾滴密度结果如图 6.25 所示。根据得到的结果，上层的雾滴密度明显大于中层和下层，中层和下层的雾滴密度差异不明显，还出现了雾滴测试点的下层雾滴密度大于中层的情况。用药量为 3 L/亩的田块 A 和田块 H 的雾滴密度明显大于用药量为 1 L/亩的田块 C 和田块 F，说明用药量对雾滴的作用点数量以及覆盖范围有显著的影响。用药量为 0 L/亩的田块 B、D、E 和 G 的雾滴密度基本在 20 个/cm^2 以下，说明系统的变量控制效果较好。

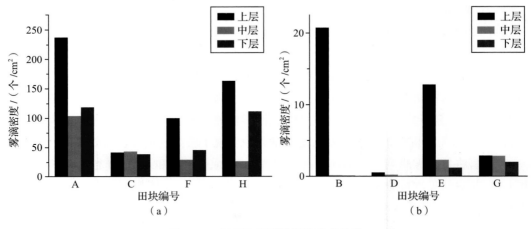

图 6.25　田间飞行试验雾滴密度结果

雾滴测试点的雾滴沉积量结果如图 6.26 所示。根据结果，雾滴沉积量不同田块、不同高度位置呈现的规律与雾滴覆盖率相似，雾滴沉积量上层＞中层＞下层，用药量为 3 L/亩的田块 A 和田块 H 的雾滴沉积量大于用药量为 1.5 L/亩的田块 C 和田块 F 的雾滴沉积量，且总体呈现出两倍的关系。用药量为 0 L/亩的田块 B、D、E 和 G 的雾滴沉积量均低于 0.015 $\mu L/cm^2$，说明系统的变量控制效果较好。

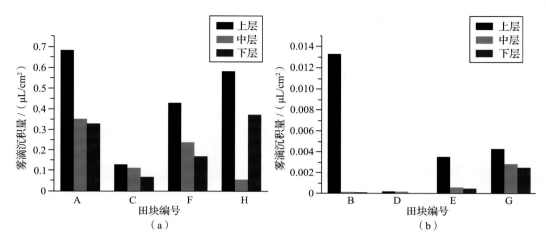

图 6.26　田间飞行试验雾滴沉积量结果

　　为了进一步确定无人机变量喷施控制系统田间试验的效果,本研究进行了雾滴沉积量和用药量的换算以及定量比较,结果如图 6.27 所示。根据结果,田块 A 测量得到的实际值与设定值基本相同,变量喷施的效果非常好。由于田块 H 中层测量得到的雾滴沉积量较小,田块 H 测量得到的实际值与设定值存在少量偏差。田块 F 测量得到的实际值与设定值存在少量的偏差,可能是进行田块 C 喷施时产生了雾滴飘移。田块 C 的偏差非常明显,说明基本实现了 2 个田块的变量控制,但是由于旋翼风场作用、航路偏移等原因出现了明显的误差。

　　无人机仿真平台搭载的系统实现了较好的喷施效果,随着飞行高度的增加,雾滴沉积

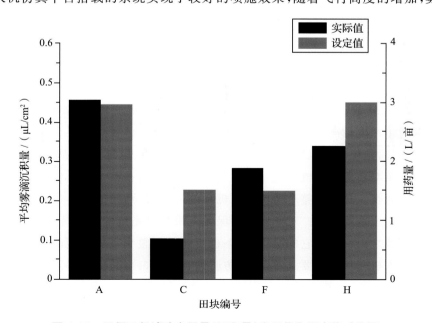

图 6.27　田间飞行试验亩用量(沉积量)实际值和设定值对比图

量和雾滴密度逐渐减小，同一高度喷头下方附近位置的雾滴沉积覆盖率、雾滴沉积量和雾滴密度都小于其他位置，证明了喷雾扇面重合对喷施效果的影响。基于处方图的单旋翼无人机搭载田间飞行试验取得了较好的变量喷施效果，得到了同一雾滴测量点上层雾滴沉积覆盖率、雾滴沉积量和雾滴密度明显大于中层和下层的结果。3 L/亩用药量的田块变量喷施实现效果最佳，1.5 L/亩用药量的田块由于外界风场、旋翼风场和航路偏移等影响因素出现了用药量的偏差。

6.4.2　机载水泵及药箱

农用植保无人机与其他行业无人机的最大区别在于它拥有着一套适合农田喷洒作业的喷洒系统。该喷洒系统主要由水泵、药箱、喷嘴和管路这4个部件构成。

水泵可为喷洒系统提供动力，它是农用植保无人机喷洒系统的"心脏"。水泵是用来给液体增压，并进行输送的机械。它所输送的对象主要包括水、油、普通液体、乳化液、酸碱液、液态金属、悬乳液、气体混合物及含悬浮固体物的液体等。水泵之所以可以输送液体，是因为它可以将原动机的机械能或其他外部能量传递给水泵内容物，使其能量增加，进而达到输送液体的目的。衡量水泵性能的技术参数包括流量、扬程、轴功率、水力功率、吸程和效率等。

植保无人机水泵种类繁多，形式多样，按照不同的标准，其分类结果也存在较大的差异。在实际生产中，我们常根据水泵工作原理的不同，将其分为容积泵和叶片泵等类型。容积泵是通过改变工作室内液体的容积，来实现液体输送的水泵，该种类型的水泵又包括隔膜泵、齿轮泵、活塞泵、柱塞泵、螺杆泵等。叶片泵是通过泵中叶轮的高速旋转，将其机械能转化为泵内液体的动能和压力能的装置；因其叶轮中包含弯曲、扭曲的叶片，因此称为叶片泵。叶轮结构不同，其对液体的作用力也不同，由此叶片泵又可具体分为：①离心泵，依靠叶轮旋转形成的惯性离心力来将液体抽送的水泵；②轴流泵，依靠叶轮旋转产生的轴向推力而将液体抽送的泵，此泵属于大流量、低扬程的泵型，一般技术参数的性能为扬程 $1\sim12$ m、比转数 $500\sim1\,600$、流量 $0.3\sim65$ m^3/s；③混流泵，依靠叶轮旋转产生惯性离心力的同时也产生轴向推力，并在二者共同作用下将液体抽送的泵。除了以上所提及的常用泵型之外，植保无人机所涉及的水泵还包括水锤泵、电磁泵、射流泵等其他类型。

虽然说水泵对植保无人机喷洒系统至关重要，但药箱在整个无人机植保系统中所起的作用也不容忽视。药箱是整个植保无人机系统的容器，药箱的大小也是影响植保无人机作业能力的一个重要因素。对于农用植保无人机喷洒系统配备的药箱而言，它必须要在飞机承重范围之内；另外，它的结构、形态也不能破坏整个飞机系统的相对平衡。一个合格的植保无人机药箱一定要具备轻质、防腐蚀、不漏水、与其他部件紧密结合等多种特性。除此之外，喷洒用药箱内还需根据喷洒雾滴粒径的不同要求，配备不同尺寸的过滤网，以便过滤药液中的杂质或者大分子固体物质，防止其堵塞管路和喷嘴。考虑到药液在无人机飞行过程中会出现一定的抖动，药箱内还需配备防药液震荡的装置。

6.5　无人机植保作业药剂

6.5.1　无人机植保专用药剂及剂型

航空植保专用药剂应当满足航空植保高浓度、细喷雾、低容量的低空、低量喷雾技术要求,此外,对药液的持效期和残留也有一定要求,并且要达到对作物无害的效果。按照作业方式来划分,农药大致可分为触杀型和内吸型 2 种。触杀型药剂(简称触杀剂)能经皮肤进入人、虫、畜体内,引起中毒。石油乳化剂可在害虫体表形成薄膜,封闭气门使害虫窒息致死,也属于一种触杀剂。这类药剂必须在直接接触昆虫后进入其体内,才会使昆虫中毒死亡。大部分杀虫剂以触杀作用为主,兼具胃毒作用,但是对于蚧壳虫一类,其表面有很多蜡质,触杀剂不易渗透进体内,可在触杀剂中加入增加渗透力的展着剂,如有机硅,以此提高防治效果,或者使用内吸型药剂。常见的触杀剂有辛硫磷、马拉硫磷、氯吡硫磷、抗蚜威、溴氰菊酯、氰戊菊酯等。内吸型药剂是能通过植物叶、茎、根部吸收进入植物体,在植物体内输导至作用部位的药剂。内吸型药剂按照运行方向又可分为向顶性内吸输导作用和向基性内吸输导作用。此类药剂本身或其代谢物可以对已侵染的病原菌生长发育过程进行抑制,从而保护植物免受病原菌的二次侵染。该类药剂适合在植物发病后进行施药治疗,可直接喷施、拌种或进行土壤处理(灌浇、沟施等)。在实际使用中,因其作用点单一,病原菌易产生抗药性,而往往与其他多作用点的非内吸性药剂混用,以延缓抗药性的产生。有些药剂能被植物吸入体内,但不能在体内输导,将此现象称为渗透作用或内渗作用,以有别于内吸作用。

传统农药制剂主要有乳油剂型和粉剂型。乳油剂型就是将不溶于水的原药溶于甲苯、二甲苯等有机溶剂中,与乳化剂一起配合而制作出的农药制剂;粉剂型主要是可湿性粉剂,是可以在水中分散后,形成稳定悬浮液的粉状制剂。在航空植保领域,应当选用活性高、有内吸传导性、亩用量少、对作物无害的活性成分,以水基化的水剂、悬浮剂、水乳剂作为主要剂型的新型药剂来配制航空植保专用药剂。飞防药剂中经常会添加飞防专用助剂,用来增加雾滴的沉降率、细小雾滴的比率,减少飘移;或是添加表面活性剂,通过药液在植物叶片表面附着,增强叶片表面张力,使药液以更小的接触角附着在叶片上,可以高效渗透进叶片内部,使作物更好地吸收药液,同时减少药液在复杂多变的农林环境内喷洒的过程中受高温或风场等影响所产生的加速蒸发现象。

6.5.2　无人机施药助剂

农药是重要的农业生产资料,目前仍广泛应用于农作物生产管理的各个阶段。如前文所述,除极少数农药品种可直接使用原药(油)外,绝大多数农药原药必须经过加工,被制成适合不同场合的农药制剂,最终才能被施用。农药助剂行业正是伴随着这种需求而不断发展壮大的。农药助剂是指除有效成分以外,任何被添加在农药产品中,本身不具有农药活性和有效成分功能的,但能够有助于提高或者改善农药产品理化性能的单一组分或者多个组分的物质(水除外)。

对于航空,尤其是无人机植保而言,其喷雾助剂的类型多种多样,按照不同的标准有不同的分类方法。但在日常的使用过程中,我们常通过化学类别或助剂功能对其进行分类,以下为常用各种类型农药助剂的基本情况介绍。

6.5.2.1　按有效成分化学类别分类

(1)植物油类喷雾助剂　植物油类喷雾助剂是航空植保喷雾助剂产品中的一类重要产品,其以植物油或改性植物油为主要成分,经科学搭配不同类型的表面活剂、增效剂等成分制备而成,通常具有抗飘移、抗蒸发、促沉积、促传导、增效等多种作用,其代表性产品为北京广源益农化学有限责任公司推出的航空植保专用喷雾助剂——"迈飞"。植物油本身对农药药液有一定的增效作用,实际应用中发现,植物油类助剂能够增强药液对作物叶片或者害虫体表的润湿效果,提高药液在作物叶片表面的沉积量;植物油类助剂与作物叶片表面的蜡质层具有很好的相容性,有利于药液透过蜡质层进入植物体,也有利于药液在作物体内的传导,从而提高药效。在航空植保施药条件下,植物油类助剂能够改善喷雾雾滴的粒径分布,增大雾滴粒径,减少小雾滴数量,有利于减少雾滴飘移;能够减缓雾滴蒸发速率,从而有利于雾滴沉降;能够使沉积在靶标表面的药液铺展形成一层油状药膜,延缓药液蒸发速度,增强作物或害虫对药液的吸收。使用植物油类航空喷雾助剂,能够明显提高病虫害田间防治效果。以"迈飞"为例,在适宜气象条件下,按喷液量1%～1.5%添加,即可增效30%～40%;在保证同等药效的前提下,也可减少农药使用量20%～50%;在不适宜的气象条件下,必须按喷量的1.5%～2%添加,此时可增效30%;在保证同等药效的前提下,也可减少农药使用量20%～40%。

(2)有机硅类助剂　有机硅类助剂也是航空植保喷雾助剂产品中一类常见的品种。其主要成分为聚醚改性三硅氧烷化合物,代表性产品有北京广源益农化学有限责任公司的"步锐丝",迈图的"Silwet ＊408"等。有机硅表面活性剂具有优异的降低药液表面张力和增强药液润湿铺展渗透的能力;在航空植保超低剂量喷雾的条件下,能够显著增加药液的有效覆盖面积;有利于使药液通过植物叶片表面或昆虫体表的气孔迅速进入植物或昆虫体内,从而更好地发挥药效;能够提高药液耐雨水冲刷性能。在适宜条件下,有机硅类喷雾助剂的使用,也可在减药30%左右的情况下保持理想的药效。

(3)表面活性剂类助剂　表面活性剂类助剂也可用作航空植保喷雾助剂,该类助剂来源广泛,种类较多,如一些聚醚类产品、烷基乙基磺酸盐等便可作为航空植保喷雾助剂使用。该类助剂多具有改善药液表面张力、润湿渗透等性能的能力,能够增加喷雾沉积量,从而增强药效;同时,可以减少蒸发与飘移,其中烷基乙基磺酸盐还常用于棉花脱叶作业。

(4)矿物油类助剂　矿物油类助剂主要由矿物油和表面活性剂构成。矿物油类喷雾助剂能够促进农药在植物叶片和昆虫体表蜡质层的渗透吸收,也能够堵塞昆虫气门,从而使昆虫呼吸受阻,导致其缺氧死亡。在防治柑橘红蜘蛛、柑橘蚧壳虫等虫害时添加矿物油类喷雾助剂对于提高防效效果尤为明显,在果树清园时使用矿物油类助剂可减少果园虫害、病原菌基数,进而减轻中后期病虫害防治的压力。

(5)无机盐类助剂　无机盐类助剂可作为航空植保喷雾助剂使用,如硫酸铵、硝酸铵、重过磷酸钙等。无机盐类产品作为助剂多与除草剂搭配使用,能够促进除草剂的吸收和解除 Ca^{2+}、Mg^{2+}、Fe^{3+} 等金属离子对除草剂的拮抗作用,在喷施环境因素合适(温湿度适宜)的情况下对除草剂有增效作用。另外,在飞机喷雾药液中加入无机盐类助剂,还能够增加喷雾液密度,实现减少飘移和蒸发的效果。

(6)高分子聚合物类助剂　高分子聚合物类喷雾助剂产品在航空中也较为常见,可用于航空植保喷雾助剂的高分子聚合物有黄原胶、瓜尔胶、海藻酸钠、羧甲基纤维素、羟乙基纤维素、聚乙烯醇、聚乙烯吡咯烷酮、聚乙烯酸钠、聚丙烯酰胺等。高分子聚合物加入喷雾液中,即便在用量很少的情况下也能显著提高喷雾液的黏度。喷雾液黏度增加,能够影响喷雾液雾化方式,使其易形成大雾滴,减少小雾滴数量,有利于提高雾滴抗飘移的性能。另外,喷雾液黏度的增加,能减少喷雾过程中雾滴反弹、滑落等现象,有利于雾滴在植物叶片或靶标表面牢固黏附,也可增加药液沉积量,可在一定程度上提高防治效果。

6.5.2.2　按助剂功能分类

(1)展着剂　展着剂是一类使喷雾易于在靶标表面湿润并铺展开的助剂。该类助剂通常具有良好的降低药液表面张力的能力,只有药液的表面张力低于植物或昆虫表面的临界表面张力时,才能够将植物叶片或昆虫体表湿润,进而才能在叶片或昆虫表面铺展、渗透,而药液在靶标表面良好的润湿铺展是药效发挥的前提,所以展着剂对于航空植保喷雾或常规喷雾来说都至关重要,可以说展着剂是增效型喷雾助剂里的必要组分。多种表面活性剂都具有展着效果,如有机硅类表面活性剂、聚醚类表面活性剂通常可以作为展着剂使用,其中有机硅类表面活性剂的展着效果极为突出。

(2)抗飘移剂　抗飘移剂是一类能够减少或降低农药喷雾作业过程中雾液飘移损失的助剂。抗飘移剂可用于航空植保喷雾作业,也可以用于大型喷雾器械喷雾作业。航空植保喷雾由于作业方式的特殊性,作业过程中会产生强大的风场,导致喷雾产生的药液雾滴容易发生飘移损失,抗飘移剂的加入尤为必要。目前使用的抗飘移剂多是通过 2 种方式起作用:一是通过影响药液雾化方式,改变雾滴粒径分布,增加大雾滴数量,减少小雾滴数量来降低雾滴飘移损失;二是通过影响药液界面性能,增加雾滴润湿铺展与黏附能力,减少雾滴接触靶标表面后破碎成小雾滴而引起弹跳飘移。常用作抗飘移剂的有可乳化的油基类物质如植物油类喷雾助剂产品、高分子聚合物类喷雾助剂产品等。

(3)蒸发抑制剂　蒸发抑制剂是一类抑制药液或雾滴蒸发速度的助剂。航空植保喷雾方式下风场较强,容易使雾滴水分挥发,雾滴水分挥发后变小,容易发生飘移损失,而且水分蒸发后雾滴在靶标上的沉积也受影响,所以在航空植保喷雾过程中添加蒸发抑制剂十分有必要。可用来作为蒸发抑制剂的有植物油类助剂、高分子聚合物类助剂等。

（4）黏附剂　黏附剂是指能够增强药液在靶标表面黏附功能的助剂。黏附剂的加入，能够有效提高航空植保喷雾沉积量，减少雾滴飘移损失。加入黏附剂后，还能够延长雾滴干燥后留下的固体活性颗粒在靶标表面的持续时间，减少活性固体颗粒因风吹、降水等因素导致的损失。通常植物油型助剂或高分子类助剂具有良好的黏附性能。

（5）渗透剂　渗透剂是使一类能够增强药液向植物或昆虫体内渗透的药液。该类助剂的加入，能够提高药液在靶标体内的富集浓度，有利于提高农药利用率，提高防治效果。如有机硅类助剂或某些聚醚类表面活性剂一般具有良好的渗透性能，可作为渗透剂来使用。

（6）增效剂　增效剂是指本身没有生物活性，但可通过与一些农药有效成分发生协同作用、激活或抑制生物体内某些酶、改变喷雾液理化性能等方式从而表现出使农药防效提高的助剂。比如一些无机盐如硫酸铵等可以促进除草剂的吸收，解除 Ca^{2+}、Mg^{2+}、Fe^{3+} 对除草剂的拮抗作用，从而增强除草剂活性。常见的航空植保喷雾助剂产品一般含有包括表面活性剂在内的多种成分，能够改善喷雾药液性能，从而提高农药防治效果，也可以看作增效剂产品。

（7）安全剂　安全剂是指通过调节植物生理生化过程，减轻农药对作物伤害的助剂。如在烟嘧磺隆制剂中加入双苯噁唑酸能够降低在不良条件下施药药害的发生；在除草剂航空施药中加入适量解草胺腈能大大降低药害风险。

6.6　无人机喷雾药液雾化质量与效果检验

6.6.1　施药喷雾质量的评价

雾滴的沉积效果直接影响到喷雾作业的成效。它的主要评价指标包括：雾滴沉积量、雾滴沉积密度、雾滴沉积的均匀性和穿透性、雾滴飘移率等。雾滴沉积量是指在单位面积上雾滴沉积的质量或体积。雾滴沉积密度是指沉积在单位面积作物叶面上的雾滴数目，雾滴沉积密度越大，说明雾滴在作物表面的作用点越多，产生的防治效果也相对较好。在进行沉积密度测试时，通常以同一冠层高度、不同采集位置的雾滴沉积密度的变异系数来衡量雾滴沉积的均匀性。而评估雾滴的穿透性，则是以植株同一采集位置、不同冠层高度的雾滴沉积密度或其他沉积参数的变异系数来衡量。当变异系数较小时，说明雾滴沉积均匀性和穿透性较好。在喷雾作业中，部分雾滴会沉积在非靶标区域或飘浮在空中，造成雾滴飘移。与地面机械喷雾作业相比，航空施药中的雾滴飘移现象更为严重（Thomson 等，2013）。雾滴飘移分为空中飘移和地面飘移，降低雾滴飘移率是提高作业质量的关键（Hilz 和 Vermeer，2013；王潇楠等，2017）。

雾滴沉积参数的检测方法有很多，且各有特点。通过对水敏纸进行图像分析以检测雾滴特性的方法在无人机喷雾方面的应用较为广泛（Zhu 等，2011；Hoffmann 和 Hewitt，2004；Derksen 和 Fox，2003）。在部分研究中，也有将荧光染料添加到药液样品中，用聚酯卡收集雾滴,利用荧光分光光度计测量沉积量的方法(秦维彩等,2014);荧光粒子示踪法与该方法原理类似,且灵敏度更高,但是由于荧光物质的特殊性,采用这种方法时试验结果易受环境因素影响。光学原理的测量系统能够精准、方便地实时测量雾滴粒径与分布规律,获取雾滴的粒度分布等相关参数(兰玉彬等,2016)。其中,激光粒度分析仪依据颗粒能使激光产生散射进行测试,在不同喷雾条件下对雾滴粒径分布的研究中都得到了应用。张慧春等(2012)利用激光粒度仪对不同扇形雾化喷头在不同工作条件下的雾滴粒径分布情况进行了探究。高圆圆(2013)利用以激光粒度分析仪为主建成的雾滴粒径测试系统对 Af-811 小型无人机雾化系统的性能参数进行了初步研究。Kirk(2007)则将激光粒度分析仪用于喷头的性能测试,帮助建立用于开发雾化模型的数据集。以上研究表明,激光粒度分析仪能够辅助雾化系统参数的优化,有利于比较不同喷头的喷雾效果,帮助开发新型雾化喷头,但是该方法测量成本高,不适合田间大规模地进行实地快速测量。此外,更多的测试手段不断地应用于本领域。张京等(2012)使用红外热像仪与无人机联用测试喷雾前、后作物冠层温度,通过温度变化率来反映雾滴在水稻冠层的沉积效果,该研究结果与以雾滴沉积量与冠层温度变化率为评价指标得到的结果一致,说明红外热成像技术可以准确反映雾滴在水稻上的沉积规律。张瑞瑞等(2014)开发了一种基于电容变介电常数原理的雾滴沉积传感器及检测系统,实现了对航空施药中雾滴地面沉积量的快速获取,并参照水敏纸图像处理方法对系统的测量数据进行了分析。结果表明,基于电容变介电常数原理和 Zigbee 技术设计的测量系统,对雾滴沉积分布特性的检测结果较好,但对雾滴沉积量的测量结果不甚理想。吴亚垒等(2017)提出的基于驻波率原理的叉指型雾滴采集系统可实现对温室中雾滴沉积量的实时检测,具有较高的可靠性。这几种方法都可以较好地测量单个沉积效果指标,但存在无法获取其他沉积分布参数或者测量效果不够理想等问题。

总之,雾滴沉积参数的获取是促进提高喷雾效果的重要环节,目前关于田间在线快速检测技术的研究仍较为缺乏。因此,急需开发新型的在线检测系统,提高检测精度,为田间试验检测雾滴沉积特性提供便捷,同时为喷施决策提供实时的反馈,以达到更好的喷施效果。

6.6.2　影响施药喷雾质量的因素

6.6.2.1　植物叶片表面特性对雾滴沉积效果的影响

植保无人机喷洒农药利用率的高低取决于农药雾滴在植物表面上的行为。当雾滴落在植株叶片上时,雾滴会发生 3 种行为:吸附、反弹和散落(杨希娃等,2012)。下文阐述了植物叶片表层生物学特征与农药雾滴行为趋势之间的关系,通过对植物叶片表层疏水特征以及航空喷洒药剂特性 2 个方面的研究,发现不同植物的叶片表层往往组成成分会有所不同,表层结构也不尽相同,对不同类型喷洒药剂的吸附和渗透能力也就不同。由于结构决定功能,植物表层生物学特造成植物表层临界表面张力的差异,从而影响了药液在叶片表面的吸附和渗透的能力（Reichard 等，1992）。植保无人机可以利用靶标作物叶片表面张力的差异性，调控航空喷雾系统进行变量喷洒作业，从而达到资源利用率最大化、环境污染程度最小化，实现植保无人机的精准施药作业目标。

在固液界面化学中，临界表面张力是一个表征固体表面能的指标，用以说明液体在固体表面的可润湿性，只有液体的表面张力小于固体临界表面张力时，才可以使液体在固体表面完全润湿（顾中言等，2009）。叶片表面的水滴接触角是叶片表面润湿性的重要衡量指标，检测方法为：将叶片展平并粘在载玻片上，使用滴液法，借助 JC2000A 静滴接触角/界面张力测量仪，即可测定（王淑杰等，2005）。传统喷雾作业多认为农药容量越大，植物渗透吸收得越多。其实，大容量喷雾的雾滴较粗，冲击植物叶片时的动能大，尤其是当表面张力大的药液喷洒到如水稻、甘蓝等疏水植物的表面时，容易引起液滴的滚落或者反弹（Qin 等，2016）。药液不易在植物表面滞留和润湿展布，多数沿着叶柄滚落下来，导致农药利用率低，同时考虑到航空喷雾载荷的局限性，应当多采用低容量、高浓度药液进行航空作业。

植物表面常覆盖有一层蜡质，蜡质的组成成分因植物品种差异存在很大的差异，即使是同一种农作物，但是品种不同，蜡质组成关系都会有所差别。例如，马铃薯不同品种叶片中蜡质的组成成分极为相似，成分存在量却是存在差异的（许小龙等，2011）。很多复杂的空间微结构共同组成了这层蜡质结构。如果蜡质中的长链碳氢化合物含量较多则该表层的疏水性较强，反之，醇和酸含量较多的蜡质表层亲水性较强；不同植物表面不仅蜡质组成不同，而且形态也不同，Jeffree 等（1986）就蜡结构及其功能进行了分析和论述，并将现代植物表层中的蜡形态分为管状、盘状、薄膜形、带状等 14 种类型，蜡质成分和形态的差异共同导致了植物表层疏水及防黏程度的差别。Crease 等（1985）研究了雾滴体积中直径为 80 pm 的矿物油雾滴在不同蜡质含量的甘蓝叶片表面的铺展情况，发现黏性小的雾滴在撞击后开始扩散，直到雾滴渗入蜡质内部为止。分析发现，叶片蜡质含量有一个临界值，高于此临界值的叶片，所有雾滴都可以渗入蜡质层；低于此临界值的叶片，所有雾滴无法渗入蜡质层。与此同时，蜡质很厚的叶片表面上，黏性高的油性雾滴铺展速率明显低于黏度小的雾滴。此外，蜡质对药液还具有一定的持留能力，如 Kreitmer 等（1979）发现二硝基-6-辛基苯基巴豆酸酯喷洒在植物上之后，就被吸溶在植物表面的蜡质内，不至于很快消失，能够接触到束状的匍柄霉孢子，从而发挥了药效。

利用扫描电子显微镜，我们可以观察到：大部分的叶片表面均有各种形状的刺、毛、凸起或其他附着物等。这些叶片表面附着物通常被称为叶片表面装饰构造，它们的存在对农药雾滴的沉积和黏附行为均有重要影响，这些植物表面特性是制定农药使用技术的重要依据。例如，有些叶片表面上疏水性的茸毛和突起会阻碍药液在叶片表面上的润湿，而亲水性的茸毛则有利于药液在叶片表面上的附着，而且茸毛密度比茸毛长度对农药雾滴覆盖面积的影响更大。植物表面的大量茸毛会增加叶片表面粗糙度，因而有利于雾滴在叶片表面的扩散运动；在棉花、大豆等作物的叶片表面上还可能分布着腺体或腺毛，从而提高了叶片对农药的持留能力。一些植物表面的附着物还能成为农药的缓释载体，因为该附着物可以先吸收农药,然后又将其逐渐释放出来。

农药雾滴行为与靶标植物叶片形态有着密切联系,从农药使用技术的要求出发,可以将植物叶片形态分为 4 类:窄叶型、阔叶型、针叶型和小叶型(屠豫钦和李秉礼,2006)。叶片的坚硬度对雾滴的渗透性能也有很大的影响,当叶片硬度较大时,农药喷洒到叶子上,很容易引起弹落损失,不利于农药的渗透吸收。应根据不同叶型雾滴沉积效果分析,选择最佳液滴参数进行精准喷雾作业。

喷头雾化是一个瞬态、多相的复杂过程,先是要消耗较大部分的雾化能量在喷口处将液体破裂成薄膜或液丝,而后产生一个较大的雾滴沉降速度梯度,通过与空气的高速摩擦,薄膜或液丝被伸展至破裂点,最后形成雾滴的形式沉降(Chapple 和 Hall,1993)。不同植物叶表层拥有着不同的生物学特征,导致植物叶片表面黏附力、与液体相互作用时的接触角、临界表面张力等参数的不同,很大程度上决定了农药及助剂在各植物叶片上的沉积和吸收情况。

Zisman(1964)针对固体表面临界表面张力的计算方法,以接触角的余弦值对液体表面张力作图可得到 1 条直线,将直线外延至余弦值为 1 的地方,此处对应的液体表面张力即为该植物的临界表面张力,并且液体在固体表面的接触角会随液体表面张力的降低而减小,典型植物叶片临界表面张力详见表 6.6。

表 6.6　典型植物叶片临界表面张力(顾中言等,2009)

作物	临界表面张力/(mN/m)	作物	临界表面张力/(mN/m)
水稻	36.26~39.00	辣椒	43.38~45.27
结球甘蓝	36.26~39.00	小飞蓬	43.38~45.27
小麦	36.26~39.00	鸭跖草	36.26~39.00
丝瓜	39.00~43.38	水花生	36.26~39.00
豇豆	36.26~39.00	马齿苋	39.00~43.38
棉花	60.30~71.81	刺苋	39.00~43.38
茄子	43.38~45.27	裂叶牵牛	46.49~57.91

当落到植物叶片上的药液表面张力小于叶片临近表面张力时,药液才可以在该植物叶片表层润湿展布,从而进行吸附、渗透、吸收,进而达到药效(董玉轩,2012)。所以在无人机喷洒作业的前期,需要对目标植物叶片表面生物学特性进行调查,针对喷施对象的叶片特征、临界表面张力值,选取适当浓度、含有效成分的喷施药剂。如果目标喷施植物叶片表面的临界表面张力过小,不符合相应要求药剂喷施后的铺展性,则可以适当选择表面活性剂等航空助剂添加至药液中。

表面活性剂,是指少量加入就能使其所在溶液体系的界面状态发生明显变化的物质。该物质具有固定的亲水亲油基团,基团可以在溶液的表面定向排列。表面活性剂的分子结构具有两端性:一端为疏水基团,另一端为亲水基团;疏水基团常为非极性烃链,如含有 8 个碳原子以上的烃链。而亲水基团多为极性基团,如磺酸基、硫酸基、羧基、胺基或氨基及其盐,酰胺基、醚键及羟基等也可以作为极性亲水基团。表面活性剂分为两性表面活性剂、离子型表面活性剂(包括阴离子表面活性剂和阳离子表面活性剂)、非离子型表面活性剂、复配表面活性剂和其他表面活性剂等。广义上讲,凡是能够溶于水,且可以显著降低水表面能的物质都被称作表面活性物质或表面活性剂。对于疏水性植物,地面喷雾药液中常加入壬基酚类、有机硅类等喷雾助剂来增加农药沉积量(朱金文等,2011;徐广春等,2013)。

添加表面活性剂可以改变药液在植株表面表现出的表面活性,提升药剂溶液自身的表面能,从而增强药液在叶片表面的铺展、渗透和吸收性能,来实现通过变量喷洒技术进行的具有靶标植物针对性的精准喷洒作业(Qin等,2016)。

由于植保无人机载重量有限,大多国内植保无人机负载的药箱重量在 10 kg 左右,与手动或者其他喷洒设备相比,需要更加高浓度、低容量的航空专用药剂与植保无人机配套使用,作业用药应符合 GB/T 8321《农药合理使用准则》的要求。因此,在无人机喷洒药液过程中,需要承载低容量高浓度的药品,浓度是传统农药浓度的 25～50 倍。农药有除草剂、杀虫剂、杀菌剂等。从作用方式来看,药剂有接触型,也有内吸型,所以希望喷洒出的高浓度药剂在植物叶片、植株上能有一个更广泛的覆盖面积和较大的覆盖率,以便植物表皮细胞能够充分吸收药剂,从而更好地实现药剂带来的效果;也能防止高浓度药液飘移至目标靶区之外造成的资源浪费和环境污染;并且要求使用的药剂对作物无毒害作用等。

以杀虫剂为例,按作用方式可分类为:①触杀剂,通过与表皮或附器接触后进入虫体,或腐蚀虫体的蜡质层,或堵塞其气门来杀死害虫,如拟除虫菊酯、矿油乳剂等;②胃毒剂,经过虫口进入害虫消化系统,从而起到毒杀作用,如敌百虫等;③熏蒸剂,利用有毒的固体、液体或者气体的挥发作用,利用蒸气来毒杀害虫或病菌,如溴甲烷等;④内吸杀虫剂,被植物种子、根、茎、叶吸收之后,输导至全株,以原体或其活化代谢物在害虫取食植物组织或吸吮植物汁液的过程中,进入虫体起到毒杀作用,如乐果等。胃毒剂和内吸杀虫剂的作用方式决定了它们尤其需要农药喷洒的覆盖面积大且分布均匀。

因此,针对不同植物叶片表层的特点差异,分析其表面张力、黏附力后,可选择不同剂量、不同种类的表面活性剂添加至药液,来降低其配置药液的表面张力,改变药液在疏水型植物表面的行为特征,以提高药液在疏水型植物表面的润湿和铺展能力,实现变量对靶、精准喷雾作业。

6.6.2.2 喷洒设备结构设计的影响

影响航空喷施效果的因素有很多,喷雾机型、喷嘴类型、喷雾压力、喷施角度、作业高度、作业速度、药剂配方、药剂浓度以及客观环境等因素都会影响雾滴在植物表面的沉积分布特性,从而影响航空喷雾作业效果(廖娟等,2015)。

依据喷嘴形状可将农用喷嘴划分为扇形和锥形 2 大类。扇形喷嘴因内部结构差异又可以分为平面扇形喷嘴、延长范围扇形喷嘴、气吸型扇形喷嘴、防飘移扇形喷嘴、双孔扇形喷嘴、广角扇形喷嘴等;锥形喷嘴因内部结构差异又可以分为空心锥形、实心锥形和芯型等锥形喷嘴。叶片反面病虫害的防治也是很重要的,然而大多数液压喷嘴在目标植物叶片反面的雾滴沉积量较少(Foque 等,2012)。航空静电喷头凭借其正负电荷相吸的原理,使叶片的正反面均可以获得更大的雾滴沉积量。将雾滴荷质比、喷嘴与目标物之间的距离进行合理选择之后,航空静电喷头会使雾滴实现更加精准的喷洒和更少的飘移损失(Zhao 等,2008)。

Foque 等(2012)以锥形修剪月桂盆栽植物为目标植物,进行喷洒试验,评估了TEEJETTXA 8003 空心锥形喷嘴、TEEJETTXA 8003 延长范围扇形喷嘴、Albuz TV 18002 带有空气辅助的空心锥形喷嘴和 Lechler ID 9002 带有空气辅助的平面扇形喷嘴的喷洒雾滴沉积和冠层渗透情况。

雾滴沉积结果表明:当其他喷洒条件一致时,在植物叶片正面雾滴覆盖率最大的是TEEJETTXA 8003 空心锥形喷嘴;叶片反面雾滴覆盖率较大的是 TEEJETTXA 8003 延长范围扇形喷嘴和 Lechler ID 9002 带有空气辅助的平面扇形喷嘴;从整棵植株雾滴穿透性来看,雾滴在冠层中渗透性最好的是喷洒角度设定在±30°时的 TEEJETTXA 8003 延长范围扇形喷嘴。总之,这 3 类喷嘴在雾滴沉积和冠层渗透等方面都有一个很好的覆盖效果,这与 Braekman 等(2009)的研究结果具有一致性。

6.6.2.3 喷洒系统参数设计的影响

(1)喷洒压力的影响 董祥等(2013)对 3WG-400 型果园喷雾机垂直喷雾的雾滴沉积均匀性进行测试,配用 Lechler 110-05 型扇形雾喷嘴。测试喷雾压力为 0.2 MPa、0.4 MPa 和 0.6 MPa。

试验结果表明:喷雾压力增大会使喷雾流量增大,然而对喷雾药液沉积分布均匀性并没有明显影响。蒋焕煜等(2015)在进行 PWM 变量喷雾系统的动态雾滴分布均匀性检测试验中也得到类似结论:喷雾压力增大,变异系数也随之增大,但是影响并不是很显著。

(2)作业高度的影响 为了阐明植保喷洒 N-3 型无人直升机(N-3 UAV)在玉米生长后期的雾滴沉积效果及应用前景,秦维彩等(2014)研究了喷洒参数对玉米冠层雾滴沉积分布的影响,通过改变飞机的作业高度和横向喷洒幅度进行喷洒试验;采样点设置在沿玉米高度方向划分的 4 层上,用聚酯卡作为雾滴取样器来采集雾滴。药液中加入染料成分,然后通过荧光分光光度计测定出在玉米各个区域的雾滴沉积量,分析得出雾滴沉积量在玉米植株的不同沉积层的分布规律。

试验结果表明:当作业高度为 5 m 时,雾滴在靶标作物上的总沉积量最少,分布均匀性最差,极差值为 0.17;当作业高度为 7 m 时,雾滴在目标上的总沉积量较作业高度为 5 m 和 9 m 时的沉积量大,雾滴沉积分布均匀性较好,极差为 0.10。由此得出,不同作业高度喷洒作业时,在玉米顶部、上部、穗部以及下部雾滴的沉积效果和分布均匀性均有不同,雾滴在玉米穗部和上部的沉积量高于顶部和下部的沉积量。在同一作业高度(7 m)下,横向喷幅为 5 m、7 m 和 9 m 时,雾滴沉积百分比的极差分别为 38.4%、26.3% 和 38.1%,变异系数分别为 41%、25% 和 34.4%;由此看出,当横向喷幅宽度为 7 m 时,雾滴沉积百分比的极差与变异系数均为最小,代表此时的雾滴分布最均匀。此实验说明:在玉米生长后期,采用小型无人直升机喷洒农药时,作业高度和横向喷幅宽度都会影响雾滴在植株上的沉积分布均匀性以及雾滴沉积量,综合考虑喷洒雾滴沉积特性以及喷洒效果,参数优化结果为:作业高度为 7 m,且横向喷幅宽度也为 7 m。

(3)喷幅宽度的影响　秦维彩等(2014)利用 N-3 型无人直升机(N-3 UAV),开发了一种自动导航无人机喷洒系统。该系统采用了高度集成和超低功耗 MSP430 单片机为系统的核心控制组件。根据农田环境自动进行路线规划,然后显示无人机的位置,实现精准喷洒控制。利用此系统,在外界风速高达 4 m/s 的农田环境下,设定喷幅宽度分别为 5 m、7 m 和 9 m 的喷洒条件下的雾滴沉积状况。

试验结果表明:在 0~4 m/s 风速环境下,不同喷幅宽度中,N-3 型无人直升机喷洒雾滴分布均匀度存在明显差异。外界风速 2 m/s,喷幅设定在 7 m 时的雾滴沉积分布最均匀,变异系数为 25%;雾滴分布最不均匀的是 5 m 喷幅宽度,在该宽度下喷洒雾滴沉积分布的变异系数为 41%,说明 7 m 是适合 N-3 型无人直升机(N-3 UAV)喷洒作业的喷幅宽度。

(4)飞行速度的影响　张京等(2012)采用中日合资生产的 WPH642 型无人驾驶直升机,在冠层高度为 60 cm 的水稻田内,进行喷洒试验。试验采用技术手段包括:红外热成像技术,使用红外热成像仪来测试喷洒前、后水稻冠层的温度,将其温度变化率作为在水稻冠层上雾滴沉积效果的衡量标准,将该指标与荧光光度计测得的喷洒雾滴沉积量进行整合分析,来得出一致的结论(Leinonen 和 Jones,2004)。试验参数设定:飞行速度为 1.5 m/s、2.0 m/s 和 2.5 m/s,飞行高度为 1 m、2 m、3 m 和 4 m。

试验结果表明:温度变化率作为在水稻冠层上雾滴沉积效果的衡量标准,其与荧光光度计测得的雾滴沉积量的检测结果是一致的,说明红外热像仪的精确测温技术对于雾滴沉积效果的检测和评估是可行的;并且当环境平均温度为 25 ℃、风速为 2 m/s、相对湿度为 42% 时,WPH642 型无人驾驶直升机喷洒作业应该将喷雾参数设定为:飞行高度 2 m、飞行速度 1.5 m/s,这时,冠层温度变化率最大,为 16.83%,可知在此喷雾参数下雾滴沉积量最多。

6.6.2.4　温度的影响

气象学上把衡量空气冷热程度的物理量称为空气温度(air temperature)。通常情况下,干燥空气中上下 100 m 之间的温差大约为 1 ℃,这种现象被称作绝热温度的垂直梯度。当温度下降过快,温差超越了绝热温度的垂直梯度,空气对流就会增强,造成大气的不稳定;当温差小于绝热温度的垂直梯度,上升的空气被抑制,大气即可呈现出稳定的状态。当地表附近的辐射热散失,并比上面的空气更快变冷时就会出现逆增温。当白天天气晴朗有太阳照射时,晚上就会发生典型的逆增温,并可保持到黎明以后,直到太阳将地面照热。当风速较慢,空气流动接近平衡或呈层流状态时,在逆增温情况下,早晨会出现雾。地表附近空气的不均衡,引起空气摩擦混合和涡流,并会造成迅速的空气波动,进而影响大气的稳定。

判断当时的气象条件是否属于逆增温,可通过测量稳定性比值 SR 来确定,该指标的计算公式如下:

$$SR = \frac{T_2 - T_1}{v^2} \times 10^5 \qquad (6\text{-}4)$$

式中   SR——稳定性比值；

T_2, T_1——10 m 和 2.5 m 高度处的温度，℃；

v——5 m 高处的风速，cm/s。

稳定性比值 SR 为正时表示逆增温条件，这种情况适合气雾喷洒，并可在夜间施药。当遭遇冷热空气强烈混合时，就会形成负的稳定性比值，此种条件会降低喷雾的质量，此时不能实施微量喷雾。当稳定性比值接近零时，冷热空气混合比例合理，空气流动柔和，此种条件对植保无人机的喷雾质量没有影响。表 6.7 展示了 1 d 内田间小气候的气象变化数据，图 6.28 和图 6.29 为这些数据的时间变化曲线，从中可以看出，11:00 到 15:00 田间小气候温度高，作物上下层温度差为负值，紊流的稳定程度为负值，说明紊流十分不稳定，不适合喷药。

表 6.7   田间小气候气象数据

序号	测定时间点	$T_1/℃$	$T_2/℃$	$\Delta T/℃$	$v/(cm/s)$	SR
1	8:00	27.9	28.9	1.6	190	4.23
2	9:00	28.8	29.8	1	200	2.5
3	10:00	30.3	30.4	0.1	124	0.65
4	11:00	31.7	31.4	−0.3	214	−0.66
5	12:00	32.5	31.8	−0.7	190	−1.94
6	13:00	32.8	32.6	−0.2	160	−0.78
7	14:00	32.8	32.2	−0.6	180	−1.85
8	15:00	31.4	31.3	−0.1	198	−0.26
9	16:00	30.3	30.9	0.1	205	0.24
10	17:00	29	30.4	0.6	250	0.96
11	18:00	27.5	28.6	1.1	188	3.12
12	19:00	26.8	27.2	0.4	140	2.05

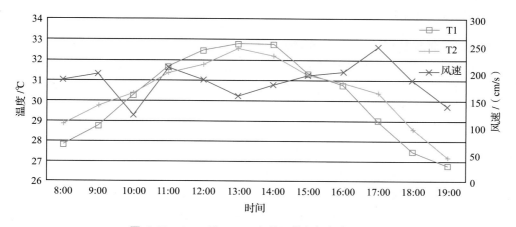

图 6.28   8:00 到 19:00 水稻田微气候气象信息图

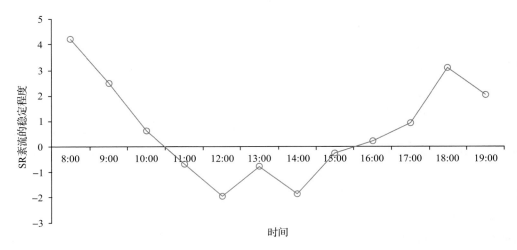

图 6.29　8:00 到 19:00 水稻田微气候区紊流度图

植保无人机作业一般采用低容量喷雾法,雾滴粒径较小,气温的增加会导致药液的挥发,蒸发速度加快,不仅降低作业防治效果,还会造成农药随气流分散,污染空气。植保无人机作业时间应根据气温的变化进行调整。在光照强烈的高温天气,植保作业应在10:00 前结束,15:00 后再开始作业,中午高温时间段应停止作业。

在高温环境中进行喷洒作业,药液的蒸发量增大,这种现象在细小的雾滴上体现的尤其明显。由于蒸发现象,部分药液成为了超细雾滴而难以到达植物表面,并最终蒸发散失于空中,从而使药效大幅降低。除此之外,部分农药还存在不耐高温的特性,在该环境中极易分解,影响了农药原有性能的有效发挥。另外,由于部分害虫存在高温时潜伏的生活习性,这种因素客观上也影响了农药性能的发挥。

6.6.2.5　湿度、降水、雾和露水的影响

与温度影响喷雾质量的内在原理类似,温度、降水、雾和露水也是通过影响药液的挥发来间接影响喷雾的质量。当药液从喷嘴中以小雾滴的形态喷出时,其与空气接触的表面积就会大大增加,特别是当雾滴直径小于 50 μm 时,这种情况就会变得尤为突出;过大的接触面积使得药滴的蒸发速度加快,进而影响药效和喷雾质量;但是当此液滴处于湿度饱和的空气中时,它的蒸发速度就会大幅度降低。

阿姆斯登(Amsden)利用下式计算水滴存在的时间(以 s 计):

$$t = \frac{d^2}{80\Delta T} \tag{6-5}$$

式中　d——雾滴直径,μm;

　　　ΔT——干湿温度计的温度差,℃。

一个非挥发性物质或一个粒子的起雾雾滴在 20 ℃ 和 80% 的相对湿度条件下,即使是水基喷施液的小雾滴也会很快减小,表 6.8 展示了不同温度、不同湿度条件下,雾滴在

静止空气中下降的存在时间。

表 6.8　不同温湿度下雾滴在静止空气中下降的存在时间

雾滴直径/μm	温度 20 ℃,ΔT＝2.2 ℃, 相对湿度 80％		温度 30 ℃,ΔT＝7.7 ℃, 相对湿度 50％	
	雾滴存在时间/s	下降距离/m	雾滴存在时间/s	下降距离/m
60	12.5～20.4	0.127～1.1	3.5～5.8	0.032～0.315
100	50.0～56.8	6.7～8.5	14.0～16.2	1.8～2.43
200	200.0～227.3	81.7～136	56.0～64.9	21.0～38.9

温湿度对航空喷施有着较大的影响,特别是对于低容量喷雾而言,相对湿度和相对温度是影响其质量的主要因素。在空气相对湿度 60％ 以下,大气温度超过 35 ℃(以气象台百叶箱或室外背阴处温度为准)时,由于药滴的大量蒸发散失,航空喷洒的效果会受到极大的影响,此时必须采用大雾滴进行喷施或者立即停止喷施。除了温湿度会对喷药质量产生重大影响外,降水也是威胁农药喷施的一大因素,雨水会稀释或冲刷附着在植物叶片上的农药,从而使药效大大降低。因此,在进行农药喷施时,我们必须事先充分了解除草剂或杀虫剂的性能,同时实时关注天气情况,以便确定是否作业。当遭遇大雾或者露水侵袭时,植物叶片往往会被打湿,此时进行药雾喷洒,农药的浓度将会被降低并大量散失,进而影响药效;此外,大雾会对无人机操作带来巨大困难,应尽量减少喷施作业。

6.6.2.6　自然风速的影响

已有研究表明,一定的自然的风速(1～4 m/s)有利于提高雾滴的沉积效率,因此推荐在轻风的条件下实施喷雾作业。田间喷雾作业时的风速条件见表 6.9,当风速大于 4 m/s时,地上灰尘或树叶飞向空中,对无人机飞行造成了巨大的阻碍,此时禁止进行无人机施药;当风速大于 2 m/s 时,在树叶和小枝摇动不息的情况下,不适合进行除草剂的喷洒,因为此时药雾极易飘逸,并对非目标区的作物进行不必要的损害。

表 6.9　风速条件对田间喷雾的影响

名称	风速/(m/s)	可见征象	是否适合喷雾作业
无风	＜0.5	静,烟直上	不适合喷雾作业
微风	0.5～1.0	烟能表示风向	不适合喷雾作业
轻风	1.0～2.0	人面感觉有风,树枝有微响	适合喷雾作业
微风	2.0～4.0	树叶和小枝摇动不息	不适合喷除草剂,适合杀菌剂和杀虫剂
和风	＞4.0	能吹起地面灰尘和纸张、树枝摇动	避免喷雾作业

6.7　植保作业规范与标准

6.7.1　使用总则

(1)使用无人机应减少对人及周围环境的危害。

(2)无人机不准许在人上方飞行。

(3)应做好无人机各项检查,确保无人机处于正常状态。

6.7.2　作业前要求

6.7.2.1　操控人员

(1)操控人员应获得相关机构的培训证书,持证上岗。

(2)操控人员不应酒后及身体不适状态下操控,对农药有过敏情况者不能操控。

(3)每台无人机应至少配备 2 名操控人员,操控人员应配备即时通信设备。

(4)操控人员应了解作业地周围的设施及空中管制要求。

6.7.2.2　无人机检查

(1)根据使用说明书要求检查无人机的完整性及辅助设备是否安全。

(2)检查电池电量或燃料量及飞行信号灯状态。

(3)检查通信设备,保持通信畅通。

6.7.2.3　作业区块

(1)国家规定的禁飞区域禁止植保飞行作业。

(2)作业区块及周边应避免有影响安全飞行的林木、高压线塔、电线、电杆等障碍物。

(3)作业区块及周边应有适合无人机起落的场地和飞行航线。

(4)作业区块应远离学校、医院、民居等公共环境。

(5)当植保作业任务可能对水质、环境等产生污染时,禁止在蓄水池、水电站、河流等上空飞行作业。

(6)高压变电站、高压线 100 m 范围内不准许飞行作业。

(7)铁路和高速公路两侧 300 m 范围内不准许飞行作业,高铁则要求 500 m 以上;省级以上公路两侧 50 m 范围内不准许飞行作业;作业时不应与上述线路垂直相向而行。

(8)作业前应在计划作业区域周边设立警示标志,设置安全隔离区,并告知可进入该区域的建议时间。

6.7.2.4　气象条件

(1)作业前应确认作业区块的气象信息适合飞行,信息包括温度、湿度、风向、风速等。
(2)雷雨天气不准许工作。
(3)风力大于 4 级或室外温度超过 35 ℃时不宜作业。

6.7.2.5　农药使用

(1)根据植保要求,选择适合无人机作业要求的高效低毒农药。
(2)农药"三证"齐全,包括农药生产许可证或者农药生产批准文件、农药标准和农药登记证。
(3)农药的配制、使用、混合应符合 GB 12475—2006《农药贮运、销售和使用的防毒规程》的规定。
(4)配制农药现场应通风,且远离住宅区、牲畜栏和水源等场所。操作人员应严格按农艺要求和喷施面积配制农药。配药时应选用合适的容器,采用二次稀释方法配制药液。

6.7.2.6　作业方案

(1)根据作业区地理情况、植保要求,设置无人机的飞行高度、速度、喷幅宽度、喷雾流量等参数。
(2)根据作业区作物及病虫害情况、农药使用说明或咨询当地农业植保部门,确定药品、药量,以及配药标准。
(3)作业前应制定出现紧急情况的处置预案,预案中包括紧急事故的处理程序,农药泄漏、故障、失控及坠落的应对措施,紧急备降地点选择等内容。

6.7.3　作业要求

6.7.3.1　起飞

(1)起飞前检查作业区块及周边情况,确认没有影响飞行安全的因素。
(2)飞行范围应符合作业方案的要求。
(3)起降飞行应远离障碍物 5 m 以上。
(4)当无人机运转时,禁止触摸并远离任何正在运转的物体。
(5)作业前,对无人机进行不喷农药的试飞,试飞正常后方可进行作业飞行。

6.7.3.2　无人机操控

(1)操控人员应佩戴口罩、安全帽、防眩光眼镜,身穿醒目工作服并严禁穿拖鞋,且在上风处并背对阳光操作;操控人员应与无人机保持 5 m 以上安全距离。

(2)根据作业情况,观察飞行远端的位置和状态以及无人机喷洒的宽度、飞行高度、速度、距离、断点等工况,按照要求采取相应措施。

(3)作业结束后,先切断动力电源,再关闭遥控器。

(4)应记录无人机作业情况,并将作业记录汇总归档保存。

6.7.3.3 紧急事故处理

(1)当主动避障功能失效时,在起飞航线与返航航线中,操控人员应避免航线与障碍物或边界碰撞。若出现该情况,应更换起降点或增减航线进行规避。

(2)当无人机发生故障且失控保护及电子围栏功能失效时,在确认无人机周围无人且周边安全的情况下,应立即迫降。

(3)发生重大事故(如人身伤害、伤亡事故,重大农药泄漏事故等)时,应立即停止作业,保护现场,及时通知公安、卫生等相关部门。

6.7.4 作业后维护要求

6.7.4.1 整理装备

作业完成后,对无人机以及对讲机、遥控器、风速仪、充电器、电池等相关附件进行整理与归类。对电池还应在电池防爆箱内标注使用和未使用。

6.7.4.2 清洁检查

(1)药箱中未喷完的药液应回收,并妥善存放在专用容器中。处理农药时,应遵守农药生产厂家提供的安全说明。

(2)排净药箱内的残留药剂时不应污染环境,清洗喷头和滤网等所有配药器具。燃油机需排空剩余燃料。

(3)无人机的金属运动部件应涂防锈和润滑油,并检查和固定螺丝。

6.7.4.3 储存及维护保养

(1)无人机运输、储存应人机分离。

(2)无人机应储存于干燥、通风、避光的室内,不应与酸、碱等腐蚀性物质混放。

(3)无人机应按照使用说明书要求,定期维护和保养。

6.8 丘陵山地果园场景下无人机植保技术的应用

当前,我国人口老龄化情况严重,这种情形在农村地区体现得尤为显著。农业,尤其是种植业,作为最具代表性的劳动密集型产业,一直以来都被我国巨大的人口红利所庇佑,得以飞速发展。然而不幸的是,随着老龄化问题越发严峻,我国的农业劳动力正在锐减。研究显示,世界各国农业就业人口呈下降趋势,我国最为明显,当前农业劳动力平均年龄为 55 岁。以上事实说明,我国传统的农业生产模式正面临着前所未有的挑战。

我国幅员辽阔,地形复杂。据统计,我国山地约占全国面积的 33%,丘陵占 10%,高原占 26%,盆地占 19%,平原仅占 12%。按广义标准计算,我国山区面积约占全部土地面积的 2/3,平原面积仅占 1/3;全国约有 1/3 的农业人口和耕地在山区。长期以来,受自然条件的限制,我国丘陵山区的农业生产场景呈现出异常复杂的基本特征。地块不规则且坡陡坎高,田间缺乏机耕道路,田块细碎、高低不平等问题普遍存在,使得"牛进得去、铁牛进不去",农机"下田难""作业难"成为我国丘陵山区农业生产最真实的写照。相关数据显示,截至 2019 年,我国丘陵山区农作物耕种收机械化率只有 48%,比全国平均水平低22 个百分点。当我国劳动力锐减的现状与丘陵山区农业生产现状相耦合,丘陵山地果园场景下的农业生产就开始变得越发复杂。

2023 年的中央一号文件明确提出,"加紧研发大型智能农机装备、丘陵山区适用小型机械和园艺机械。支持北斗智能监测终端及辅助驾驶系统集成应用。完善农机购置与应用补贴政策,探索与作业量挂钩的补贴办法,地方要履行法定支出责任"。该文件的出台为我国丘陵山区现代化农机装备的发展提供了方向。由于我国 70% 的可耕地位于丘陵山区,因此在当前主要作物综合机械化已得到大幅提升的情况下,丘陵山区农机装备研发制造和推广应用便显得尤为重要。

智能植保无人机的出现在一定程度上缓解了上述难题。植保无人机作业不受地形限制,尤其适用丘陵山区果园等场景,且作业效率远高于人工作业。一台无人机相当于数十个劳动力,符合老龄化趋势下农业无人化发展趋势。同时,在人工智能、5G 等技术高速发展的大环境下,搭载视觉感知、自动化控制等高新技术的无人机设备将丘陵山区农业生产水平更是提高了一个台阶。

为了应对丘陵山地果园场景下农作物植保作业的实际需求和未来发展动向,大疆、极飞、天途、极目等企业和相关高校及科研院所,开始利用各自优势及多年的技术积累,将大量的研发资源投入植保无人机研发,一大批性能优异的植保无人机被相继推出。这些产品凭借其在病虫害防治过程中的优异表现及较低的作业成本,一经推出便开始在农业生产一线发挥巨大的作用。

极目公司专门针对丘陵山地飞防难点痛点,设计出了可以较好适应丘陵山地场景的新款植保无人机。该款无人机新增了鹰眼系统、山地夜航模式、离线模式、飞行圈地、不规则航线规划、自动扫边、播撒模式等新功能,在进一步强化视觉感知和安全的同时,通过人工智能算法,优化飞防路径规划和自主仿地避障,大幅提升飞防效率。目前该系统已在浙江临安的山核桃种植园得到了较好的应用(图 6.30)。众所周知,因山核桃而闻名的浙江临安,由于山路崎岖导致植保难度过大、农村人口老龄化、人力缺乏等客观因素,经济价值颇高的山核桃生产受到一定影响。人工作业极度危险、效率低,且山核桃树冠厚,传统喷雾装置液滴大,喷洒不均匀,导致植保效果差。极目无人机在临安的使用使问题得到了一定程度的解决。据悉,极目植保无人机已经在山核桃种植区进行过授粉、撒肥、除虫等植物管理的全程实战,实践表明,极目植保无人机的自主飞行、避障和弥雾喷洒效果让当地种植户非常满意,目前在当地非常受欢迎。

图 6.30　极目植保无人机果园作业场景

从"无机可用"到"初见希望",山核桃的植保也正是我国丘陵山地机械化的缩影。无人机生产厂家和高校及相关科研机构始终坚持推进丘陵山区机械化的目标,不断改进创新,让广大农民享受科技带来的成果,为"三农"发展和乡村振兴作出自己的贡献(图 6.31)。

图 6.31　大疆植保无人机荔枝园作业场景

董祥,杨学军,严荷荣,2013. 果园喷雾机喷雾量垂直分布测试系统[J]. 农业机械学报,44
　(4):59-63.

董玉轩,2012. 施药方式、雾滴密度与农药高效利用的相关性研究[D]. 扬州:扬州大学.

高圆圆,2013. 无人直升机(UAV)低空低容量喷洒农药雾滴在禾本科作物冠层的沉积分
　布及防治效果研究[D]. 哈尔滨:东北农业大学.

顾中言,许小龙,韩丽娟,2002. 几种植物临界表面张力值的估测[J]. 现代农药,2:
　　18-20.

顾中言,许小龙,徐德进,等,2009. 杀虫剂混合使用的增效作用评判分析[J]. 农药学学
　　报,11(3):8.

蒋焕煜,周鸣川,李华融,等,2015. PWM 变量喷雾系统动态雾滴分布均匀性实验[J]. 农
　　业机械学报,46(3):73-77.

兰玉彬,彭瑾,金济,2016. 农药喷雾粒径的研究现状与发展[J]. 华南农业大学学报,
　　37(6):1-9.

李丽,李恒,何雄奎,等,2012. 红外靶标自动探测器的研制及试验[J]. 农业工程学报,
　　28(1):159-163.

廖娟,臧英,罗锡文,等,2015. 作物航空喷施作业质量评价及参数优选方法[J]. 农业工程
　　学报,31(2):38-46.

刘开新,2015. 俄日韩等国家农业航空产业发展现状[J]. 时代农机,42(7):169.

娄尚易,薛新宇,顾伟,等,2017. 农用植保无人机的研究现状及趋势[J]. 农机化研究,
　　39(12):1-6,31.

秦维彩,薛新宇,周立新,等,2014. 无人直升机喷雾参数对玉米冠层雾滴沉积分布的影响
　　[J]. 农业工程学报,30(5):50-56.

屠豫钦,李秉礼,2006. 农药应用工艺学导论[M]. 北京:化学工业出版社.

王昌陵,何雄奎,王潇楠,等,2016. 无人植保机施药雾滴空间质量平衡测试方法[J]. 农业
　　工程学报,32(11):54-61.

王利霞,2010. 基于处方图的变量喷药系统研究[D]. 长春:吉林大学.

王淑杰,任露泉,韩志武,等,2005. 典型植物叶表面非光滑形态的疏水防黏效应[J]. 农业
　　工程学报,21(9):16-19.

王潇楠,何雄奎,王昌陵,等,2017. 油动单旋翼植保无人机雾滴飘移分布特性[J]. 农业工
　　程学报,33(1):117-123.

吴亚垒,祁力钧,张亚,等,2017. 基于驻波率原理的农药雾滴沉积量检测系统设计与试验
　　[J]. 农业工程学报,33(15):64-71.

萧玉涛,吴超,吴孔明,2019. 中国农业害虫防治科技 70 年的成就与展望[J]. 应用昆虫学
　　报,56(6):1115-1124.

徐广春,顾中言,徐德进,等,2013. 促进稻田农药利用效率的表面活性剂筛选[J]. 中国农
　　业科学,7:1370-1379.

许小龙,徐广春,徐德进,等,2011. 植物表面特性与农药雾滴行为关系的研究进展[J]. 江
　　苏农业学报,27(1):5.

玄子玉,张玉峰,田思庆,2012. 车载喷雾机变量施药控制系统的设计[J]. 农机化研究,
　　34(5):116-119.

薛新宇,兰玉彬,2013. 美国农业航空技术现状和发展趋势分析[J]. 农业机械学报,

44(5)：194-201.

杨青,庞树杰,杨成海,等,2006. 集成 GPS 和 GIS 技术的变量灌溉控制系统[J]. 农业工程学报,22(10)：134-138.

杨希娃,代美灵,宋坚利,等,2012. 雾滴大小、叶片表面特性与倾角对农药沉积量的影响[J]. 农业工程学报,28(3)：70-73.

尹选春,兰玉彬,文晟,等,2018. 日本农业航空技术发展及对我国的启示[J]. 华南农业大学学报,39(2)：1-8.

张东彦,兰玉彬,陈立平,等,2014. 中国农业航空施药技术研究进展与展望[J]. 农业机械学报,45(10)：53-59.

张菡,2017. 植保无人机变量喷药系统研制[D]. 济南：山东农业大学.

张慧春,Dorr G,郑加强,等,2012. 扇形喷头雾滴粒径分布风洞试验[J]. 农业机械学报,43(6)：53-57.

张京,何雄奎,宋坚利,等,2012. 无人驾驶直升机航空喷雾参数对雾滴沉积的影响[J]. 农业机械学报,43(12)：94-96.

张瑞瑞,陈立平,兰玉彬,等,2014. 航空施药中雾滴沉积传感器系统设计与实验[J]. 农业机械学报,45(8)：123-127.

周莉萍,2017. 无人机机载喷雾系统喷雾特性及影响因素的研究[D]. 杭州：浙江大学.

朱金文,李洁,吴志毅,等,2011. 有机硅喷雾助剂对草甘膦在空心莲子草上的沉积和生物活性的影响[J]. 农药学学报,13(2)：5.

Braekman P，Foque D，Messens W，et al.，2009. Effect of spray application technique on spray deposition in greenhouse strawberries and tomatoes [J]. Wiley,2.

Chapple A C，Hall F R,1993. A description of the droplet spectra produced by a flat-fan nozzle [J]. Transactions of the ASAE，37(1)：51-58.

Crease G J，Ford M G，Salt D W,1985. Studies of the relationship between the properties of carrier solvents and biological efficacy of ULV applied drops of the insecticide cypermethrin [J]. England：British Crop Protection Monogram：251-258.

Derksen R，Fox R，2003. Visual and image system measurement of spray deposits using water- sensitive paper [J]. Applied Engineering in Agriculture，19(5)：549-554.

Foque D，Pieters J G，Nuyttens D，2012. Comparing spray gun and spray boom applications in two ivy crops with different crop densities [J]. HortScience：a publication of the American Society for Horticultural Science，47(1)：51-57.

Fritz S，See L，McCallum I，et al.，2015. Mapping global cropland and field size [J]. Global Change Biology，21，1980-1992.

He X，Bonds J，Herbst A，et al.，2017. Recent development of unmanned aerial vehicle for plant protection in East Asia [J]. International Journal of Agricultural and Biological Engineering，10(3)：18-30.

Hilz E，Vermeer A.，2013. Spray drift review：The extent to which a formulation can contribute to spray drift reduction [J]. Crop Protection，44(1)：75-83.

Hoffmann W，Hewitt A，2004. Technical note：Comparison of three imaging systems for water-sensitive papers. St. Joseph，Michigan：American Society of Agricultural and Biological Engineers，21(6)：961-964.

Huang Y，Hoffmann W C，Lan Y，et al.，2009. Development of a spray system for an unmanned aerial vehicle platform [J]. Applied Engineering in Agriculture，25(6)：803-809.

Jeffree C E，Dale J E，Fry S C，1986. The genesis of intercellular spaces in developing leaves of phaseolus vulgaris L [J]. Protoplasma，132(1)：90-98.

Kirk I W，2007. Measurement and prediction of atomization parameters from fixed-wing aircraft spray nozzles [J]. Transactions of the ASABE，50(3)：693-703.

Kreitmer G I，Sorensen E I，1979. Glandular secretary system of Alfalfa species [J]. Crop Science，19：495-502.

Leinonen I，Jones H G，2004. Combining thermal and visible imagery for estimating canopy temperature and identifying plant stress [J]. Journal of Experimental Botany，55(401)，1423-1431.

Lesiv M，Laso Bayas J C，See L，et al.，2019. Estimating the global distribution of field size using crowdsourcing [J]. Global change biology，25(1)：174-186.

Qin W C，Qiu B J，Xue X Y，et al.，2016. Droplet deposition and control effect of insecticides sprayed with an unmanned aerial vehicle against plant hoppers [J]. Crop Protection，85：79-88.

Reichard D L，Zhu H，Fox R D，et al.，1992. Computer simulation of variables that influence spray drift [J]. Transactions of the Asae，35(5)：1401-1407.

Shin H T，Lee Y P，Jurng J，2000. Spherical-shaped ice particle production by spraying water in a vacuum chamber [J]. Applied Thermal Engineering，20(5)：439-454.

Sun S X，Sidhu V，Rong Y H，et al.，2018. Pesticide pollution in agricultural soils and sustainable remediation methods：a review [J]. Current Pollution Reports，4(3)：240-250.

Thomson S，Womac A，Mulrooney J，2013. Reducing pesticide drift by considering propeller rotation effects from aerial application near buffer zones [J]. Sustainable Agriculture Research，2(3)：41-51.

Xue X，Lan Y，Sun Z，et al.，2016. Develop an unmanned aerial vehicle based automatic aerial spraying system [J]. Computers and electronics in agriculture，128，58-66.

Zhang Y，Lian Q，Zhang W，2017. Design and test of a six-rotor unmanned aerial vehicle

(UAV) electrostatic spraying system for crop protection [J]. International Journal of Agricultural and Biological Engineering, 10(6): 68-76.

Zhao S, Castle G S P, Adamiak K, 2008. Factors affecting deposition in electrostatic pesticide spraying [J]. Journal of electrostatics, 66(11): 594-601.

Zhu H, Salyani M, Fox R D, 2011. A portable scanning system for evaluation of spray deposit distribution [J]. Computers and Electronics in Agriculture, 76(1):38-43.

Zisman W A, 1964. Relation of equlibrium contact angle to liquid and solid constitution [J]. Advance in chemistry series.

第7章
农用无人机其他应用

7.1 授粉作业

7.1.1 概述

无人机在农业领域主要应用于植保作业,此外还可用于授粉制种、施肥等方面(林义剑,2020)。种子是农业产业链的源头,授粉是制种中的一个关键环节,不断提高制种产业的整体质量,实现全程机械化制种能够有效降低制种成本,实现增产增收目标。相关报道显示,在部分瓜果蔬菜等作物的种植管理中,使用无人机授粉作业可使授粉率从 25% 提升至 65%(杨德英,2021)。由此可见,作为一种现代农业绿色机械,无人机辅助授粉可以有效提高作业效率及作业质量,改善人工授粉和自然授粉的不足(吴锐,2020)。

7.1.2 无人机杂交水稻授粉

在杂交水稻的生产过程中,授粉是制种的关键。由于水稻的天然杂交率极低,只有 0.2%~0.3%,因此自然条件下进行杂交水稻的制种难以满足生产要求,需要人工辅助授粉(陈军,2017)。人工辅助授粉方式主要分为人力式辅助授粉和机械式辅助授粉。常见的人力式辅助授粉方法有绳索赶粉法、双杆赶粉法、碰撞式授粉法等,但这些方法需耗费大量的人力和物力,效率低且授粉不均匀,已不能满足现代化制种的需求,机械化辅助授粉方式成为了目前的发展主流。机械辅助授粉方式按照授粉原理主要可分为碰撞式、气力式和无人机辅助授粉。其中碰撞式辅助授粉易造成作物损伤,实际生产中较少使用。气力式辅助授粉多指使用小型直升机通过气流将花粉从父本柱头上吹散,花粉再随风力散落至母本柱头实现授粉。目前,随着无人机技术的发展,农用无人机辅助授粉成为了杂交水稻机械化制种的主要方式(苏和,2019)。

无人机在授粉作业时,其主要在父本厢上空沿父本一侧稻田上方 1.5 m 左右距离以 3~4 m/s 的速度匀速飞行,同时控制好飞行方位与姿态,保证风场中心在父本厢正中间,借助风力扬起花粉,从而达到授粉目的(图 7.1)。扬花期每天 10:00~12:00 授粉,每天

的授粉次数为 2～3 次,约 30 min 授粉一次,共需 14 d 左右。第一次授粉适合在父本散粉高峰时期进行,其间若有午间阴雨天气,在雨停水干后及时进行授粉作业(王茂理等,2020)。在无人机的选型方面,单旋翼和多旋翼的无人机均可用于授粉作业,最好选择风力较大的无人机,利于授粉。每台无人机可负责近 5 万 m² 的辅助授粉工作,极大地提高了授粉效率。

图 7.1　无人机授粉作业示意图(何倍倍,2022)

杂交水稻是我国发明的原创性粮食增产技术,早在 20 世纪 80 年代,美国从我国引进杂交水稻技术之后,便开始研究杂交水稻机械化制种技术。经过 15 年的实验研究,通过采用小型有人驾驶的直升飞机进行辅助授粉作业实现了杂交水稻制种的全程机械化(吴辉等,2014)。由于我国幅员辽阔,农田土地资源呈现多样性,南北地形差异大,美国的相关技术并不适合中国国情,难以直接应用。作为杂交水稻的发源地,我国从 20 世纪 90 年代展开了对杂交水稻制种授粉机械设备和技术的研究,经过多年的探索,2020 年我国实现了杂交水稻全程机械化制种,制种效益可提高 36.3%。

无人机在授粉作业时,旋翼风场下花粉的分布情况直接影响了制种质量。为探究无人机风场参数对水稻授粉花粉分布情况的影响,李继宇等(2018)通过讨论不同风速下花粉分布的宽度及有效区域,为无人机在授粉作业时的参数选择提供了一定的数据指导。在实验过程中,通过手持北斗定位系统 UB351 移动站将采样点进行定位,获取其各点坐标、间距等空间信息,实验方案如图 7.2 所示。另外,无人机通过在作业时搭载此系统移动站可完成作业航线的记录。在风场测量系统中使用风场无线传感器测量网络,完成无人机作业时各采样点三向风速等数据的测量与传输。实验发现,花粉的悬浮传送主要借助无人机作业时旋翼产生的水平风场,即 x、y 方向上与水稻冠层面水平的风场,该方向风速值越大越好。而与水稻冠层面垂直的 z 方向风场,易造成水稻植株的损伤,该方向风速值越小越好。通过对花粉分布宽度和面积的定量分析发现,花粉的分布量与垂直和水平风场均有密切关系,当无人机以 4.53 m/s 的速度飞行时最有利于授粉,而且花粉的分布量只和水平风场中的 x 方向风场呈正向线性相关,这对指导今后杂交水稻的种植生产具有较大的参考价值。

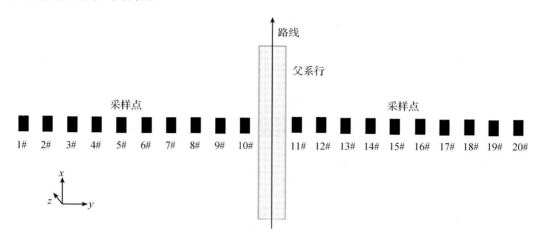

图 7.2　实验方案示意图(李继宇等,2018)

7.1.3　无人机其他作物授粉

无人机在杂交水稻授粉上的应用是实现杂交水稻全程机械化制种的关键一步,同时,无人机授粉在部分其他瓜果作物上也得到了一定应用。

近年来,无人机的高效液体授粉技术解决了库尔勒香梨的生产难题。香梨是严格异花授粉结果的果树,因受外界天气、传粉昆虫数量等因素的影响,自然授粉受到限制。果农常采用人工蘸粉、抖粉、背负式喷雾器液体授粉等方式进行补充授粉,提升坐果率。但由于梨树高大,人工授粉存在费时费力、授粉不均匀、成本高等问题。而使用无人机代替人工从果树上方喷洒花粉液,通过下压风力将含有花粉的营养母液雾化使其均匀地沉降到整棵树的花序上,雾化效果更好,作业效率也更高(羊坚等,2021a)。以阿克苏地区常用的大疆 T20 植保无人机为例,其保持在距离树冠 2 m 的高度飞行,有效喷幅可达 5 m,且空中无障碍物,与人工授粉技术相比,作业效率提升了上百倍。在 2020 年兵团进行的无人机授粉试验示范中,梨树花序的坐果率达到 80% 左右,而人工蘸粉、抖粉的坐果率一般在 40% 左右(羊坚等,2021b)。由此可见,无人机授粉技术具有较大优势。

据相关研究结果表明,薄壳山核桃授粉山核桃可综合两者优良性状,同时有增大果实、提高坐果率和产量的效果。但人工点粉、抖粉的授粉方式难以应用于大规模生产且效率较低,汪继斌等(2019)提出了无人机辅助薄壳山核桃授粉山核桃的方法。通过将提前采集好的薄壳山核桃花粉按比例调配成花粉水溶液,无人机装载花粉水溶液进行喷洒的方式完成授粉作业。实验结果表明无人机授粉的山核桃果重、核重、仁重分别比未使用无人机授粉的对照组提高了 2.02%、5.98%、5.49%,这为大面积应用无人机辅助薄壳山核

桃授粉山核桃这项技术提供了理论参考。

7.1.4　研究展望

无人机授粉作业无须提供专用的起降场地,具有小巧灵便、授粉速度快、操作灵活等优势。相比人工辅助授粉,无人机授粉作业效率是其数十倍甚至上百倍。由于其在空中作业,地形适应性好,对于复杂的田间环境具有更好的适应性,适合我国繁种基地。目前无人机授粉技术在杂交水稻及部分瓜果蔬菜中都得到了一定程度的应用,考虑到不同作物的高度、生长周期、叶面大小等方面存在一定差异,打造更有针对性的授粉无人机是未来的一个重要研究方向。通过对不同作物花蕊的花期及授粉期进行精准计算,确定无人机的授粉作业时期,同时制定合理的风场、飞行速度、高度等数据,能够进一步提升无人机的作业效率,促进无人机辅助授粉这项技术的大面积应用。

7.2　施肥作业

7.2.1　概述

传统人工施肥的短板,例如占用大量农业劳动力、工作效率低下(白由路,2016)、施肥不均、施肥过度(黄国勤等,2004)等问题日益凸显,其已无法满足现代农业作业的需求。机械化施肥可精准控制肥料的施用量,以提高施肥效率与质量(彭少兵等,2002),极大弥补了人工施肥的不足。但由于地面施肥机械容易受到复杂的田间环境限制(陈书法等,2012),并且存在着操作强度大、对作物有潜在损害风险等问题,应用无人机进行施肥作业将是未来的一个主流趋势。多旋翼无人机能够紧贴作物低空飞行,不仅具备地面机械所无法比拟的高通过性和稳定性,还可以实现航迹规划和自动导航飞行(王玲等,2016),现已有农业实践者将其应用在施肥作业领域。从肥料类型上划分,无人机施肥可分成施固态肥和施液态肥2个大类,而施液态肥与无人机喷药的原理大致相同,这里将不再赘述。

7.2.2　作业系统与关键装置

变量施肥控制系统的设计是实现无人机变量施肥的关键,其主要由地面控制站、撒播控制单元和飞行控制单元组成,如图7.3所示(Song等,2021)。地面控制站提供了一个交互界面,用于编辑导入处方图后的飞行路线和设置施肥参数,同时该控制站还可以实时监控飞行信息、撒播情况和其他设置参数。撒播控制单元的功能是连接飞行控制单元与相关执行部件,如滚槽电机、光电开关(监测肥料余量)等。此外,管道风扇和电子调谐也由该单元独立控制。飞行控制单元除了记录无人机的工作信息(飞行高度、飞行速度、施肥位置坐标)以外,还接收并执行变量施肥的处方图。

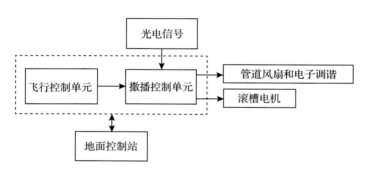

图 7.3　变量施肥控制系统

获取作物的养分需求制作处方图是实现变量施肥的前提,而最终保证肥料的撒播离不开末端装置的设计。任万军等(2021)设计了一个撒肥装置,如图 7.4 所示。其中,固定架被安装在无人机的两侧脚架之间;电池舱安装在固定架的上方,设计了电池固定卡扣以确保无人机在作业时电池的稳定;承重滑轨安装在固定架内侧用于连接并支撑肥箱,抽拉设计可实现肥料的快速填充;流量调节装置与离心盘安装在肥箱底部,是实现均匀撒播肥料的重要结构;由电子调速器控制的无刷电机用于驱动离心盘工作;舵机通过摇臂与拉杆带动流量控制扇叶;电子调速器、舵机与撒肥控制系统相连,并通过 PWM 信号线与飞控系统实现通信,进而控制撒肥装置的变量作业。

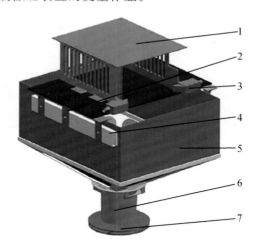

图 7.4　无人机撒肥装置结构示意图
1. 电池舱;2. 固定架;3. 电池固定卡扣;4. 承重滑轨;5. 肥箱;
6. 流量调节装置;7. 离心盘

在无人机施肥作业前,需要向肥箱内填充目标重量的肥料。在无人机依据处方图飞至目标施肥地点后,控制开关使撒肥装置进入工作状态。此时,舵机将带动流量控制扇叶向下摆动,肥箱与离心盘间的通道将开放,肥箱中的肥料在重力和机械振动的作用下通过流量调节装置进入高速旋转的离心盘,最后在离心力的作用下实现均匀撒播。

7.2.3　无人机变量施肥实例

Song 等（2021）在我国广东省罗定市的 2 块稻田中各进行了 3 次无人机变量施肥作业，作业对象为美香占 2 号，施用的肥料为中等颗粒大小的尿素。在每次施肥作业前，先利用无人机遥感技术获取田间水稻的光谱特征，并依据稻田的含氮量生成施肥作业所需的处方图，如图 7.5 所示。为了提高施肥的效率，施肥量会依据各区域的氮需求而得到相应调整。因此，在变量施肥作业的过程中，当无人机飞至目标区域边界时，必须立即刷新目标施肥量信息。

在第一次施肥中（基肥），无人机耗时 10.13 h 覆盖了整个稻田。依据处方图进行第二次变量追肥时，各区域的需氮量要显著低于第一次追肥（图 7.5），这在减少了氮肥使用的同时，也提高了氮肥的有效利用率。作业结果如表 7.1 所示，其中工作效率这一指标包含了前往供应点进行肥料补给的飞行耗时。从结果上看，随着目标施肥量的减少，施肥效率有所增加并且施肥量的误差得以减少。

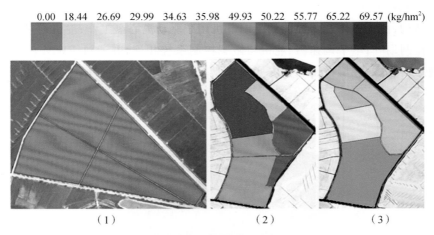

0.00　18.44　26.69　29.99　34.63　35.98　49.93　50.22　55.77　65.22　69.57 (kg/hm²)

（1）　　　　　　　　　（2）　　　　　　　　　（3）

图 7.5　无人机变量施肥作业的处方图

表 7.1　施肥作业结果

作业事件	作业面积/hm²	目标施氮量/kg	实际施氮量/kg	工作效率/(hm²/h)	误差/%
基肥	4.12	268.83	252.5	0.41	6.07
第一次追肥	5.12	227.88	237.5	0.88	4.24
第二次追肥	3.1	75.7	76.2	2.82	0.65

7.2.4　研究展望

使用无人机进行变量施肥作业已经展现出极大的潜能，未来可从以下几个方面进行进一步的优化：第一，应对大施肥量的需求，无人机的最大载重及续航需要进一步优化；第二,应对不同的作业对象和肥料,末端执行机构的针对性需要进一步加强;第三,作业时的环境条件监测应被纳入控制系统;第四,为节省时间成本,遥感-决策-执行的一体化无人机设计以及多机协同的施肥作业体系将是未来的研究方向之一。

7.3 棉花收割脱叶作业

7.3.1 概述

棉花是我国种植业生产中产业链最长的大田经济作物,是我国 1 亿棉农的主要经济来源(卢秀茹等,2018)。目前新疆是我国棉花的主要产地,2021 年新疆的棉花播种面积达到了全国的 82.76%(国家统计局,2021)。形成规模化和机械化的种植模式是我国棉花产业未来的发展方向。喷施脱叶催熟剂能够起到促进棉花集中吐絮、脱叶、防止棉叶二次生长的作用,是实现机械化采棉的重要前提,直接影响了棉花采收的质量和效率。选用无人机喷施棉花脱叶剂不仅效率高、节省人力,而且不受棉花种植密度、高度、生长地形的影响,其被越来越广泛地投入棉花收割脱叶作业中。

7.3.2 技术要领与应用分析

在棉花的脱叶过程中,脱叶率是评价棉花脱叶催熟效果、判断采收时间的重要指标。无人机的飞行参数、施药的时间及用量,这些参数的选择和设定均会对棉花的脱叶率产生一定影响。

在棉花脱叶时期的选择方面,需要根据田间棉花的长势情况确定。一般要求脱叶时棉铃基本达到生理性成熟,自然吐絮率≥40%,且无人机喷药后 3~5 d 内最低气温>12 ℃,或者连续 7 d 以上平均气温>20 ℃(李广华等,2019)。

一般情况下,无人机在棉花脱叶作业中喷施 2 次,2 次均为定量喷施,中间间隔 6~10 d,但这种传统的定量喷施方法过于粗放,会造成药物喷施的精准性与有效利用率较低以及浪费问题。在可持续发展理念的引导下,变量喷施技术逐渐得到认可与应用。目前主要有基于农田信息实时采集的变量喷施和基于处方图的变量喷施 2 种应用形式。在基于农田信息实时采集的变量喷施方案中,中央处理器对无人机通过视觉、遥感等技术获取的田间数据进行处理分析,制定出喷施方案并精准控制各个喷头的喷雾量,从而完成变量喷施。此方法实时性强,但实施难度较大,成本也较高。在基于处方图的变量喷施方案中,通过遥感、视像等技术完成对植株状态等田间信息的标注并制定出精确到各个坐标位置的喷施方案,再将其与地图相结合即可完成处方图的制作。这种方案实时性相对较差,但成本较低,操作起来较为简单(关桂娟,2022)。为提高棉花脱叶剂的利用率,在无人机棉花收割脱叶作业中使用变量喷施十分关键。

为确定适合无人机在棉花收割脱叶作业中的飞行参数,Meng 等(2019)在新疆的 2

个实验点开展了为期 2 年的实验,通过评估棉花的脱叶率、开铃率、产量和纤维质量等技术指标探究了无人机在棉花收割脱叶作业中的应用。实验结果表明,脱叶效果对无人机的喷洒量比较敏感,在喷施量为 22.5 L/hm^2、飞行速度为 4 m/s 时,助收剂的脱叶效果最佳。而且无人机的喷施作业对棉花的产量和纤维品质成分没有负面影响,这进一步证明了利用无人机进行棉花收割脱叶作业的可行性。

在棉花收割脱叶的机械化作业中,目前主要有 2 种方式:一种是拖拉机牵引打药机打药,另一种是无人机喷施(程明军等,2021)。为比较大型施药机械与植保无人机这 2 种喷施脱叶剂方法对棉花脱叶效果及吐絮率的影响,张强等(2020)对这 2 种作业方式的脱叶效果进行了对比分析。实验结果表明,大型自走式施药机械的雾滴沉积情况远高于植保无人机,因此通常情况下,在棉花脱叶阶段选用大型施药机械施药 1 次即可,而选用无人机需要施药 2 次。但无人机喷施的雾化效果较好,且喷施均匀。为分析 2 种作业方式对棉花脱叶率和吐絮率的影响,实验中分别对施药后 1 d、7 d 和 14 d 的脱叶和吐絮情况进行了调查,数据显示无人机与大型自走式施药机械脱叶效果相当,甚至优于无吊喷的喷杆式喷雾机。另外,与大型施药机械相比,无人机在空中作业,对棉花无碾压损伤,无须进行人工分行,不但节省成本而且高效。因此在未来的种植生产中,无人机完全可以替代拖拉机等大型施药机械完成喷施脱叶剂的工作。

7.3.3　无人机在棉花收割脱叶中的具体应用

随着无人机在棉花收割脱叶中的普及与应用,基于无人机的遥感监测技术、数字图像处理技术等得到了深入研究。通过无人机搭载多传感器,完成对棉花田间多光谱图像、可见光影像、红外影像等数据的采集与处理,实现对田间作物生长状况的监测,可为大田生产中喷施时间、次数、用量的选择等提供决策辅助。

王康丽等(2018)基于机载红外成像技术对棉花喷施脱叶剂后冠层及叶片温度的变化规律进行了研究。在喷施脱叶剂后叶片自身的调节能力会下降,棉花整体处于逆境生长,冠层的温度可以作为作物长势评判的一个重要参数。通过对无人机获取的热红外图像及红外温度探头数据进行处理和分析,实现了对脱叶剂喷施后棉花冠层温度变化情况的监测,也证明了机载红外成像技术在棉花脱叶效果监测上的适用性。

为解决人工定点监测棉花脱叶率费时费力的问题,闫春雨等(2022)提出了一种基于无人机遥感多光谱图像建立棉花脱叶效果监测模型的方法,并可以根据建立的模型制作第二次棉花脱叶剂喷施的处方图,为第二次脱叶剂的变量喷施提供指导。利用遥感监测结果生成的变量施药处方图(图 7.6)进行变量喷施,可有效降低施药量并提高棉花脱叶率。其中第二次喷施作业按照修正后的处方图进行。

为了更加快速、准确地监测棉花的脱叶率,马怡茹等(2021)以无人机采集的 RGB 图像和人工计算的脱叶率为基础数据,分析了不同脱叶剂处理下棉花脱叶率与 14 个可见光植被指数的相关性,建立了基于可见光植被指数的脱叶率监测模型,为棉花的适时采收提供一定的理论与技术支持。

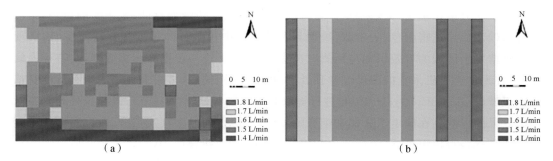

图 7.6   修正前(a)后(b)的变量喷施处方图

7.3.4   研究展望

棉花是我国重要的经济作物之一,随着现代化农业和精准农业的不断发展,棉花的生产种植过程正朝着机械化、信息化、标准化的方向稳步前进。棉花脱叶剂的有效喷施是实现棉花一次性机械采摘的重要前提。选用无人机喷施脱叶剂无须与地面接触,对地形没有要求且对作物无损伤,具有省时、省工、高效的独特优势,是未来棉花收割脱叶作业的主力。为了推动无人机喷施的广泛应用,无人机的单次可飞行时间仍需延长,且需要具有携带足够重量药液的电量,因此加快无人机蓄电池的研发具有重要意义。另外,推动遥感、数字图像处理等信息技术在棉花田间信息监测及管理方面的应用也是未来的一个重要研究方向。

7.4   农林火情监测

7.4.1   概述

近年来,农林火灾事故发生较为频繁,我国对农林防火的监管力度不断增强,但仅依靠人力进行监测与救灾很难实现高效作业,且常造成人员伤亡等问题。将无人机应用到农林火情检测中,可以全天候监控农林变化情况,而且不受天气、地形等因素限制。一旦发生火灾,无人机通过实时数据传输能够帮助工作人员迅速掌握火情,从而制定科学的灭火方案。

7.4.2   关键技术与方法

随着现代信息技术的不断发展,遥感、通信、导航、机器视觉、深度学习等技术在无人机农林火情监测作业中的应用得到了广泛研究。

在农林防火救灾工作中,能够准确地判断火情的发生是重要前提。相比于传统的火灾探测器,基于机器视觉的火情预测通过图像处理自动识别火情,准确率较高,成本也相对较低。在火情识别中,火焰和烟雾具有较明显的颜色、边缘等特征,是主要的识别要素。王君等(2021)通过将颜色、尖角数、纹理等农林火灾中较明显的可见视觉特征融合,实现了对火情发生区域的有效识别与预测。在实验中,为了进一步提高运算效率,在特征提取之前,首先将无人机采集的图像经过预处理过滤掉无用信息,再根据火焰或烟雾特征对感兴趣区域(region of interest,ROI)进行提取并做归一化处理(图7.7),以减少外界光照对识别效果的影响。在确定了火焰和烟雾的发生区域后,通过多项式拟合,可以对下一时刻火势的蔓延趋势作出预测,为后续的救援任务提供有力指导。

输入原始图像

烟雾截取 ROI 图并归一化

输入原始图像

火焰截取 ROI 图并归一化

图 7.7 提取火焰及烟雾的图像效果

作为 21 世纪新兴的遥感平台,无人机遥感平台采集的数据空间分辨率更高,更适合小区域的精准监测。该平台通过搭载不同类型的传感器,可以获取多种类型的数据,常用的传感器有:激光雷达、多光谱传感器、高光谱传感器等(刘鹤等,2021)。在农林火烧迹地面积测量方面,钟映霞等(2019)通过无人机遥感平台搭载多光谱传感器实现了对森林火烧迹地面积的精准测量,精度高达 94.44%。其中,分别对拼接后的近红外波段(NIR)、红光波段(RED)、归一化植被指数(NVDI)遥感图像进行了非监督分类,结果显示基于 NVDI 的分类结果(图 7.8)与实际调查情况最为接近,为农林火灾后的调查与评估工作提供了新方法。

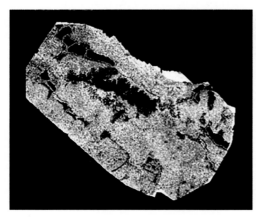
图 7.8 NVDI 非监督分类结果

7.4.3　无人机在农林火情监测中的具体应用

关于无人机在农林火情监测领域的应用,主要包括日常巡查、实时监控火情、远程指挥与通信、辅助应急救援、灾后调查等方面(魏爱萍和赵福龙,2021)。

无人机通过机载可见光相机和中波红外相机可实现对农林的全天候情况监测,其中可见光相机用于白天的监测,中波红外相机用于对明火及夜间热累积高温区域的精准探测(黄晶等,2021)。对已经发生的火情,无人机可通过搭载红外探测器,在火场区域上方500 m 左右进行悬停监测,帮助消防人员实时掌握火情。由于农林环境极易出现信号堵塞的问题,选用具备中继通信设备的无人机可保证通信线路的畅通。随着 5G 技术的发展,无人机的通信质量和数据回传能力将得到进一步提升。在火灾救援活动中,无人机还可搭载扩音等语音模块,完成传达命令、空中呼叫等任务,保障消防工作的顺利进行。另外,无人机还可完成抛绳、投放呼吸器等物资运送任务,保障消防人员的生命安全(魏爱萍和赵福龙,2021)。

刘喆等(2021)设计了一种无人机森林防火智能巡检系统,可完成对火情的确认、实时监测及初步抑制。该系统中无人机通过搭载彩色 CCD 相机或者热成像系统,采用多机协同智能算法实现了对森林的实时 3D 建模,从而准确获取着火点的位置信息及火情态势。在消防人员未到达前,无人机可将携带的增雨焰条或者干粉灭火弹进行定点投放,抑制火情蔓延甚至扑灭火情。通过模拟实验,该系统完成了对火情的实时监测及抑制扑灭任务,具有广阔应用前景。图 7.9 为无人机干粉灭火图。

图 7.9　无人机干粉灭火图(刘喆等,2021)

7.4.4　研究展望

选用无人机进行农林火情监测具有操作范围广、机动性强、人员安全性高等突出优势,在我国的农林火情监测领域取得了较好的应用成效,有效解决了传统人工监测的费时费力问题。但在实际应用中仍存在一些问题,如无人机设备的承载能力和续航时间有限、抗风能力不足、适用于消防灭火的无人机机型较少、无人机内部数据运算的速度较慢等。这些问题严重限制了无人机在农林火情监测上的发展,也是科研人员未来的重要研究方向。随着技术的发展,无人机终将代替传统的防火灭火方法,有效保证农林资源的长远发展。

7.5 播种

7.5.1 概述

随着智慧农业的快速发展,传统的人工播种方式已难以满足其需求,机械化的播种技术不仅能减少日益昂贵的农业劳动力成本投入,还能提升播种效率与播种质量,有着良好的市场前景。但是,基于地面的大中型插秧机、直播机等机械设备容易受到地形条件的限制,并且还具有对作物生长的潜在危害。在此背景下,采用无人机进行播种的模式呈现出快速发展的势头。无人机在播种中的应用无疑为作物种植技术提供了一种现代化的高效率、低成本、高安全性的生产方式。

7.5.2 播种模式与关键装置

无人机精量撒直播与精量条直播是目前应用在稻田中主要的无人机播种模式,机型详见图 7.10。

图 7.10 精量直播无人机机型(朱从桦等,2021)
(a)大疆 2.0 旋转撒播系统;(b)极飞智能高速气流撒播系统;
(c)珠海羽人精量条播系统;(d)四川飞防 OCT 精量条播系统

在撒播系统中,根据撒播方式的不同,可分为离心式、气力式等。离心式撒播的技术原理和关键装置与无人机施肥作业大致相同,不再赘述。气力式撒播的关键装置主要由种箱、涵道风扇及播撒涵道组成,其工作原理为:向种箱内供应目标数量的经过筛选的作物种子;作物种子经箱内机械结构的分散被滚轴定量器均匀地分拨至播撒涵道内;通过涵道风扇所产生的高速气流将作物种子喷射而出,实现撒播。气力式撒播装置的结构如图 7.11 所示。

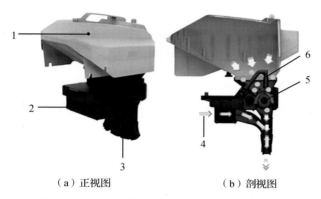

（a）正视图　　　　　　　（b）剖视图

图 7.11　气力式撒播装置结构图(徐华治,2021)
1. 种箱;2. 涵道风扇;3. 播撒涵道;4. 高速气流通道;5. 定量器;6. 振动组件

7.5.3　无人机播种应用实例

四川省农业科学院作物研究所的朱从桦等(2021)在简阳评估了不同播种模式之间在稻田中的差异,如表 7.2 所示。从结果上看,无人机播种存在着撒播均匀性较差的缺陷导致总的经济收益不如机械精量穴直播,但其大幅降低了劳动强度,提升了播种效率,在播种成本方面展现出优势。

表 7.2　不同播种模式作业效率、成本、产量和产值差异

播种模式	播种效率/ （hm²/h）	播种成本/ （元/hm²）	稻谷产量/ （t/hm²）	产值/ （元/hm²）	相比于人工撒播 增收/（元/hm²）
人工撒播	0.2~0.25	100	8.41	21 193.33	—
背负式喷撒直播	0.3~0.4	225	8.51	21 447.34	129.02
机械精量穴直播	0.3~0.5	1 200	9.55	24 071.80	1 778.47
无人机精量撒直播	1~1.2	300	8.58	21 628.03	234.70
无人机精量条直播	0.8~1	450	9.17	23 097.31	1 553.99

宋灿灿(2018)比较了离心式与气力式 2 种无人机播种模式之间的优劣,具体的模式信息如表 7.3 所示。从结果中看,气力式播种的均匀性要优于离心式,并且由于气力式的播种区域为带状,使得其落种区域沿无人机前进方向叠加时不易产生重播和漏播。因此,

从整体的播种情况方面进行评价,气力式的播种模式要优于离心式。

表 7.3 离心式与气力式飞播模式比较

播种模式	作业高度/m	播种量/kg	播种时间/s	作业速度/(m/s)	均匀性变异系数/%
离心式	2	1.14	20	4.25	13.99
离心式	2	1.15	25.85	3.29	18.09
气力式	2	1.135	25	3.83	12.92
气力式	2	1.15	15	3.40	13.33

7.5.4 研究展望

利用低空飞行的无人机进行辅助播种解决了人工播种和基于地面机械设备播种的诸多问题,如大幅降低劳动强度、提高作业效率、改善田间平整度等。目前,使用无人机进行播种的均匀性虽然相比于人工撒播有一定的提升,但相比于地面机械设备仍存在一定差距。因此,如何提高对飞播的均匀性控制、减少气流对理论播种轨迹的干扰、提高种子在机械碰撞下及恶劣环境中的存活率,减少漏播重播、提升无人机负载能力与续航能力将会是未来的热门研究方向。

7.6 规划与管理

7.6.1 概述

2022 年中央一号文件提出了"大力推进数字乡村建设",鼓励将网络化、信息化、数字化技术广泛应用到乡村的规划建设与管理中,为全面推进乡村振兴注入了强劲新动能(尚进,2022)。党的二十大报告为全面推进乡村振兴进一步指明方向,强调加强农业科技创新,推动农业现代化,促进农村可持续发展。在推进乡村振兴的过程中,乡村规划是工作的重要落脚点,只有合理地规划乡村现有的土地和水资源等,才能更好地布局村庄(徐凤英,2022)。

目前,农村测绘基础资料的收集与处理,成为了乡村规划开展过程中的重点难点问题(黄海燕,2021)。随着无人机、三维建模等技术的不断发展,选用具备自动导航飞行功能的测绘无人机采集的乡村测绘影像具有效率高、精度高等优势,为乡村规划解决了一大难题,成为了乡村规划管理工作中的有力抓手。

7.6.2 无人机在农村规划中的具体应用

无人机航测系统主要由空中拍摄、地面控制、数据处理 3 部分组成,首先控制无人机按照测绘航线进行拍摄,并将存储的数据与地面控制系统进行数据交换处理,再根据采集的数据情况判断是否需要补拍,最后完成无人机的低空测绘作业(黄亚安,2020)。在乡村规划建设工作中,根据无人机低空摄影测量获取的高分辨率数字影像和高精度定位信息生成二维、三维等可视化数据,可实现对村庄的基础地貌分析、场地类别分类、用地及道路建设规划等。

为实现乡村建设中的高质量规划测量,陈竹安等(2019)利用无人机低空摄影技术对江西省鄱阳县饶丰镇乔一村进行了航测规划。在航测数据处理阶段,利用 Pix4Dmapper 软件生成了测区的正射影像图、点云数据、数字表面模型、数字地面模型等,并以 ArcGIS 软件为平台,利用明显标识区域测出的 6 个控制点作为检验点,对无人机影像处理模型进行了精度验证。最后通过综合考虑乔一村的实际情况、村庄特色等多方面因素完成了规划设计并制作出了各个规划区的模型及整体规划鸟瞰图(图 7.12)。

图 7.12 乔一村整体规划鸟瞰图

基于无人机倾斜摄影测量技术,刘凯和惠伟(2021)选用大疆精灵 4Pro 单镜头无人机获取了甘肃省天水市梁家门村的影像数据,并利用点云数据生成了梁家门村正射影像和局部三维模型,最后根据三维模型和调研数据分析制作了规划总图(图 7.13),其中包括对梁家门村道路、电力线、排水、路灯、闲置宅基地等 10 个方面的规划整改内容。

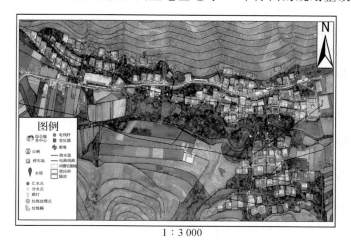

1 : 3 000

图 7.13 梁家门村规划总图

7.6.3 农田水利

水利是农业的命脉,在农业生产中保证田间的有效灌溉、排水等是维持作物正常生长的重要前提。农田水利工程的规划管理也是我国乡村建设中的重要部分。随着智慧农业的发展不断深入,无人机遥感技术在农田灌溉、农田水利工程测绘等方面的应用越来越广泛。

农田监测作业

在对农田水利项目开展测绘工作时,选用无人机低空航测可广泛应用于水质监测、水域变化、水土保持等领域,而且获取的图像信息更加精准,清晰度更高(宁化展,2020)。其中,像控点的布置是无人机低空航测作业的首要步骤,也是关键。该环节根据水利工程的位置、测量区域,确定若干需要重点测量的像控点(卡米力江·阿布力米提,2020)。为保证测量精度,常采用差分定位测量方式,合理控制像控点的分布密度。

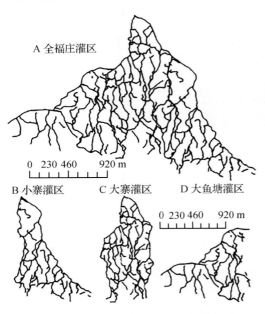

图 7.14　灌区渠系的提取结果及灌区划分情况

在农田水利灌溉工程中,利用无人机遥感系统可实现灌溉区域识别、灌溉渠系巡检、作物含水量、蒸腾量的计算等,有效提升了农田灌溉的精准性、科学性(杨文兵,2022)。为解决传统遥感影像对梯田沟渠提取精度低的问题,张兆豪和宋维峰(2020)利用无人机遥感技术对元阳梯田典型灌区的渠系结构特征进行了研究。通过计算渠系结构参数特征,如渠频数、渠网密度、分维数等,对元阳梯田全福庄灌区的渠系布置合理性进行了分析,为梯田的渠系改造工作提供了理论支撑。图 7.14 为灌区渠系的提取结果及灌区划分情况。为实现作物的合理灌溉,冯珊珊等(2020)利用无人机多光谱数据和垂直干旱指数,实现了对大范围农田土壤水分的快速监测,对实现水利灌溉工程的动态化管理具有重要指导意义。

7.6.4 研究展望

我国农村具有自然地形地貌多样化、复杂化以及范围广的特点,在乡村的规划管理中应用无人机遥感、航测等相关技术,可充分发挥无人机受地形地貌限制少、工作效率高、精度高等优势。通过融入三维建模等多种技术手段,利用无人机航测技术采集的测绘图像可以构建村庄的实体模型,为村庄的规划管理提供了大量数据信息,方便后期规划效果图的制作。目前,无人机航测技术在 1∶1 000 的大比例尺、识别房屋结构与层次方面能满足乡村规划的需要,但在判断调绘地物边界、遮挡地物高程等方面仍存在许多不足,红外影像技术及摄像精度仍需进一步提高,以实现无人机在农村规划管理中的应用推广。

7.7 电力巡检

7.7.1 概述

推动农村电力数字化、智能化转型是电力行业落实党中央、国务院乡村振兴战略的重要任务(孔繁钢,2022)。中央一号文件多次提到了农村电网工程。2022 年的中央一号文件再次提及农村电网工程,指出要深入实施农村电网巩固提升工程(韩逸飞,2022)。随着我国农村电网改造升级工程的不断推进,电力巡检工作面临着作业强度大、周期长、部分线路环境恶劣等问题,传统的人力巡检方式已经不能满足工作需要,电力巡检技术需向自动化、智能化方向转变。无人机由于体积小、操控性强、技术较为简单成熟等优势,在电力巡检中逐渐得到广泛应用(图 7.15)。

图 7.15 无人机电力巡检作业图(**Boukoberine** 等,2019)

7.7.2 关键技术与应用分析

无人机电力巡检主要是通过搭载光学相机、红外成像、激光雷达等多种任务载荷对目标线路进行巡查,其已成为架空输电线路的日常运维手段。但是随着无人机电力巡检技术的持续推广与应用,产生的海量巡检数据需要后期人工处理,对巡检人员的专业水平要求也越来越高,巡检工作的智能化水平需要持续增强(隋宇等,2021)。无人机影像数据处理技术、无人机自主巡航技术及续航时间成为了影响其发展的关键技术。

7.7.2.1 无人机影像数据处理技术

无人机巡检获取的数据类型主要有激光雷达点云数据和光学数据(可见光、红外、紫外等)2 种形式。通过机载激光雷达可实现对架空输电线路走廊激光点云及航空影像的高精度采集,在此基础上建立电力走廊通道环境的三维空间模型,对目标线路中存在的危险点(如树障缺陷、限距缺陷、外破缺陷等)进行分析和预警。随着技术的成熟,关于激光雷达点云的主流数据处理软件发展已较为成熟,并已实现大部分流程的自动化处理(缪希仁等,2020)。而紫外检测技术虽然具有灵敏度高、抗干扰能力强等优点,但由于其研究成本较高,目前在电力巡检方面的应用较少,相关研究尚处于起步阶段。因此,基于红外及可见光的图像处理技术是目前最主要的研究方向。

由于电路系统在发生线路的松动、磨损这些故障前,输电线会出现发热、燃烧等现象(李游等,2022),红外光热成像技术可以在无接触条件下灵敏地捕捉到这些故障信息(Polewski 等,2021),帮助完成故障的预警及诊断工作。近年来,随着人工智能技术的发展,基于深度学习的目标检测算法广泛用于电力巡检中的故障识别与分类,其主要适用于可见光数据。刘志颖等(2020)对近十年来电力巡检图像检测领域内的论文进行了统计,发现目前研究的检测对象主要为绝缘子、导线、杆塔和金具 4 大类,各类检测精度可达90%左右。但由于深度学习技术的引入时间较晚,目前全球范围内还没有公开的大型电力巡检数据集,相关的检测算法在创新上仍有欠缺,实现深度学习在电力巡检工作中的落地应用仍需大量的研究。

7.7.2.2 自主巡航技术

自主导航是实现无人机自主巡航作业的技术核心。无人机在电力巡检中的作业范围主要可分为近塔和塔间 2 块区域。目前无人机巡检过程中较为成熟的导航方式仍需要人工干预规划路线,基于 GPS 预先设定好的路线进行飞行。这种传统的导航方式存在着明显不足:一方面,这种预先设定好的飞行方式无法适应检测目标或环境的实时变化,如杆塔检修后组件的安装位置或方向发生变化,飞行轨迹需要重新调整;另一方面,该方法对定位精度要求较高,小型无人机需与线路保持 10 m 以上的安全距离。虽然选用配备了载波相位差分技术(real-time kinematic,RTK)的无人机,其定位精度可达到厘米(王海波,2021;缪希仁等,2020)。但由于架空线路分布较广,难以实现 RTK 基站的全覆盖,定位精度仍难以保证。

对于塔间区域,其线路较为简单,几乎不存在相互遮挡现象,因此此区域的自主导航研究目标主要为输电线提取、跟踪和距离估计(Wang 等,2019),基于深度学习的检测方法成为了研究重点,国内外均开展了相关研究。而对于近塔区域,由于该区域环境复杂,遮挡现象严重,目前该领域相关的研究极少。

7.7.2.3 续航时间

目前应用在电力巡检中的无人机以中小型多旋翼机型为主,其载荷情况下的续航时间在 10～30 min,油电混合型的无人机续航时间也无法超过 3 h,严重影响了巡航效率。为解决这一难题,除了对飞行电池不断优化,利用机巢(图 7.16)进行续航与供能也是目前主流的一种方案(隋宇等,2021)。其不仅具备为无人机自动充电的功能,还可实时监控无人机的飞行状态,实现远程控制和数据传输,为无人机巡检任务提供全面的后勤保障(李凯等,2020)。

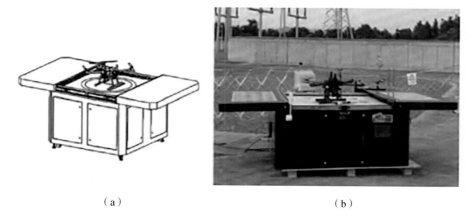

（a）　　　　　　　　　　　　　（b）

图 7.16　机巢模型(a)与实物图(b)

无人机机巢主要有巡检车改装而成的移动式机巢和固定于杆塔顶部的固定式机巢。目前,移动式机巢的工作模式发展较为成熟。无人机按照既定航线完成巡检任务后,返回移动机巢,在机巢内充电或由地面操控人员手动更换电池,并通过机巢完成数据传输等任务(温新叶等,2021)。这在一定程度上延长了无人机的续航时间,但并不适应无人机自主巡航的发展趋势。而固定式机巢仅需少量的人工远程干预,最大限度地实现了无人机自主智能巡航,但这种巡检方式面临着固定机巢充能困难、杆塔承重等问题,仍有诸多技术难点需攻克(祝一帆等,2021)。

除以上列举的 3 项关键技术以外,AI 技术、5G、物联网、云计算等相关技术也是无人机电力巡检中的重要技术组成部分。推动多项先进技术在该领域的应用研究,有利于无人机智能自主巡检的最终实现。

7.7.3　无人机在电力巡检中的具体应用

无人机在电力巡检中的主要任务是对线路本身、电力设施以及所在的环境进行检查,对存在的故障或安全隐患等作出预警,从而保证线路的稳定运行。近年来,关于无人机在电力巡检中的具体应用,国内外均展开了大量相关研究。

在国外,Ahmadian 等(2019)研究了电网损伤评估背景下的无人机飞行调度问题,提出了一种多无人机飞行调度优化模型,实现了多架无人机的最优无碰撞调度。为提高电力巡检作业时检测的实时性和准确率,Ayoub 等(2021)利用 YOLOv4-tiny 架构的深度神经网络模型,实现了无人机对多种电力线部件的高精度实时检测。Dutta 等(2021)提出了一种基于低成本非立体航拍相机和小型无人机的电网三维异常检测框架,并在真实数据上得到测试,效果较好,有效降低了无人机电力巡检作业的成本。

在国内,为确保电网和检测设备的安全稳定运行,Zhang 等(2019)提出了一种基于多传感器数据融合的安全距离诊断方法,并且无人机能够根据诊断结果和周围环境信息自适应调整安全距离。为实现在大范围电力巡检任务中多台无人机的协作巡视,马瑞等(2022)提出了一种基于多智能体强化学习值混合网络的任务规划算法,有效解决了多无人机任务规划协作效率低的问题。另外,国内的电网公司也进行了相关研究。在 2021 年,国家电网陇南供电公司开始规模化采用无人机自主巡检,完成了区域重点线路的自主巡航建模和无人机可见光建模,并建立了输电线路巡检路径三维地图数据库,实现了无人机自主巡检的落地应用(Li 等,2021)。

7.7.4 研究展望

无人机通过搭载各种检测设备进行电力巡检,有助于解决复杂地形巡检困难等问题,在很大程度上节约了人力、物力,保护了巡检人员的人身安全。无人机凭借其轻量便携、效率高、成本低等优势,在电力巡检作业中发挥着越来越重要的作用,具有广阔的应用前景。但无人机电力巡检在实施过程中仍存在一些问题,如无人机续航能力和电磁干扰耐受性差、巡检装置功能单一、测距精度低、仍需人工干预等,因此实现无人机的全程自主巡检仍需要不断探索与改进。未来随着人工智能和机器视觉等相关技术的不断发展,无人机智能自主巡检技术必将满足电网精细化、智能化、高精度等使用要求。

7.8 农田温室气体监测

7.8.1 概述

近年来,随着 CO_2 等温室气体年排放量不断增长,全球气候逐渐变暖,这将造成全球气候格局变化、极端天气事件频发,两极冰川融化、海平面上升等现象严重威胁着人类的居住环境安全。根据联合国政府间气候变化专门委员会(IPCC)气候评估报告显示,农业部门温室气体排放占全球人为温室气体排放总量的 30%,因此开展农业领域碳减排的相关研究具有重要意义。为了给气候模拟、农业系统模拟等相关研究提供更加可靠的数据资料,农田温室气体排放监测技术得到迅速发展,以实现对农田系统温室气体的有效监测。其中,相比较于在农田中搭建固定监测点、采用移动车测量、卫星遥感测量等方法,基于无人机的农田温室气体监测技术通过搭载温室气体传感器、GPS 定位等模块可实现特定时间、特定位置气体的连续采样或测量,具有成本低、灵活性强、便于运输等特点,成为未来气体监测的重要方法之一。

7.8.2 关键技术

在机型的选择方面,由于在气体监测过程中需要无人机在特定位置进行悬停,因此一般选用多旋翼无人机对指定区域进行监测,且其具有悬停飞行和垂直起降功能,可实现对

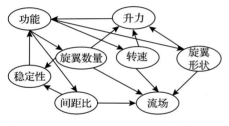

图 7.17　影响多旋翼无人机外流场
分布的主要因素

农田大气垂直分布特征的监测。但多旋翼无人机在作业时,螺旋桨的转动会对采样位置周围的气体造成一定扰动,为减小测量误差,需要对无人机的外流场分布进行研究,这也是实现无人机精准探测大气的关键。影响多旋翼无人机外流场分布的因素有很多,如图 7.17 所示(沈奥等,2018)。其中,旋翼数量、转速和旋翼形状共同决定了升力的大小,旋翼数和间距比则影响了无人机的稳定性,而旋翼数、转速、旋翼形状和间距比都会对流场产生影响(郭晓鸿,2012;袁红刚等,2013)。

目前,基于无人机的农田温室气体监测系统主要分为 2 种类型:基于传感器的空中无人机实时监测系统和基于气体采集的无人机浓度监测系统。姚小敏(2020)开发了一套无人机田间 CO_2 浓度实时监测系统,并探究了机载 CO_2 传感器安装位置对测量精度的影响。其采用流体动力学(CFD)数值模拟的方法对六旋翼无人机外流场进行了仿真分析,通过几何建模、网络划分、ANSYS CFX 软件求解等处理过程后得到了无人机周围的流速分布矢量图(图 7.18),其分布近似"海蜇型"。之后通过对无人机上方、下方、前方 3 个不同位置进行流速和浓度的仿真、构建流速与安装距离和螺旋桨转速的关系模型等,确定了此六旋翼无人机转速为 3 000 r/min 时,机架上 20 mm 处为气体传感器的最佳安装位置,CO_2 浓度测量误差为 0.42%。由此可见,通过对无人机飞行时外流场的分析可以准确地

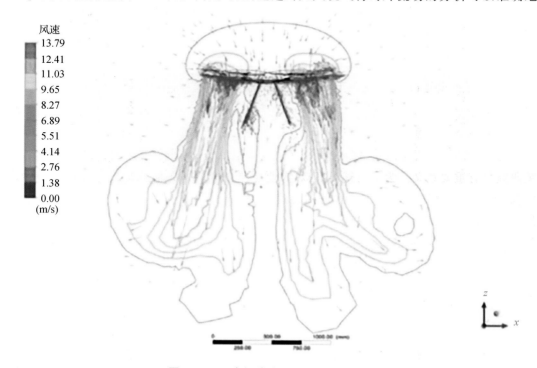

图 7.18　无人机外流场风速分布矢量图

确定气体传感器的安装高度、进气口的位置等,从而尽可能地减小无人机螺旋桨转动对气体测量结果造成的影响。另外,为实现农田气体的有效监测,除了使用气体传感器实时监测之外,还可使用箱法系统,即在田间完成气体采样后送到实验室进一步测定各气体浓度。基于箱法系统,李超群(2021)开发出了2套全自动田间气体采集系统,包括基于无人机的空中定点自动采样系统和田间静态箱碳通量自动测量系统。其中,田间静态箱碳通量自动测量系统可实现24个气体采集袋在预定时间的自动采样,且箱体内安装有环境温湿度自动调节装置,确保箱体内外温度相差在1℃以内,湿度相差在8%以内,防止箱体本身对作物的呼吸作用和光合作用产生较大影响。相比传统的静态箱采集方法,全自动静态箱可实现对田间碳通量的全天测量,极大地提高了田间碳通量监测的时间分辨率,为进一步研究影响田间碳通量交换的环境和生物因素提供了重要工具。另外,李超群还开发了一套无人机气体采集系统,可基于既定航线自动完成气体采集(图7.19),或通过遥控完成指定地点的气体采集。无人机每次航行可完成5个气体样品的采集,同时每个样品采集的时间和地点都会自动记录,实现了农田高空间分辨率无人机采气的全自动化。

图7.19 无人机气体采样航点规划

7.8.3 无人机在温室气体监测中的具体应用

目前,无人机在农田温室气体监测方面仍鲜有应用,但其在大气环境监测方面已有较为广泛的应用。为满足不同环境的测量需求,赵庆展等(2017)设计了一种小型四旋翼无人机空气质量监测系统,硬件平台由 Arduino UNO 外接温湿度传感器 DHT11、二氧化碳传感器 MG811、一氧化碳传感器 MQ-7 等组成,同时这些实时采集的数据存储在 SD 卡中,便于后续的可视化与分析处理。另外,通过在该系统中扩展其他类型的传感器可实现对大气中多种气体浓度的监测,完成不同环境下的数据采集工作。Li 等(2022)通过使用搭载了移动传感器的多旋翼无人机对沈阳空中 0~120 m 高度内多种空气污染物(SO_2、NO_2、PM_1、$PM_{2.5}$、PM_{10})的垂直分布情况进行了连续 4 d 的观测,发现大气颗粒物(PM_1、$PM_{2.5}$、PM_{10})的地面累积效应显著高于气体污染物(SO_2、NO_2),且污染物的垂直变化范围从大到小依次为 PM_{10}、$PM_{2.5}$、PM_1、NO_2、SO_2。研究空气污染物的垂直分布情况对于了解极端空气污染事件的形成机制和城市空气环境质量的监测具有重要作用。为解决井、站等场所甲烷气体检测困难的问题,徐春伟等(2023)通过采用甲烷激光探测技术实现了对油田甲烷气体排放的异常检测(图 7.20),其搭载的日本 TGE SA3C32A 甲烷检测仪可实现甲烷气体或含甲烷气体柱体密度的远程测量,且该检测仪的重量仅 600 g,便携性较好,极大地避免了无人机续航能力较差的问题。基于此"无人机+甲烷激光探测器"系统已发现大庆油田 HSE 监督总站甲烷违规排放 31 处,这为油田废气污染问题的治理与整改提供了较强的技术支持。目前,无人机搭载传感器等设备在大气环境质量监测方面的应用已较为成熟,这为无人机在农田温室气体排放监测方面的应用提供了重要参考依据。

图 7.20 搭载甲烷激光探测器的无人机系统

7.8.4 研究展望

在气候变化复杂的当下,选用多旋翼无人机进行农田气象监测相较于传统的监测方法具有成本低、易部署、操作便捷、自动化程度高等多方面的显著优势,有广阔的发展前景。但由于多旋翼无人机作为近几年刚刚兴起的无人飞行器,其在气象监测方面的研究与应用仍处于起步阶段(侯天浩等,2019),而且目前主要应用于大气监测、空气污染防治等领域,在农田温室气体监测、气象探测等方面的应用仍较为局限。未来仍需从无人机机体、探测设备等多方面进行优化,如增大气体载荷的安装空间、降低旋翼气流对气体载荷的影响、增强无人机的续航和承重能力等,为农田低空采集、监测各项气体等环境指标提供强有力的技术支持。

白由路,2016. 国内外施肥机械的发展概况及需求分析[J]. 中国土壤与肥料,3:1-4.

陈军,2017. 杂交水稻制种机械化授粉机研制[D]. 杭州:浙江大学.

陈书法,张石平,孙星钊,等,2012. 水田高地隙自走式变量撒肥机设计与试验[J]. 农业工程学报,28(11):16-21.

陈竹安,施陈敬,冯祥瑞,等,2019. 低空多旋翼无人机航测在秀美乡村规划建设中的应用[J]. 测绘通报,8:144-148.

程明军,2021. 浅析拖拉机打药与无人机打药的利弊及应对措施[J]. 农家参谋,2:65-66.

冯珊珊,梁雪映,樊风雷,等,2020. 基于无人机多光谱数据的农田土壤水分遥感监测[J]. 华南师范大学学报(自然科学版),52(6):74-81.

关桂娟,2022. 变量喷药技术在农业植保中的应用与优势分析[J]. 农机使用与维修,2:117-119.

郭晓鸿,2012. 微型四旋翼无人机控制系统设计与实现[D]. 南京:南京航空航天大学.

国家统计局关于 2021 年棉花产量的公告[N]. 中国信息报,2021-12-15(001).

韩逸飞,2022. 支撑乡村振兴,农网升级再加码[N]. 中国能源报,2022-02-28(022).

何倍倍,2022. 温室微型授粉无人机关键部件设计及气动特性研究[D]. 镇江:江苏大学.

侯天浩,行鸿彦,刘洋,2019. 多旋翼无人机在气象探测中的现状与展望[J]. 电子测量与仪器学报,33(10):7-15.

黄国勤,王兴祥,钱海燕,等,2004. 施用化肥对农业生态环境的负面影响及对策[J]. 生态环境,4:656-660.

黄海燕,2021. 无人机航测技术在村庄规划中的应用研究[J]. 农业工程与装备,48(3):46-48.

黄晶,敖子航,张友民,等,2021. 一种面向森林火情监测的四旋翼无人机系统[J]. 控制与信息技术,2:1-7.

黄亚安,2020. 无人机航测技术在村庄规划中的应用[J]. 江西测绘,3:36-39.

卡米力江·阿布力米提,2020. 无人机航空摄影测量技术在水利工程测量中的运用[J]. 河北水利,2:44-45.

孔繁钢,2022. 纵观浙江农村电力数智化转型[J]. 中国电力企业管理,8:6-10.

李超群,2021. 玉米农田碳交换地面和无人机监测系统开发及应用研究[D]. 杨凌:西北农林科技大学.

李广华,邓文华,匡猛,2019. 植保无人机棉花脱叶的技术要领[J]. 新疆农业科技,3:35-36.

李继宇,兰玉彬,王建伟,等,2018. 基于小型无人机风场的水稻花粉分布规律[J]. 中国农业文摘·农业工程,30(2):13-19,36.

李凯,徐梅根,汤国锋,等,2020. 架空输电线路无人机远程自主巡检关键技术研究和应用[J].

江西电力,44(4):37-40.

李游,龙伟迪,魏绍东,2022. 基于深度学习的红外光热成像无人机巡检技术应用[J]. 单片机与嵌入式系统应用,22(1):13-16.

林义剑,2020. 农用无人机发展现状及其在水稻生产上的应用[J]. 福建农机,2:2-5,9.

刘鹤,顾玲嘉,任瑞治,2021. 基于无人机遥感技术的森林参数获取研究进展[J]. 遥感技术与应用,36(3):489-501.

刘凯,惠伟,2021. 基于无人机倾斜摄影测量的乡村规划研究——以天水市梁家门村为例[J]. 甘肃科技,37(14):69-71.

刘喆,汪志超,李鑫,等,2021. 一种无人机森林防火巡检系统[J]. 中国科技信息,12:83-85.

刘志颖,缪希仁,陈静,等,2020. 电力架空线路巡检可见光图像智能处理研究综述[J]. 电网技术,44(3):1057-1069.

卢秀茹,贾肖月,牛佳慧,2018. 中国棉花产业发展现状及展望[J]. 中国农业科学,51(1):26-36.

马瑞,欧阳权,吴兆香,等,2022. 基于深度强化学习的多无人机电力巡检任务规划[J]. 计算机与现代化,1:98-102.

马怡茹,吕新,祁亚琴,等,2021. 基于无人机数码图像的机采棉脱叶率监测模型构建[J]. 棉花学报,33(4):347-359.

缪希仁,刘志颖,鄢齐晨,2020. 无人机输电线路智能巡检技术综述[J]. 福州大学学报(自然科学版),48(2):198-209.

宁化展,2020. 无人机低空航摄在农田水利工程测绘中的应用[J]. 山西农经,6:150-151.

彭少兵,黄见良,钟旭华,等,2002. 提高中国稻田氮肥利用率的研究策略[J]. 中国农业科学,9:1095-1103.

任万军,吴振元,李蒙良,等,2021. 水稻无人机撒肥系统设计与试验[J]. 农业机械学报,52(3):88-98.

尚进,2022. 加强党建,引领数字乡村赋能乡村振兴[J]. 中国信息界,2:7.

沈奥,周树道,王敏,等,2018. 旋翼无人机大气探测设备布局仿真优化设计[J]. 计算机测量与控制,26(2):165-169,174.

宋灿灿,2018. 农用无人直升机水稻播种装置的设计与试验[D]. 广州:华南农业大学.

苏和,2019. 不同授粉机械辅助杂交水稻制种授粉效果的研究[D]. 长沙:湖南农业大学.

隋宇,宁平凡,牛萍娟,等,2021. 面向架空输电线路的挂载无人机电力巡检技术研究综述[J]. 电网技术,45(9):3636-3648.

汪继斌,程建斌,王年金,等,2019. 无人机辅助种间授粉对山核桃果实的直感效应[J]. 福建林业科技,46(3):42-45.

王海波,2021. 无人机技术在架空输电线路通道巡检中的应用[J]. 光源与照明,4:141-142.

王君,蒲磊,黄宁,等,2021. 基于无人机视觉的森林火情预测[J]. 计算机技术与发展,31(6):204-208.

王康丽,韩迎春,雷亚平,等,2018. 利用机载红外相机监测脱叶剂对棉花冠层温度的影响[J]. 中国棉花,45(10):16-21.

王玲,兰玉彬,WClint Hoffmann,等,2016. 微型无人机低空变量喷药系统设计与雾滴沉积规律研究[J]. 农业机械学报,47(1):15-22.

王茂理,向薇薇,李柏桥,等,2020. 杂交水稻制种机械化关键技术集成与应用[J]. 安徽农业科学,48(1):34-35.

魏爱萍,赵福龙,2021. 无人机在森林防火领域的应用及未来发展[J]. 农业技术与装备,10:115-116.

温新叶,杨忠伟,陈昌,2021. 输电线路无人机智能巡检应用研究[J]. 中国设备工程,23:31-32.

吴辉,熊朝,刘爱民,等,2014. 杂交水稻机械化制种辅助授粉技术研究现状与设想[J]. 作物研究,28(3):321-323,327.

吴锐,2020. 无人机在现代农业中的应用综述[J]. 农业工程技术,40(27):44-45,48.

徐春伟,刘洪路,张文宇,2023. 无人机＋甲烷激光探测技术在油田甲烷排放监测中的应用[J]. 化工安全与环境,36(11):3-5.

徐凤英,2022. 测绘地理信息技术在乡村振兴中的应用探究[J]. 石河子科技,2:77-78.

徐华治,2021. 带播种装置的植保无人机推广应用分析[J]. 江苏农机化,3:35-36.

闫春雨,黎文华,兰玉彬,等,2022. 基于无人机多光谱遥感的棉花脱叶效果监测及处方图生成研究[J]. 南京农业大学学报,45(4):799-808.

羊坚,刘长青,冯宏祖,等,2021a. 库尔勒香梨无人机液体授粉技术[J]. 新疆农垦科技,44(5):29-30.

羊坚,杨慧鹏,谢伟,等,2021b. 库尔勒香梨无人机辅助液体授粉花粉液参数优选及经济效益分析[J]. 果树学报,38(10):1691-1698.

杨德英,2021. 无人机在农业中的应用及其优势[J]. 现代农机(5):15-16.

杨文兵,2022. 农田灌溉管理中无人机遥感技术的应用[J]. 乡村科技,13(1):153-155.

姚小敏,2020. 基于无人机的空气CO_2浓度实时监测技术及系统研究[D]. 杨凌:西北农林科技大学.

袁红刚,杨永东,杨炯,等,2013. 典型直升机旋翼翼型气动特性试验研究[J]. 实验流体力学,27(1):20-24.

张强,赵冰梅,朱玉永,等,2020. 不同植保施药机械喷施棉花脱叶剂效果评价[J]. 新疆农垦科技,43(7):29-32.

张兆豪,宋维峰,2020. 基于无人机遥感的元阳梯田典型灌区渠系结构特征[J]. 水土保持研究,27(4):220-224.

赵庆展,张天毅,陈洪,2017. 小型四旋翼无人机空气质量监测仪设计[J]. 现代电子技术,40(24):94-99.

钟映霞,周宇飞,陈世清,等,2019. 基于无人机遥感的森林火烧迹地面积调查应用[J]. 林业与环境科学,35(2):89-94.

朱从桦,任丹华,李伟,等,2021. 丘陵区水稻无人机精量直播技术要点及展望[J]. 四川农业与农机,5:39-40,44.

祝一帆,王强,项兴尧,等,2021. 输电线路无人机智能巡检技术概述[J]. 电气开关,59(2):1-3.

Ahmadian N,J. Lim G,Torabbeigi M,et al. ,2019. Collision-Free Multi-UAV Flight Scheduling for Power Network Damage Assessment[C]. 2019 International Conference on Unmanned Aircraft Systems (ICUAS),Atlanta,GA,USA:794-798.

Ayoub N,Schneider-Kamp P,2021. Real-Time On-Board Deep Learning Fault Detection for Autonomous UAV Inspections[J]. Electronics,10,1091.

Boukoberine M,Zhou Z,Benbouzid M,2019. A critical review on unmanned aerial vehicles power supply and energy management:Solutions,strategies,and prospects[J]. Applied Energy,255:113823.

Dutta T,Soni A,Gona P,et al. ,2021. Real Testbed for Autonomous Anomaly Detection in Power Grid Using Low-Cost Unmanned Aerial Vehicles and Aerial Imaging[J]. IEEE MultiMedia,28(3):63-74.

Li C,Liu M,Hu Y,et al. ,2022. Investigating the vertical distribution patterns of urban air pollution based on unmanned aerial vehicle gradient monitoring[J]. Sustainable Cities and Society,86.

Li X,Li Z,Wang H,et al. ,2021. Unmanned Aerial Vehicle for Transmission Line Inspection:Status,Standardization,and Perspectives[J]. Frontiers in Energy Research,9:713634.

Meng Y,Song J,Lan Y,et al. ,2019. Harvest aids efficacy applied by unmanned aerial vehicles on cotton crop[J]. Industrial Crops and Products,140:111645.

Polewski P,Shelton J,Yao W,et al. ,2021. Instance segmentation of fallen trees in aerial color infrared imagery using active multi-contour evolution with fully convolutional network-based intensity priors[J]. ISPRS Journal of Photogrammetry and Remote Sensing,178:297-313.

Song C,Zhou Z,Zang Y,et al. ,2021. Variable-rate control system for UAV-based granular fertilizer spreader [J]. Computers and Electronics in Agriculture,180:105832.

Wang L,Chen Z,Hua D,et al. ,2019. Semantic Segmentation of Transmission Lines and Their Accessories Based on UAV-Taken Images[J]. IEEE Access,7:80829-80839.

Zhang W,Ning Y,Suo C,2019. A Method Based on Multi-Sensor Data Fusion for UAV Safety Distance Diagnosis[J]. Electronics,8(12):1467.